U0804295

中 国 国 家 标 准 汇 编

512

GB 27768～27806

（2011 年制定）

中国标准出版社　编

中国标准出版社

北　京

图书在版编目(CIP)数据

中国国家标准汇编:2011年制定.512:
GB 27768～27806/中国标准出版社编.—北京:中国标准出版社,2012
ISBN 978-7-5066-6963-4

Ⅰ.①中… Ⅱ.①中… Ⅲ.①国家标准-汇编-中国-2011 Ⅳ.①T-652.1

中国版本图书馆CIP数据核字(2012)第197075号

中国标准出版社出版发行
北京市朝阳区和平里西街甲2号(100013)
北京市西城区三里河北街16号(100045)

网址 www.spc.net.cn
总编室:(010)64275323 发行中心:(010)51780235
读者服务部:(010)68523946

中国标准出版社秦皇岛印刷厂印刷
各地新华书店经销

*

开本 880×1230 1/16 印张 29 字数 870 千字
2012年9月第一版 2012年9月第一次印刷

*

定价 220.00 元

如有印装差错 由本社发行中心调换
版权专有 侵权必究
举报电话:(010)68510107

出 版 说 明

1.《中国国家标准汇编》是一部大型综合性国家标准全集。自1983年起,按国家标准顺序号以精装本、平装本两种装帧形式陆续分册汇编出版。它在一定程度上反映了我国建国以来标准化事业发展的基本情况和主要成就,是各级标准化管理机构,工矿企事业单位,农林牧副渔系统,科研、设计、教学等部门必不可少的工具书。

2.《中国国家标准汇编》收入我国每年正式发布的全部国家标准,分为"制定"卷和"修订"卷两种编辑版本。

"制定"卷收入上一年度我国发布的、新制定的国家标准,顺延前年度标准编号分成若干分册,封面和书脊上注明"20××年制定"字样及分册号,分册号一直连续。各分册中的标准是按照标准编号顺序连续排列的,如有标准顺序号缺号的,除特殊情况注明外,暂为空号。

"修订"卷收入上一年度我国发布的、被修订的国家标准,视篇幅分设若干分册,但与"制定"卷分册号无关联,仅在封面和书脊上注明"20××年修订-1,-2,-3,……"字样。"修订"卷各分册中的标准,仍按标准编号顺序排列(但不连续);如有遗漏的,均在当年最后一分册中补齐。需提请读者注意的是,个别非顺延前年度标准编号的新制定的国家标准没有收入在"制定"卷中,而是收入在"修订"卷中。

读者配套购买《中国国家标准汇编》"制定"卷和"修订"卷则可收齐由我社出版的上一年度我国制定和修订的全部国家标准。

3. 由于读者需求的变化,自1996年起,《中国国家标准汇编》仅出版精装本。

4. 2011年我国制修订国家标准共1 989项。本分册为"2011年制定"卷第512分册,收入国家标准GB 27768～27806的最新版本。

中国标准出版社

2012年8月

目　　录

ICS 03.060
A 11

中华人民共和国国家标准

GB/T 27768—2011

社会保险服务　总则

Social insurance services—General principles

2011-12-30 发布　　2012-02-01 实施

中华人民共和国国家质量监督检验检疫总局
中国国家标准化管理委员会　发布

前　言

本标准按照 GB/T 1.1—2009 给出的规则起草。

本标准由人力资源和社会保障部提出。

本标准由全国社会保险标准化技术委员会(SAC/TC 474)归口。

本标准主要起草单位:人力资源和社会保障部社会保险事业管理中心、上海市医疗保险事务管理中心、上海市标准化研究院、天津市社会保险基金管理中心、吉林省社会保险事业管理局、陕西省社会保障局、湖南省医疗工伤生育保险管理服务局、苏州市社会保险基金管理中心、湖州市医疗保险管理局。

本标准主要起草人:王发运、韩学雷、周云飞、龚忆莼、晏绍庆、席津生、徐远明、高旭、乔静文、汪卫国、刘运良、宗颖、唐广富。

引　言

社会保险服务是政府公共服务的组成部分，是建设服务型政府的重要内容。适应我国社会保险制度长足发展的需要，坚持“以人为本”的服务理念，实现“记录一生、保障一生、服务一生”的服务目标，推进社会保险服务的标准化建设和规范化管理，提高社会保险服务质量和效率，满足公众对社会保险服务的需求，是各级社会保险经办机构的重要职责和任务。

本标准是社会保险标准体系中重要的基础标准之一，对完善社会保险标准体系具有重要的引导和示范作用，对规范社会保险经办管理服务、提高公共服务水平具有现实意义。

社会保险服务　总则

1　范围

本标准规定了社会保险服务的基本原则，以及服务体系、服务保障、服务提供、服务监督、评价与改进的基本要求。

本标准适用于各级社会保险经办机构的服务活动。社会保险主管部门依法指定、授权、委托，以及社会保险经办机构委托提供社会保险服务的机构可参照应用。

2　规范性引用文件

下列文件对于本文件的应用是必不可少的。凡是注日期的引用文件，仅注日期的版本适用于本文件。凡是不注日期的引用文件，其最新版本（包括所有的修改单）适用于本文件。

GB/T 17242　投诉处理指南

GB/T 19038　顾客满意测评模型和方法指南

GB/T 19039　顾客满意测评通则

3　术语和定义

下列术语和定义适用于本文件。

3.1

社会保险　social insurance

通过国家立法形式，多渠道筹集资金，对参保对象在年老、疾病、工伤、失业、生育等情况下依法提供物质帮助，使其享有基本生活保障的社会保障制度。

注：社会保险包括基本养老保险、基本医疗保险、工伤保险、失业保险、生育保险等。

3.2

社会保险经办机构　social insurance agency

依法设立的，承担社会保险的运行管理、经办事务和社会保障服务等公共管理和服务职责的组织。

3.3

社会保险服务　social insurance services

社会保险经办机构对服务对象提供的参保登记、权益记录、保费征缴、待遇支付、关系转移接续、档案利用、咨询服务等活动。

4　基本原则

4.1　依法合规

根据社会保险的法律、法规、规章及相关政策开展社会保险服务，正确行使国家赋予的工作职权，维护社会公共利益和服务对象的合法权益。

4.2　公平规范

根据社会保险经办规定和程序，公正公平对待服务对象。规范社会保险经办行为，提供规范统一的社会保险服务。

4.3 优质高效

建立健全社会保险服务体系，提高社会保险服务的可及性。优化服务环境，完善服务设施，推行文明服务，提高服务效率。

4.4 公开诚信

实行服务公开制度，主动接受政府、社会与服务对象的监督。履行服务承诺，保持职业行为的廉洁性，维护服务对象的信息安全。

5 服务体系

5.1 总体要求

以满足服务对象需求为导向，建立覆盖城乡，面向全体服务对象，多渠道、全方位的社会保险公共服务体系。

5.2 组织体系

社会保险服务组织体系由各级社会保险经办机构组成，包括：省级（自治区、直辖市）、地级（自治州、市、区、盟）、县级（自治县、市、区、旗）、乡级（民族乡、镇、街道）和社区（村）社会保险经办机构。

5.3 服务形式

社会保险服务主要有以下形式：

——窗口服务，社会保险服务场所内，向服务对象提供的柜台服务和由服务对象自助获取的服务；

——电话服务，由社会保险经办机构设立的，使用计算机电话集成技术、以自助语音或人工接听方式提供的社会保险专线电话服务；

——网络服务，由社会保险经办机构使用互联网技术开展的社会保险服务。

社会保险经办机构还可通过短信平台、邮政、银行、媒体、上门等其他形式提供社会保险服务。

6 服务保障

6.1 服务人员

6.1.1 社会保险服务人员的配备应与服务对象数量相适应，确保服务提供能力满足服务对象需求。

6.1.2 社会保险服务人员应具备满足服务岗位要求的专业知识、服务技能。对于有特殊要求的岗位，还应具备相应的资质证书。

6.1.3 社会保险服务人员上岗时应佩戴便于服务对象识别的统一身份标志，宜统一着装。

6.1.4 社会保险服务人员应掌握服务礼仪，举止文明、行为规范、服务周到，宜讲普通话。

6.2 服务环境与服务设施

6.2.1 服务环境

6.2.1.1 社会保险服务场所应地点适宜、面积合理、布局科学，保持服务环境安全、整洁、舒适。

6.2.1.2 社会保险服务场所应设置清晰、统一、可识别的视觉识别系统和导向标识系统。安全设施、公共卫生和环境保护应符合国家和地方相关规定。

6.2.2 服务设施

6.2.2.1 社会保险经办机构应根据服务对象的规模和流量变化，在社会保险服务场所合理配备并动态调整可提供服务的窗口和设施设备数量，确保达到服务目标要求。

6.2.2.2 社会保险经办机构应根据服务需求，在社会保险服务场所合理设置功能区，配置人性化的服务设施和便民设施。

6.2.2.3 社会保险经办机构应定期检查和维护所配备的服务设施设备，保障设施设备的正常使用。

6.3 管理保障

6.3.1 基本要求

6.3.1.1 社会保险经办机构应建立和实施以服务为核心的管理体系，使管理效能和服务质量持续改进。

6.3.1.2 社会保险经办机构应对经办业务和公共服务相关制度文件的起草、发布、实施进行受控管理和状态标识，保持其现行有效，并执行国家和地方政务公开的相关规定。

6.3.2 基金管理

社会保险经办机构应根据国家和地方社会保险基金管理相关规定，对社会保险费征缴、待遇发放和基金支付等实行全程管理和内控、稽核，定期向社会公布基金的收入、使用、结余和收益情况。

6.3.3 信息化管理与保障

6.3.3.1 社会保险经办机构应建立社会保险管理服务信息系统，建设数据库及联网平台。社会保险管理服务信息系统应具备支持社会保险登记、缴费权益记录、社会保险关系接转、社会保障卡应用、服务监测、基金监管、异地业务协同管理、基金运行分析和提供公共查询等功能。

6.3.3.2 社会保险管理服务信息系统应实施符合安全要求的系统和数据备份制度、系统安全认证体系、数据质量控制体系。社会保险服务信息应做到可识别、可检索、可追溯、可共享。

6.3.4 业务档案管理

社会保险经办机构应建立业务档案管理制度，配备业务档案管理设施，确保归档材料的规范、完整和安全。

6.3.5 安全管理与应急预案

6.3.5.1 社会保险经办机构应按照国家和地方相关规定设置安保设施和必需的消防器材，加强日常安全的监督和检查，确保服务场所安全。

6.3.5.2 社会保险经办机构应配备安全保卫人员，建立安全保障措施，定期对安全保卫人员进行基本技能培训。

6.3.5.3 社会保险经办机构应制定突发性事件应急预案，定期组织演练。

7 服务提供

7.1 总体要求

7.1.1 社会保险经办机构应提出服务目标和明确服务承诺，制定服务规范和确定服务质量要求，确保服务过程在受控的状态下进行，持续满足服务对象的需求。

7.1.2 社会保险经办机构应实行服务信息公开，向社会公示服务内容、依据、程序、时限、规范、投诉渠道等信息，做到公示信息及时更新，维护服务对象的知情权和监督权，依法保护服务对象的隐私权。

7.1.3 社会保险经办机构应建立统一、高效、透明的服务流程及工作规程，宜实行一站式服务、首问负责、一次告知、限时办结等服务制度。

7.1.4 社会保险经办机构应开展服务质量考核与评估，提高服务水平。

7.2 基本服务

7.2.1 社会保险登记

社会保险经办机构应受理社会保险的登记、变更登记或注销登记，审核相关证件、资料，发放或收缴社会保险登记证，对发放的社会保险登记证定期进行验证和换证。

7.2.2 社会保险费征缴

社会保险经办机构应受理参保对象的缴费申报，审核申报资料，核定缴费额，收取保险费并分别计入社会保险基金及个人账户。

7.2.3 社会保险权益记录

社会保险经办机构应明确社会保险权益记录的项目与内容，对参保对象社会保险账户的建立、记账、转入、转出、中断缴费、恢复缴费、对账等行为进行记录，并定期与参保对象社会保险账户进行对账。

7.2.4 社会保险待遇给付

社会保险经办机构应按规定受理参保对象的社会保险待遇申请，核定待遇标准，向参保对象按时足额给付待遇，并建立待遇给付记录。

7.2.5 社会保险关系转移接续

社会保险经办机构应按规定受理审核转移申请、计算转移资金，开具参保缴费凭证、办理转移接续手续，支付社会保险待遇，并与相关社会保险经办机构交换转移信息。

7.2.6 社会保险业务档案利用

社会保险经办机构应向社会提供查询和统计分析等档案利用服务。

7.2.7 社会保险咨询服务

社会保险经办机构应通过服务窗口、电话、信函、网络、新闻媒体等载体提供社会保险政策、业务办理等咨询服务。

7.3 其他服务

社会保险经办机构可根据不同社会保险服务类别的特点，开展社会化服务管理、异地就医管理、工伤预防与康复管理等其他服务。

8 服务监督、评价与改进

8.1 服务监督

8.1.1 社会保险经办机构应实施内部监督和审核，并接受行政监督和社会监督。

8.1.2 社会保险经办机构应根据监督和审核结果，实施纠正或预防措施，提高服务对象满意程度。

8.2 服务质量评价

8.2.1 社会保险服务质量评价应采取内部评价和外部评价相结合，开展以服务对象满意测评为核心要素的服务质量评价。

8.2.2 对服务对象的满意测评按照 GB/T 19038 和 GB/T 19039 实施。

8.3 投诉处理

8.3.1 社会保险经办机构应提供多种投诉渠道，确保投诉渠道畅通，明确专门部门负责调查、处理和回复服务对象的投诉。

8.3.2 社会保险经办机构宜按照 GB/T 17242 的规定受理服务对象投诉，投诉处理结果应及时告知投诉人。

8.4 服务质量改进

8.4.1 社会保险经办机构应注重服务体系的持续改进，追求卓越绩效。

8.4.2 服务质量改进应注重服务对象的满意、服务流程优化和公共服务效能的提升。

参 考 文 献

[1] 中华人民共和国主席第35号令 中华人民共和国社会保险法
[2] 国务院[1999]第259号令 社会保险费征缴暂行条例
[3] 国务院[2003]第375号令 2010年修订 工伤保险条例
[4] 国务院办公厅(国办发[2009]66号) 城镇企业职工基本养老保险关系转移接续暂行办法
[5] 劳动和社会保障部[1999]第1号令 社会保险登记管理暂行办法
[6] 劳动和社会保障部[1999]第2号令 社会保险费申报缴纳管理暂行办法
[7] 劳动和社会保障部[2000]第8号令 失业保险金申领发放办法
[8] 人力资源和社会保障部、国家档案局[2009]第3号令 社会保险业务档案管理规定(试行)
[9] 人力资源和社会保障部(人社部发[2009]191号) 流动就业人员基本医疗保障关系转移接续暂行办法
[10] 人力资源和社会保障部(人社部发[2009]161号) 新型农村社会养老保险经办规程(试行)

ICS 01.040.13
C 75

中华人民共和国国家标准

GB/T 27769—2011

社会保障服务中心设施设备要求

The facility and equipment requirements of social security service centre

2011-12-30 发布　　　　2012-02-01 实施

中华人民共和国国家质量监督检验检疫总局
中国国家标准化管理委员会　发布

前　言

本标准按照 GB/T 1.1—2009 给出的规则起草。

本标准由人力资源和社会保障部提出。

本标准由全国社会保险标准化技术委员会(SAC/TC 474)归口。

本标准主要起草单位:人力资源和社会保障部社会保险事业管理中心、天津市社会保险基金管理中心、天津市质量技术监督信息研究所、浙江省省级医疗保险服务中心、重庆市社会保险局、长沙市企业社会保险工作局、大连市社会保险基金管理中心、宁波市城镇医疗保险管理中心、潍坊市社会保险事业管理中心、丹阳市社会保险管理中心。

本标准主要起草人:王发运、韩学雷、李秋华、郭万海、赵学军、葛洪、胡娟、段勇攀、张力仁、吴伟民、汤冰、周家顺、黄晓英、李珏、李效华、孙培源。

社会保障服务中心设施设备要求

1 范围

本标准规定了社会保障服务中心的术语和定义、选址、建筑面积、功能区、服务与办公设施、设备配置及标志要求。

本标准适用于全国各省(自治区、直辖市)、地(自治州、市、区、盟)、县(自治县、市、区、旗)社会保险经办机构。

2 规范性引用文件

下列文件对于本文件的应用是必不可少的。凡是注日期的引用文件,仅所注日期的版本适用于本文件。凡是不注日期的引用文件,其最新版本(包括所有的修改单)适用于本文件。

GB/T 2887—2000 电子计算机场地通用规范

GB/T 10001.1—2006 标志用公共信息图形符号 第1部分:通用符号

GB/T 10001.9—2008 标志用公共信息图形符号 第9部分:无障碍设施符号

GB 13495 消防安全标志

GB/T 15566.1—2007 公共信息导向系统 设置原则与要求 第1部分:总则

GB 15630 消防安全标志设置要求

GB 50174 电子信息系统机房设计规范

GB 50222 建筑内部装修设计防火规范

GB 50311 综合布线系统工程设计规范

GA 587 建筑消防设施的维护管理

3 术语和定义

下列术语和定义适用于本文件。

3.1

社会保障服务中心 social security service centre

社会保险经办机构集中办理社会保险业务的经办管理服务场所。

3.2

功能区 the internal functions

为便于经办管理服务,按照一定标准对社会保障服务中心划定的不同服务功能区域。

3.3

标志 sign

由符号、文字、颜色和几何形状(或边框)等组合形成的传递特定信息的视觉形象。

3.4

标志牌 signboard

由一定材质构成的,承载、显示标志各视觉元素的牌子。

3.5

导向性标志 guiding sign

由图形标志和(或)文字标志组合形成,能够引导服务对象准确到达目的功能区的特定信息或公共信息标志。

3.6

功能性标志 functional sign

由文字标志和(或)图形标志组合形成,说明具体房间和服务窗口等基本功能的公共信息标志。

4 总体要求

4.1 一般原则

4.1.1 社会保障服务中心的建设应坚持规范统一、经济实用的原则。

4.1.2 社会保障服务中心的建设应符合城市规划及国家对于节能环保、节约用地、公共卫生与消防安全等要求。

4.1.3 社会保障服务中心的建设应统筹兼顾,与当地经济发展水平及实际工作需要相适应,合理配置设施、设备。

4.2 选址

4.2.1 社会保障服务中心的选址应符合城市规划要求,宜选择在交通便捷、公共设施较完善的地点,并应具有一定规模的停车场所。

4.2.2 经办服务大厅应设置在建筑物的较低楼层。对于设置在三层以上(含三层)的,应配备满足需要的电梯。

4.2.3 社会保障服务中心应与住宅分开设置。

4.3 建筑面积

各级社会保障服务中心建筑面积见表 1。

表 1 建筑面积

级　别	要求/m^2
省(自治区、直辖市)	≥8 000
地(自治州、市、区、盟)	≥5 000
县(自治县、市、区、旗)	≥3 500
注:省(自治区、直辖市)包括副省级省会城市和计划单列市。	

4.4 功能区

4.4.1 功能区划分

社会保障服务中心包括经办服务大厅、档案管理区、办公区和业务支持区四个功能区。各功能区面积占总建筑面积的比例见表 2,或根据当地具体业务受理情况自行设置。

表2 各功能区面积占总建筑面积的比例

项目	要求			
	经办服务大厅 %	档案管理区 %	办公区 %	业务支持区 %
省(自治区、直辖市)	30	20	10	40
地(自治州、市、区、盟)	40	20	10	30
县(自治县、市、区、旗)				

4.4.2 功能区设置要求

4.4.2.1 经办服务大厅

经办服务大厅宜设置柜台受理服务区、接待洽谈区、自助服务区、等候休息区、综合服务区、咨询服务区,各区域面积占经办服务大厅总面积的比例宜为50%、15%、15%、10%、5%、5%,或根据当地具体业务受理情况自行设置。服务对象实际使用的面积应大于工作人员使用的面积。

4.4.2.2 档案管理区

档案管理区宜设置档案库房、查档室和档案管理人员办公室。档案库房包括普通档案库房和电子档案库房,宜设置在二层以上楼层(含二层)。

社会保险经办机构上级部门采取集中统一管理社会保险档案并且建有相应管理机构或设施的,可根据实际情况相应减少档案管理区的面积。

4.4.2.3 办公区

办公区根据需要宜设置办公室、文印室等。

4.4.2.4 业务支持区

业务支持区根据需要宜设置计算机机房、业务培训室、业务接待室、业务审单室、资料室、会议室、更衣室、员工活动室、值班室、门卫室等。

5 设施

5.1 装修

5.1.1 原则

5.1.1.1 装修应坚持节能环保、规范统一、美观大方、经济适用的原则。

5.1.1.2 装修应根据各地区的实际情况,量力而出,装修重点为建筑物外檐、入户门厅、电梯厅、经办服务大厅及业务培训室、业务接待室等,其标准宜高于其他部位。

5.1.2 装修标准

装修材料、主要工艺及色调要求见附录A。各地区应根据当地实际情况和服务中心不同部位的实际需要,分别选择一类、二类和三类装修标准。

5.1.3 消防安全要求

装修消防安全应符合 GB 50222 的规定。消防安全标志应符合 GB 13495 的规定。消防安全标志的设置应符合 GB 15630 的规定。

5.1.4 节能环保要求

装修所用的材料、设备等应符合相关标准对于公共建筑节能及环保的要求。

经办服务大厅、业务培训室等部位在装修时宜考虑降噪要求。

5.1.5 综合布线

综合布线应符合 GB 50311 的规定。

5.2 公共设施

5.2.1 空调系统

需要人工降温的区域宜设置空调，经办服务大厅宜采用集中空调形式，办公室、业务培训室等宜根据实际情况采用分区或分体空调等形式。

5.2.2 采暖系统

位于采暖地区的社会保障服务中心宜优先采用集中供热方式。对于不能采用集中供热方式采暖的，宜根据当地实际情况采用空调系统或其他采暖方式。

5.2.3 消防设施

消防设施及维护应符合 GA 587 的规定。

5.2.4 采光、照明设施

社会保障服务中心宜直接采光。需要使用灯光照明的宜采用节能灯具。

5.2.5 无障碍设施

5.2.5.1 主入口处应设置无障碍坡道。

5.2.5.2 经办服务大厅的卫生间应能满足残障人员的需要。

5.2.6 安全监控系统

5.2.6.1 建筑物的周边和出入口、门厅、电梯间、走廊、经办服务大厅、计算机机房及档案管理区等区域均应设置监控前端摄像机。其中，经办服务大厅、建筑物的周边宜设置可调节角度和焦距的前端摄像机。

5.2.6.2 值班室应设置主监控屏。根据需要，可在单位主要负责人办公室设置分监控屏。

5.2.6.3 安全监控系统应配置具备不少于 25 d 的循环不间断录像功能，能够满足突发事件、自动报警并同时记录和保留视频图像的需要。

5.2.6.4 安全监控系统前端摄像机的分辨率应不低于 4 CIF。

5.2.6.5 安全监控系统前端摄像机的设置应与环境相协调。

5.3 机房建设

计算机机房建设应符合 GB 50174、GB/T 2887—2000 的规定。

6 设备

6.1 服务、办公设备

6.1.1 自动排队叫号系统

经办服务大厅宜根据需要配置自动排队叫号系统。取号机应安装在经办服务大厅的入口处，显示屏应安装在接待柜台的正上方，显示屏下沿距离地面不宜低于 2 200 mm。

自动排队叫号系统应具备号票打印、呼叫显示、查询、统计分析等功能。

6.1.2 宣传设备

经办服务大厅应设置必要的宣传设备，如宣传栏、宣传资料架、电子显示屏等，以满足经办业务宣传的需要。

6.1.3 接待设备

6.1.3.1 经办服务大厅柜台受理服务区中接待柜台的台面高度宜为 760 mm，台面宽度宜为 700 mm～850 mm；颜色为蓝色，配比见表 A.2。根据需要，可在柜台上方设置隔断玻璃。

6.1.3.2 柜台受理服务区的办公桌高度应与接待柜台保持一致，宽度宜根据实际情况设置，其台面和立面颜色应与接待柜台相协调。

6.1.3.3 柜台受理服务区的办公椅应能适应正面交流、侧面办事的需要。

6.1.4 多媒体系统

业务培训室应配置能够满足音频、视频播放及存储功能的多媒体系统。有条件的地区，可配置视频教学需要的相关设备或者预留接口。

6.2 功能区设备

6.2.1 功能区设备配置的数量应按照工作人员的实际数量和经办业务的需求确定。

6.2.2 各功能区基本设备配置参见附录 B。

6.3 标志

6.3.1 导向性标志

服务对象进入社会保障服务中心后，导向性标志应能引导服务对象迅速、准确到达目的功能区。

导向性标志主要包括：

a) 中国社会保险标志；
b) 平面导引标志；
c) 服务时间标志；
d) 当前建筑楼层导引标志；
e) 功能区域指示标志；
f) 形象墙。

6.3.2 功能性标志

功能性标志应能准确说明所指房间、服务窗口和服务设施的基本功能与主要作用。

功能性标志主要包括：

a） 窗口业务标志；

b） 房间标志；

c） 公共信息标志，主要包括：

1） 无障碍设施标志；

2） 公共设施类标志，如“洗手间”、“楼梯”、“公用电话”等；

3） 安全类警示标志，如“小心碰头”、“当心地滑”等；

4） 消防类警示标志，如“紧急出口”、“禁止吸烟”、“灭火器”等。

d） 其他，如桌牌等。

6.3.3 标志设置

6.3.3.1 标志的设置应符合 GB/T 15566.1—2007 的规定。

6.3.3.2 功能性标志应设置在紧靠服务设施、服务点位及房间的上方或侧面，或者容易发生安全问题以及需要警告、禁止的设备和区域附近。

6.3.3.3 对于民族自治地方，宜根据需要在标志牌上增加民族语言文字信息。

6.3.3.4 标志的主要颜色为蓝色，配比为 C100 M70 K20。

6.3.3.5 应根据不同地区的气候、温度、湿度等自然条件和实际状况，本着美观耐用、节约成本、便于维护的原则确定标志牌的材质。

6.3.4 标志牌样式、规格

6.3.4.1 导向性标志的样式及规格见附录 C。

6.3.4.2 窗口业务标志、房间标志等样式及规格见附录 D。

6.3.4.3 无障碍设施标志应符合 GB/T 10001.9—2008 的规定，其他标志应符合 GB/T 10001.1—2006 的规定。

附 录 A
（资料性附录）
功能区装修材料、主要工艺及色调要求

A.1 功能区装修材料和主要工艺

社会保障服务中心各功能区的装修材料和主要工艺见表 A.1。

表 A.1 功能区装修材料和主要工艺

装修部位		装修材料和主要工艺		
		一类	二类	三类
外墙		石材、陶板或铝板	墙面砖、真石漆或水刷石	涂料、清水墙
外檐窗		断桥铝中空玻璃窗	塑钢窗	塑钢窗、铝合金窗
入户大门		断桥铝中空玻璃平板门与转门组合	断桥铝中空玻璃平板门	钢质门、卷帘门
经办服务大厅	地面	石材、瓷砖	瓷砖、塑胶地板	瓷砖、水磨石
	内墙面	石材、瓷砖	瓷砖、乳胶漆	乳胶漆
	顶板	铝板、石膏板或矿棉板	石膏板、矿棉板	乳胶漆
	室内门	实木门	实木门、实木复合门或玻璃门	实木复合门、玻璃门
走廊楼梯间	地面	瓷砖	瓷砖、塑胶地板	瓷砖、水磨石
	内墙面	乳胶漆	乳胶漆	乳胶漆
	顶板	石膏板	石膏板	石膏板
	室内门	实木门	实木门、玻璃门	实木复合门、玻璃门
电梯厅	地面	石材、瓷砖	瓷砖、塑胶地板	瓷砖、水磨石
	内墙面	石材、瓷砖	瓷砖、乳胶漆	乳胶漆
	顶板	铝板、带造型石膏板	石膏板	石膏板、乳胶漆
	室内门	实木门、金属门	实木门、实木复合门或玻璃门	实木复合门、玻璃门
业务培训室	地面	瓷砖、木地板	瓷砖、塑胶地板	瓷砖、水磨石
	内墙面	乳胶漆	乳胶漆	乳胶漆
	顶板	石膏板、矿棉板	石膏板、矿棉板	石膏板、矿棉板、乳胶漆
	室内门	实木门	实木门、实木复合门或玻璃门	实木复合门、玻璃门
业务接待室	地面	石材、木地板	瓷砖、复合地板	瓷砖
	内墙面	壁纸、壁布、装饰板或吸音板	壁纸、乳胶漆	乳胶漆
	顶板	铝板、带造型石膏板	石膏板、矿棉板	石膏板、矿棉板
	室内门	实木门	实木门、实木复合门或玻璃门	实木复合门、玻璃门
卫生间	地面	瓷砖	瓷砖	瓷砖、水磨石
	内墙面	瓷砖	瓷砖	瓷砖
	顶板	整体吊装铝板	铝条板	PVC 板
	室内门	实木门	实木门、实木复合门	实木复合门
注：一类至三类装修标准中相同种类的材料或工艺以当地市场价格划分。其中，一类装修标准最高，三类装修标准最低。				

A.2 色调要求

社会保障服务中心功能区各部位的色调要求见表 A.2。

表 A.2 色调要求

装修部位		颜色	备注
地面		白色、米黄色或浅灰色	
内墙面		白色	
顶板		白色或灰色	
接待柜台	台面	蓝色	配比：C100 M70 K20
	立面	浅米黄色	配比：C10 M10 Y20 K0

附　录　B
（资料性附录）
功能区基本设备配置

B.1　功能区基本设备配置

社会保障服务中心各功能区的基本设备配置见表B.1。各地区应根据当地实际情况参考采用。

表B.1　功能区基本设备配置

功能区		基本设备配置要求
经办服务大厅	柜台受理服务区	办公家具：座椅、资料柜； 办公设备：计算机、打印机； 公共设备：接待柜台、公众椅
	接待洽谈区	办公设备：计算机； 公共设备：桌、椅
	自助服务区	自助申报、查询设备
	等候休息区	公共设备：排椅、填单台； 宣传设备：资料架、电子显示屏
	综合服务区	办公设备：计算机、打印机、复印机、碎纸机、电话； 公共设备：接待柜台、意见箱
	咨询服务区	办公家具：桌、椅； 办公设备：计算机、录音电话
档案管理区	档案库房	防护设备：防火、防盗、报警、除尘、除(加)湿设备； 存储设备：档案密集架、档案柜、展示柜； 其他：消磁柜
	查档室	办公家具：桌、椅； 办公设备：计算机、打印机
	档案管理人员办公室	办公家具：桌、椅、更衣柜； 办公设备：计算机、打印机、扫描仪、装订机、碎纸机
办公区	办公室	办公家具：桌、椅、更衣柜； 办公设备：计算机、打印机、扫描仪、照相机、电话、碎纸机
	文印室	办公家具：桌、椅、资料柜、更衣柜； 办公设备：计算机、打印机、复印机、电话、碎纸机
业务支持区	业务培训室	办公家具：演讲台、直列式课桌、座椅； 影音设备：投影机、投影屏幕、功放、调音台、音响、影碟机、电视机、话筒
	业务接待室	会客沙发、茶几、茶水柜、衣帽架
	业务审单室	办公家具：桌、椅、资料柜； 办公设备：计算机、打印机、电话、碎纸机
	资料室	桌、椅、书柜、报架
	会议室	办公家具：桌、椅； 影音设备：电视机
	更衣室	衣柜、座椅
	员工活动室	运动器械
	值班室	办公家具：床、桌、椅、电话、衣柜； 监控设备：安全监控终端

附 录 C
（规范性附录）
导向性标志样式及规格

C.1 中国社会保险标志

C.1.1 组成和样式

中国社会保险标志由中国社会保险图形标志、中文字符“中国社会保险”及英文字符“CHINA SOCIAL INSURANCE”组成。其样式见图 C.1。

图 C.1 中国社会保险标志样式

C.1.2 颜色、字体

中国社会保险标志为蓝底白字。中文字体为魏碑体，英文字体为方正大黑简体。

C.1.3 标志牌尺寸规格

中国社会保险标志牌外形尺寸及字体大小应根据建筑物实际情况按图 C.2 同比例放大或缩小。

中国社会保险图形标志尺寸规格见图 C.3。

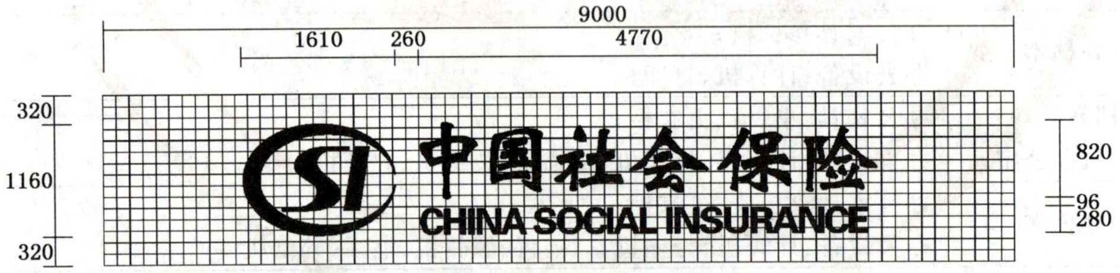

图 C.2 中国社会保险标志牌尺寸规格

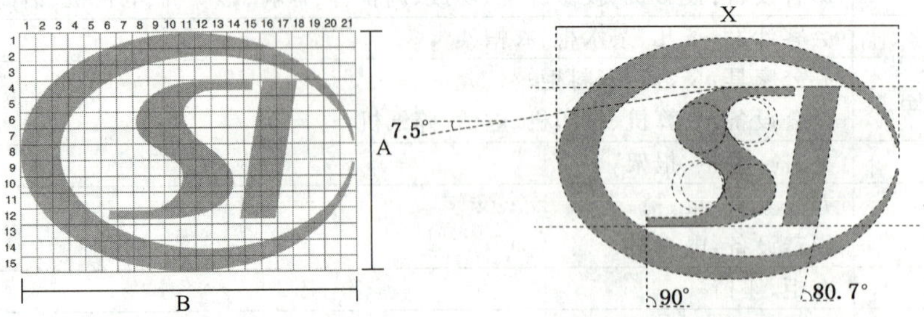

图 C.3 中国社会保险图形标志尺寸规格

C.1.4 标志牌安装位置

社会保障服务中心为独立建筑的，标志牌应安装在建筑主要立面的屋顶或正门上方正中位置；与其他单位合用办公楼的，标志牌应安装在社会保障服务中心正门上方。

C.2 平面导引标志

C.2.1 组成和样式

平面导引标志上部由中国社会保险图形标志、机构名称组成；下部由相关功能区及设施、设备功能信息等组成。其样式见图 C.4。

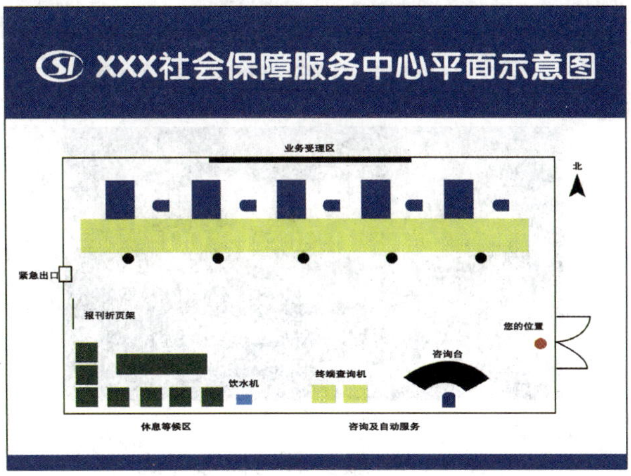

图 C.4 平面导引标志样式示例

C.2.2 颜色、字体

平面导引标志为蓝底白字。上部字体为方正粗圆简体，下部底色为材质本色。

C.2.3 标志牌尺寸规格

标志牌宜采用立地直面式。其尺寸规格见图 C.5，或根据实际需要设置。

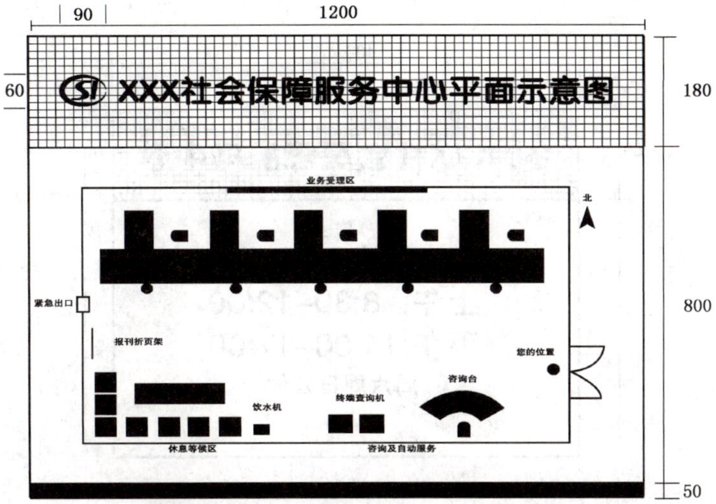

图 C.5 平面导引标志牌尺寸规格

C.2.4 标志牌安装位置

标志牌应安装在经办服务大厅入口处的显要位置。

C.3 服务时间标志

C.3.1 组成和样式

服务时间标志上部由中国社会保险图形标志、中文字符“×××社会保障服务中心”组成；下部为服务时间信息，其时间牌宜采用插拔方式。

一般采用贴墙挂式或立柱式，与地面距离不宜小于1 200 mm。其样式见图C.6。

图C.6 服务时间标志样式

C.3.2 颜色、字体

服务时间标志上部为白底蓝字，中文字体为方正粗圆简体；下部为蓝底白字，服务时间信息的字体为方正黑体简体。

C.3.3 标志牌尺寸规格

服务时间标志牌尺寸规格见图C.7。

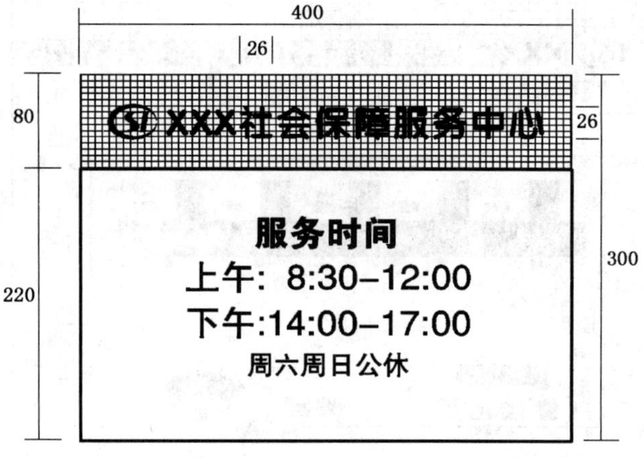

图C.7 服务时间标志牌尺寸规格

C.3.4 标志牌安装位置

标志牌应安装在社会保障服务中心入口处明显位置。

C.4 当前建筑楼层导引标志

C.4.1 组成和样式

当前建筑楼层导引标志上部由中国社会保险图形标志、中文字符“社会保险经办导引”组成；下部由楼层信息和相关经办服务内容信息组成。其样式见图 C.8。

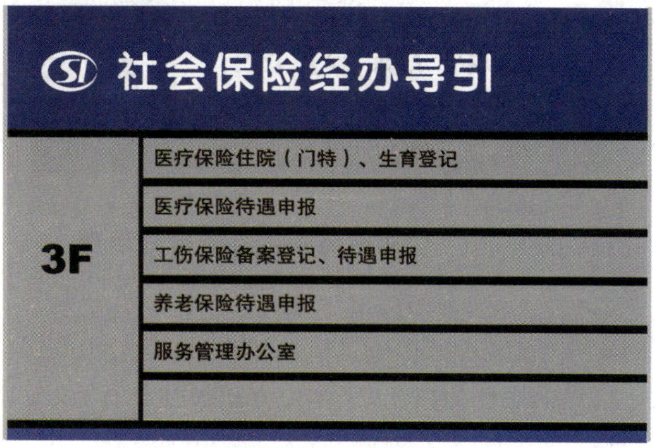

图 C.8 当前建筑楼层导引标志样式示例

C.4.2 颜色、字体

当前建筑楼层导引标志上部为蓝色，中文字体为方正粗圆简体，图案和字体颜色为白色；下部楼层和相关经办内容信息字体颜色为黑色，字体为方正黑体简体，底色为白色或灰色。

C.4.3 标志牌尺寸规格

当前建筑楼层导引标志牌尺寸规格见图 C.9。

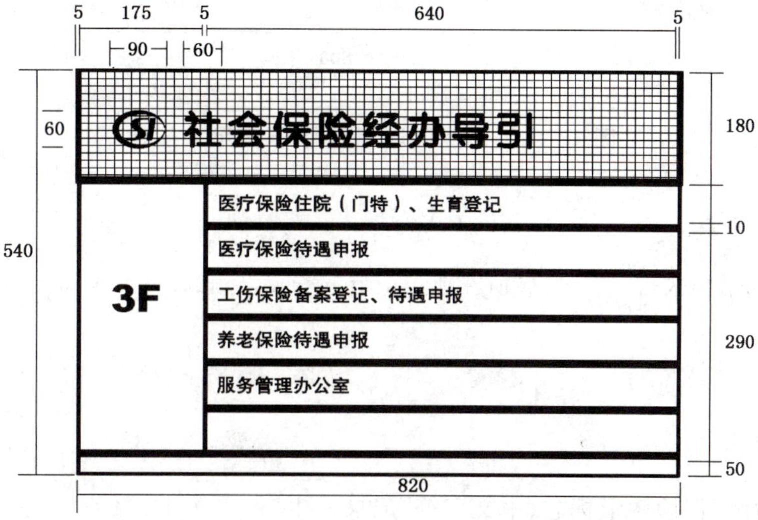

图 C.9 当前建筑楼层导引标志牌尺寸规格

C.4.4 标志牌安装位置

标志牌应安装在楼梯、电梯等通道的出入口处。

C.5 功能区域指示标志

C.5.1 组成和样式

功能区域指示标志由区域内容文字和带有箭头的图形符号组成。其样式见图 C.10。

图 C.10 功能区域指示标志样式示例

C.5.2 颜色、字体

功能区域指示标志文字区域的底色为白色,字体为方正黑体简体,文字颜色为黑色;图形符号区域底色为蓝色,符号颜色为白色。

C.5.3 标志牌尺寸规格

一般采用吊挂式,其长度为 800 mm,宽度为 250 mm。具体尺寸规格见图 C.11。

图 C.11 功能区域指示标志牌尺寸规格

C.5.4 标志牌安装位置

标志牌一般采用吊挂式,在功能区域所在地点正上方安装,标志牌下沿距离地面不宜低于2 200 mm。

C.6 形象墙

C.6.1 组成和样式

形象墙由中国社会保险图形标志、中文字符“记录一生、保障一生、服务一生”以及“中国社会保险”和英文字符“CHINA SOCIAL INSURANCE”组成。其样式见图 C.12。

图 C.12 形象墙样式

C.6.2 颜色、字体

形象墙为蓝底白字，文字字体为方正粗圆简体。

C.6.3 尺寸规格

形象墙外形尺寸大小应根据建筑物实际情况按图 C.13 同比例放大或缩小。

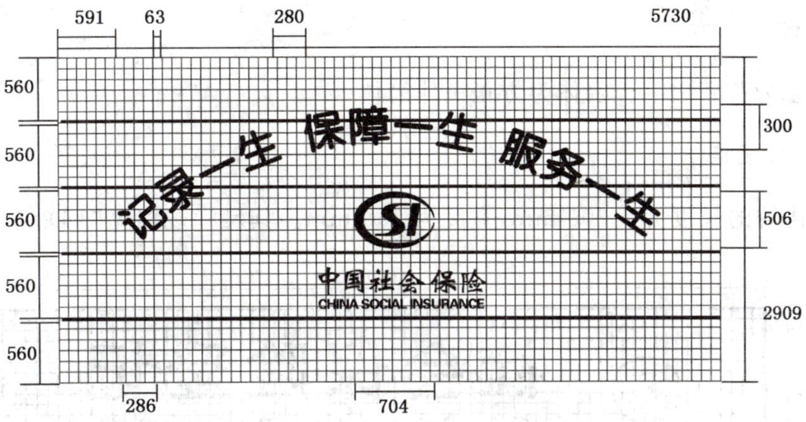

图 C.13 形象墙尺寸规格

C.6.4 安装位置

标志牌宜安装在经办服务大厅内面向服务对象的空白墙面上。

附　录　D
（规范性附录）
功能性标志样式及规格

D.1　窗口业务标志

D.1.1　组成和样式

窗口业务标志由窗口顺序号和相关经办信息内容组成。其样式见图 D.1。

图 D.1　窗口业务标志样式示例

D.1.2　颜色、字体

窗口业务标志为蓝底白字。字体为方正黑体简体。

D.1.3　标志牌尺寸规格

窗口业务标志牌的长度为 1 000 mm，宽度为 250 mm。其尺寸规格见图 D.2。

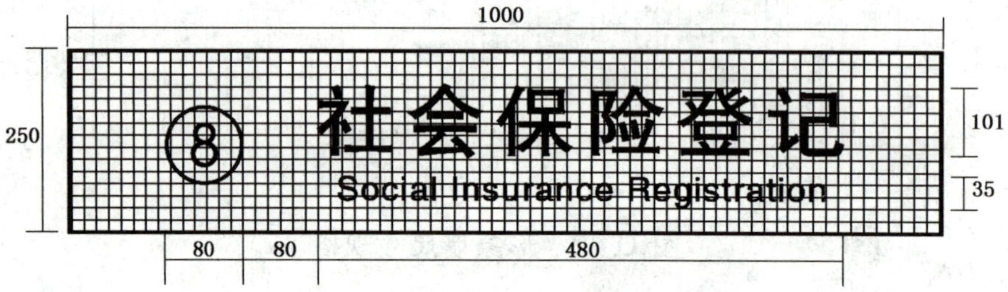

图 D.2　窗口业务标志牌尺寸规格

D.1.4　标志牌安装位置

一般采用悬挂式，安装在接待柜台的正上方，标志牌底边距离地面的高度不宜小于 2 200 mm。有条件的地区可采用电子显示方式。

D.2　房间标志

D.2.1　组成和样式

房间标志由中、英文名称组成。其样式见图 D.3。

图 D.3　房间标志样式示例

D.2.2　颜色、字体

房间标志为蓝底白字。字体为方正黑体简体。

D.2.3　标志牌尺寸规格

房间标志牌的长度为 262 mm，宽度为 105 mm，或根据实际需要设置。具体尺寸规格见图 D.4。

图 D.4　房间标志牌尺寸规格

D.2.4　标志牌安装位置

房间标志牌一般采用贴墙式设置，宜安装在房间门口的右上侧。标志牌底边距离地面 1 700 mm～1 900 mm。

D.3　桌牌

D.3.1　组成和样式

桌牌内容由中、英文信息组成。其样式见图 D.5。

图 D.5　桌牌样式示例

D.3.2 颜色、字体

桌牌为蓝底白字。字体为方正黑体简体。

D.3.3 尺寸规格

桌牌的长度为300 mm,宽度为120 mm,或根据实际需要设置。具体尺寸规格见图D.6。

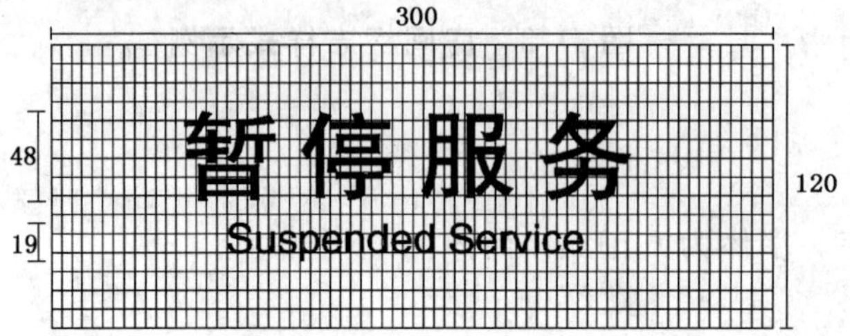

图 D.6 桌牌尺寸规格

ICS 11.020
C 05

中华人民共和国国家标准

GB/T 27770—2011

病媒生物密度控制水平　鼠类

Criteria for vector density control—Rodent

2011-12-30 发布　　2012-04-01 实施

中华人民共和国卫生部
中国国家标准化管理委员会　发布

前言

本标准按照 GB/T 1.1—2009 给出的规则起草。

本标准由中华人民共和国卫生部提出并归口。

本标准起草单位：北京出入境检验检疫局、中国疾病预防与控制中心传染病预防控制所、北京市疾病预防控制中心、北京市爱国卫生运动委员会办公室、吉林省疾病预防控制中心、中国人民解放军军事医学科学院科技部。

本标准主要起草人：郭天宇、刘起勇、曾晓芃、孙贤理、鲁亮、彭渤、胡良平。

病媒生物密度控制水平　鼠类

1　范围

本标准规定了城镇鼠密度的控制水平以及相应的评价方法。

本标准适用于城镇鼠类控制效果评价。

2　规范性引用文件

下列文件对于本文件的应用是必不可少的。凡是注日期的引用文件，仅注日期的版本适用于本文件。凡是不注日期的引用文件，其最新版本(包括所有的修改单)适用于本文件。

GB/T 23798　病媒生物密度监测方法　鼠类

3　术语与定义

下列术语和定义适用于本文件。

3.1

室外环境　outdoor areas

室外的空地和绿地，如建筑工地、垃圾收集站、公园、动物园、绿地、河流湖泊沿岸、堤坝渠壁、道路两侧的空地或草地、铁道两侧、学校、单位院内、住宅区内空地等。

3.2

防鼠设施　rodent-proof structure or facilities

预防外环境或下水道的鼠类进入人群居住或活动的环境而建设的建筑物或防护装置。

3.3

路径指数　route index

累计检查每 1 000 m 路径所发现鼠和鼠迹的处数。

3.4

控制水平　control level

通过采取有效控制措施将城镇鼠类密度降低至本标准规定的某一水平范围内。

3.5

单位　unit

检查的具体场所，如农贸市场、饭店、宾馆、饮食店、机关食堂、副食店、食品加工厂、酿造厂、屠宰场、粮库、饲料厂、医院、机场、港口、火车站、汽车站等。

4　检查方法

4.1　防鼠设施

现场检查防鼠设施，不同类型的防鼠设施和判定标准见附录 A。

4.2　室内、室外环境

鼠密度监测方法采用鼠迹法(见 GB/T 23798)。

5　鼠密度控制水平

5.1　城镇

5.1.1　防鼠设施分为以下等级：

a)　A级：防鼠设施合格率大于或等于97%；

b)　B级：防鼠设施合格率大于或等于95%；

c)　C级：防鼠设施合格率大于或等于93%。

5.1.2　室内鼠密度控制水平分为以下等级：

a)　A级：鼠迹阳性率小于或等于1%；

b)　B级：鼠迹阳性率小于或等于3%；

c)　C级：鼠迹阳性率小于或等于5%。

5.1.3　外环境鼠密度控制水平分为以下等级：

a)　A级：路径指数小于或等于1；

b)　B级：路径指数小于或等于3；

c)　C级：路径指数小于或等于5。

5.2　单位

单位鼠密度控制水平参照附录B进行评价。

6　抽样原则

6.1　在城镇范围内，选择不同方位的区域，随机抽样。

6.2　抽查数量见附录C，上下幅度不超过5%。

7　评价

本标准将鼠密度控制水平定为A、B、C三级，其中，C级为鼠类密度控制的容许水平，只有采用同一方法所有指标同时符合某一级别水平的要求时，方可视为达到了相应的级别水平。

附 录 A
（规范性附录）
防鼠设施的要求

A.1 合格防鼠设施的判定

A.1.1 箅子和地漏

厨房操作间下水道出水口有竖箅子(金属栏栅)，箅子缝小于 10 mm；若无竖箅子，排水沟横箅子的箅子缝小于 10 mm，且无缺损。地漏加盖。

A.1.2 门

门缝小于 6 mm；木门和门框的底部包铁皮，高 300 mm；食品库房门口有挡鼠板，高 0.6 m。

A.1.3 管线孔洞

堵塞通向外环境的管线孔洞，没有堵死的孔洞，其缝隙不得超过 6 mm。

A.1.4 排风扇

1 楼或地下室排风扇或通风口有金属网罩，网眼不得超过 6 mm。

A.1.5 窗户

1 楼或地下室窗户玻璃无破损。

A.2 防鼠设施合格率的计算

A.2.1 防鼠设施不合格房间的判定

15 m^2 折算 1 房间。5 类防鼠设施中，有 1 类不合格就算该房间防鼠设施不合格。样本大小根据所调查城镇面积和人口数量来定。

A.2.2 防鼠设施合格率的计算方法

防鼠设施合格率计算见公式(A.1)。

$$R_{spr}=\frac{N_{er}}{N_{cr}} \qquad \cdots\cdots\cdots\cdots (A.1)$$

式中：

R_{spr}——防鼠设施合格率；

N_{er}——防鼠设施合格房间数；

N_{cr}——检查总房间数。

附 录 B
（资料性附录）
单位鼠密度控制水平

B.1 防鼠设施分为以下等级：

a） A级：房间数30间以下的单位防鼠设施完全合格，30间以上的单位防鼠设施不合格房间数不超过1间；

b） B级：房间数20间以下的单位防鼠设施完全合格，20间以上的单位防鼠设施不合格房间数不超过1间；

c） C级：房间数10间以下的单位防鼠设施完全合格，10间以上的单位防鼠设施不合格房间数不超过1间。

B.2 室内鼠密度控制水平分为以下等级：

a） A级：房间数60间以下的单位阳性房间数为0，60间以上的单位阳性房间数不超过1间；

b） B级：房间数30间以下的单位阳性房间数为0，30间以上的单位阳性房间数不超过1间；

c） C级：房间数20间以下的单位阳性房间数为0，20间以上的单位阳性房间数不超过1间。

B.3 外环境鼠密度 不得有鼠洞、死鼠、活鼠等鼠迹。

附 录 C
（规范性附录）
评价城镇鼠类控制水平的抽样量

表 C.1 评价室内鼠类控制水平的抽样量表

城市规模	200 万以上人口		100 万～200 万人口		50 万～100 万人口		10 万～50 万以下人口		10 万以下人口	
	单位数	房间数	单位数	房间数	单位数	房间数	单位数	房间数	单位数	房间数
餐饮店	80	800	60	600	40	400	20	200	10	100
商场、超市	40	400	30	300	20	200	10	100	5	50
机关、企业单位	40	400	30	300	20	200	10	100	5	50
饭店宾馆	20	200	15	150	10	100	6	60	3	30
农贸市场	12	120	9	90	6	60	3	30	2	20
学校	10	100	8	80	6	60	4	40	2	20
医院	10	100	7	75	5	50	3	30	2	20
建筑拆迁工地	10	100	7	75	5	50	3	30	2	20
居(家)委会	8	80	5	50	5	50	3	30	2	20
机场或车站	4	40	3	30	2	20	1-2	15	1	10
合计	234	2 340	174	1 750	119	1 190	64	635	34	340

注：以上各项如有缺项以餐饮店填补。

表 C.2 评价外环境鼠类控制水平抽样量表

城市规模	200 万以上人口		100 万～200 万人口		50 万～100 万人口		10 万～50 万以下人口		10 万以下人口	
	检查单位数	延长米数	检查单位数	延长米数	检查单位数	延长米数	检查单位数	延长米数	检查单位数	延长米数
公共绿地、公园或道路两侧	10	1 000	8	800	5	500	4	400	2	200
垃圾中转站或公共厕所	5	500	5	500	5	500	3	300	2	200
单位或居民区院内	10	1 000	7	700	5	500	5	500	3	300
农贸市场、工地或车站	5	500	5	500	5	500	3	300	3	300
合计	30	3 000	25	2 500	20	2 000	15	1 500	10	1 000

注：外环境延长米包括公共绿地、农贸市场、车站、公共绿地、居民区等，每处不超过 100 m。

ICS 11.020
C 05

中华人民共和国国家标准

GB/T 27771—2011

病媒生物密度控制水平　蚊虫

Criteria for vector density control—Mosquito

2011-12-30 发布　　2012-04-01 实施

中华人民共和国卫生部
中国国家标准化管理委员会　发布

前　言

本标准按照 GB/T 1.1—2009 给出的规则起草。

本标准由中华人民共和国卫生部提出并归口。

本标准起草单位：中国人民解放军军事医学科学院微生物流行病研究所、北京市爱国卫生运动委员会办公室、北京市疾病预防控制中心、广东省疾病预防控制中心。

本标准主要起草人：赵彤言、董言德、曾晓芃、林立丰、于传江、佟颖。

病媒生物密度控制水平　蚊虫

1　范围

本标准规定了城镇蚊虫的密度控制水平，包括小型积水、大型水体、人诱蚊的密度控制水平。

本标准适用于城镇蚊虫控制的效果评价。

2　规范性引用文件

下列文件对于本文件的应用是必不可少的。凡是注日期的引用文件，仅注日期的版本适用于本文件。凡是不注日期的引用文件，其最新版本(包括所有的修改单)适用于本文件。

GB/T 23797　病媒生物密度监测方法　蚊虫

3　术语和定义

下列术语和定义适用于本文件。

3.1

蚊虫　mosquito

昆虫纲双翅目蚊科的昆虫，分为卵、幼虫、蛹和成虫 4 个虫态。

3.2

蚊虫密度　density

在单位时间或一定区域中蚊虫的数量。

3.3

控制水平　control level

通过采取有效控制措施将蚊虫危害降低至本标准规定的密度水平。

3.4

路径指数　route index

累计检查每 1 000 m 路径所发现蚊幼虫阳性积水处数。

3.5

阳性积水处　positive site

评价人员所观察到的有蚊虫幼虫、蛹孳生的各类容器积水、各类坑洼积水和各类排水系统的井口积水等。

3.6

采样勺　dip

用于蚊虫幼虫采集的容积 500 mL 的长柄勺。

3.7

阳性勺　positive dip

从水体中用采样勺取水，发现有蚊虫幼虫和蛹的取样。

3.8

采样勺指数　dip index

对大中型水体，包括池塘、湖泊和河流，沿岸每隔 10 m，用采样勺取水，阳性勺占取样勺的百分比。

3.9

蚊虫的停落指数 landing index

评价人在公园、花房、汽修厂、轮胎集放地，暴露右小腿，上午 8:00～10:00 或 16:00～18:00 观察在 0.5 h 内腿上蚊虫的停落数，计算蚊虫停落指数(停落蚊数/人次)。

评价人在居民区、单位、公共场所等外环境，暴露右小腿，日落后 0.5 h，观察在 0.5 h 内腿上蚊虫的停落数，计算蚊虫停落指数(停落蚊数/人次)。

3.10

单位 unit

评价的具体场所，如机关、企业、学校、医院、公园、居民区等。

4 检查方法

依据 GB/T 23797 进行检查。

5 蚊虫密度控制水平

5.1 城镇

5.1.1 小型积水蚊虫密度控制水平分为以下等级：

a) A 级：路径指数小于或等于 0.1；

b) B 级：路径指数小于或等于 0.5；

c) C 级：路径指数小于或等于 0.8。

5.1.2 大中型水体蚊虫密度控制水平分为以下等级：

a) A 级：采样勺指数小于或等于 1%，平均每阳性勺少于 3 只蚊虫幼虫和蛹；

b) B 级：采样勺指数小于或等于 3%，平均每阳性勺少于 5 只蚊虫幼虫和蛹；

c) C 级：采样勺指数小于或等于 5%，平均每阳性勺少于 8 只蚊虫幼虫和蛹。

5.1.3 外环境蚊虫密度控制水平分为以下等级：

a) A 级：停落指数小于或等于 0.5；

b) B 级：停落指数小于或等于 1.0；

c) C 级：停落指数小于或等于 1.5。

5.2 单位

对一个单独的单位进行蚊虫密度控制水平评价时，要求不得有阳性的各类积水容器和各类坑洼积水。

6 抽样原则

6.1 在城镇范围内，选择不同方位的区域，随机抽样。

6.2 抽查数量见附录 A，上下幅度不超过 5%。

7 评价

本标准将蚊虫密度控制水平定为 A、B、C 三级，其中，C 级为蚊虫密度控制的容许水平，只有所有指标同时符合某一级别水平的要求时，方可视为达到了相应的级别水平。

附 录 A
（规范性附录）
评价城镇蚊虫控制水平的抽查数量

表 A.1 评价常见环境类型蚊虫控制水平的抽查数量表

城市规模	200 万以上人口		100 万～200 万人口		50 万～100 万人口		10 万～50 万以下人口		10 万以下人口	
	单位数	延长米	单位数	延长米	单位数	延长米	单位数	延长米	单位数	延长米
居委会	40	5 000	30	4 000	20	3 000	10	2 000	5	1 000
单位(有独立院落)	50	5 000	35	4 000	20	3 000	15	2 000	10	1 000
建筑工地	20	5 000	15	4 000	12	3 000	8	2 000	3	1 000
道路(雨水井口)	—	5 000	—	4 000	—	3 000	—	2 000	—	1 000

表 A.2 评价其他环境类型蚊虫控制水平的抽查数量表

城市规模	200 万以上人口	100 万～200 万人口	50 万～100 万人口	10 万～50 万以下人口	10 万以下人口
大中型水体/个	20	15	10	5	3
特殊场所诱蚊/人次	15	10	8	5	3

ICS 11.020
C 05

中华人民共和国国家标准

GB/T 27772—2011

病媒生物密度控制水平　蝇类

Criteria for vector density control—Fly

2011-12-30 发布　　　　2012-04-01 实施

中华人民共和国卫生部
中国国家标准化管理委员会　发布

前　言

本标准按照 GB/T 1.1—2009 给出的规则起草。

本标准由中华人民共和国卫生部提出并归口。

本标准起草单位：上海市疾病预防控制中心、北京市疾病预防控制中心、中国人民解放军军事医学科学院微生物流行病研究所、中国人民解放军军事医学科学院科技部。

本标准主要起草人：冷培恩、徐仁权、曾晓芃、赵彤言、刘婷、胡良平。

病媒生物密度控制水平　蝇类

1　范围

本标准规定了城镇蝇类控制中应达到的室内成蝇阳性率及密度、室内外蝇类孳生率、防蝇设施合格率的城镇蝇类控制水平。

本标准适用于城镇范围内蝇类密度控制评价。

2　规范性引用文件

下列文件对于本文件的应用是必不可少的。凡是注日期的引用文件，仅注日期的版本适用于本文件。凡是不注日期的引用文件，其最新版本(包括所有的修改单)适用于本文件。

GB/T 23796　病媒生物密度监测方法　蝇类

3　术语和定义

下列术语和定义适用于本文件。

3.1

蝇类　fly

蝇类为昆虫纲双翅目环裂亚目有瓣类昆虫，分为卵、幼虫、蛹和成虫四个虫态。

3.2

防蝇设施　fly proof facilities

能够阻挡蝇类进入室内或接触食物的设施，如纱门、纱窗、风幕机、门帘、纱罩等。

3.3

控制水平　control level

通过采取有效措施，将成蝇阳性率及密度、室内外蝇类孳生率、防蝇不设施合格率降低至本标准规定的水平范围内。

3.4

有蝇房间阳性率　percent of the rooms that were aggrieved by flies

检查中发现室内有蝇类活动的标准间数占整个检查标准间数的百分比。

3.5

阳性房间蝇密度　fly density of room

检查时室内有蝇活动标准间中平均每间所占有的蝇数。

3.6

孳生地　breeding site

存在适宜于蝇类孳生的腐败动物、腐败植物、人粪、禽畜粪和生活垃圾的容器或地点。

3.7

单位　unit

评价的具体场所，如机关、企业、学校、医院、餐饮店、商场、超市等。

4 检查方法

4.1 室内成蝇、孳生地

依据 GB/T 23796 进行检查。

4.2 防蝇设施

依据生产销售直接入口食品的场所(如厨房、熟食间、无包装食品橱柜等),应安装防蝇设施的原则,检查需安装防蝇设施的场所数以及合格防蝇设施场所数,计算防蝇设施合格率。

5 蝇类控制水平

5.1 城镇

5.1.1 生产销售直接入口食品的场所不得有蝇。室内不得存在蝇类孳生地。

5.1.2 室内成蝇密度控制水平分为以下等级:

a) A级:有蝇房间阳性率小于或等于3%,阳性间蝇密度小于或等于3只/间;

b) B级:有蝇房间阳性率小于或等于6%,阳性间蝇密度小于或等于3只/间;

c) C级:有蝇房间阳性率小于或等于9%,阳性间蝇密度小于或等于3只/间。

5.1.3 室外蝇类孳生地密度控制水平分为以下等级:

a) A级:蝇类孳生地阳性率小于或等于1%;

b) B级:蝇类孳生地阳性率小于或等于3%;

c) C级:蝇类孳生地阳性率小于或等于5%。

5.1.4 防蝇设施分为以下等级:

a) A级:防蝇设施合格率大于或等于98%;

b) B级:防蝇设施合格率大于或等于95%;

c) C级:防蝇设施合格率大于或等于90%。

5.2 单位

单位蝇类密度控制水平参照附录A进行评价。

6 抽样原则

6.1 在城镇范围内,选择不同方位的区域,随机抽样。

6.2 抽查数量见附录B,上下幅度不超过5%。

7 评价

本标准将蝇类密度控制水平定为A、B、C三级,其中,C级为蝇类密度控制的容许水平,只有所有指标同时符合某一级别水平的要求时,方可视为达到了相应的级别水平。

附　录　A
（资料性附录）
单位蝇类密度控制水平

A.1　生产销售直接入口食品的场所不得有蝇。

A.2　室内成蝇密度控制水平分为以下等级：

a)　A 级：房间数 60 间以下的单位有蝇房间数为 0，61 间～100 间的单位有蝇房间数不超过 1 间，阳性间蝇密度小于或等于 3 只/间。

b)　B 级：房间数 30 间以下的单位有蝇房间数为 0，31 间～60 间的单位有蝇房间数不超过 1 间，61 间～100 间的单位有蝇房间数不超过 3 间，阳性间蝇密度指数小于或等于 3 只/间。

c)　C 级：房间数 10 间以下的单位有蝇房间数为 0，11 间～30 间的单位有蝇房间数不超过 1 间，31 间～60 间的单位有蝇房间数不超过 3 间，61 间～100 间单位有蝇房间数不超过 6 间，阳性间蝇密度小于或等于 3 只/间。

A.3　室内外不得有蝇类孳生地。

A.4　防蝇设施全部合格。

附 录 B
（规范性附录）
评价城镇蝇类控制水平的抽样检查数量

表 B.1 评价室内蝇类控制水平的抽样检查数量表

城市规模	200万以上人口		100万～200万人口		50万～100万人口		10万～50万以下人口		10万以下人口	
	单位数	房间数	单位数	房间数	单位数	房间数	单位数	房间数	单位数	房间数
餐饮店	80	800	60	600	40	400	20	200	10	100
商场、超市	40	400	30	300	20	200	10	100	5	50
机关、企业单位	40	400	30	300	20	200	10	100	5	50
饭店宾馆	20	200	15	150	10	100	6	60	3	30
农贸市场	12	120	9	90	6	60	3	30	2	20
医院	10	100	7	75	5	50	3	30	2	20
建筑拆迁工地	10	100	7	75	5	50	3	30	2	20
机场或车站	4	40	3	30	2	20	1～2	15	1	10
合计	216	2 160	161	1 620	108	1 080	57	565	30	300
注：以上各项如有缺项以餐饮店填补。										

表 B.2 评价室外蝇类孳生地蝇类控制水平的抽样数量表

城市规模	200万以上人口		100万～200万人口		50万～100万人口		10万～50万以下人口		10万以下人口	
	检查单位数	容器数或延长米数	检查单位数	容器数或延长米数	检查单位数	容器数或延长米数	检查单位数	容器数或延长米数	检查单位数	容器数或延长米数
室外垃圾容器	—	200	—	150	—	100	—	50	—	25
垃圾中转站	—	20	—	15	—	10	—	5	—	2
外环境散在孳生地	40	4 000	30	3 000	20	2 000	15	1 500	10	1 000
公共厕所	—	20	—	15	—	10	—	5	—	2
注：外环境延长米包括农贸市场、车站、公共绿地、居民区等，每处不超过100 m。										

ICS 11.020
C 05

中华人民共和国国家标准

GB/T 27773—2011

病媒生物密度控制水平　蜚蠊

Criteria for vector density control—Cockroach

2011-12-30 发布　　2012-04-01 实施

中华人民共和国卫生部
中国国家标准化管理委员会　发布

前言

本标准按照 GB/T 1.1—2009 给出的规则起草。

本标准由中华人民共和国卫生部提出并归口。

本标准起草单位:北京市疾病预防控制中心、中国人民解放军军事医学科学院微生物流行病研究所、北京市爱国卫生运动委员会办公室、南昌市疾病预防控制中心、中国人民解放军军事医学科学院科技部。

本标准主要起草人:曾晓芃、佟颖、钱坤、孙贤理、赵彤言、陈海婴、胡良平。

病媒生物密度控制水平　蜚蠊

1　范围

本标准规定了城镇的蜚蠊成若虫侵害率、卵鞘查获率及蟑迹应达到的控制水平。

本标准适用于城镇的蜚蠊密度控制水平效果评价。

2　规范性引用文件

下列文件对于本文件的应用是必不可少的。凡是注日期的引用文件，仅注日期的版本适用于本文件。凡是不注日期的引用文件，其最新版本(包括所有的修改单)适用于本文件。

GB/T 23795　病媒生物密度监测方法　蜚蠊

3　术语和定义

下列术语和定义适用于本文件。

3.1

蜚蠊　cockroach

昆虫纲蜚蠊目昆虫，仅涉及给人类造成危害的室内蜚蠊种类。

3.2

密度　density

在一定时间内，单位面积或单位空间内蜚蠊的数量。

3.3

控制水平　control level

通过采取有效控制措施将室内蜚蠊密度降低至本标准规定的某一水平范围内。

3.4

成若虫侵害率　rate of adult and nymphae infraction

在100间房间(以15 m^2/间折算)或100处空间内发现蜚蠊成虫或若虫的阳性间(处)数，以百分率表示。

3.5

卵鞘查获率　rate of egg

在100间房间(以15 m^2/间折算)或100处空间内发现蜚蠊卵鞘的阳性间(处)数，以百分率表示。

3.6

蟑迹　cockroach trace

蜚蠊的尸体、残尸、空卵鞘壳、粪便等。

3.7

蟑迹查获率　rate of cockroach trace

在100间房间(以15 m^2/间折算)或100处空间内发现蟑迹的阳性间(处)数，以百分率表示。

3.8

单位　unit

评价的具体场所，如机关、企业、学校、医院、餐饮店、商场、超市等。

4 检查方法

依据 GB/T 23795 中目测法进行检查。

5 蜚蠊密度控制水平

5.1 城镇

5.1.1 成若虫侵害率分为以下等级：

a) A 级：蜚蠊成若虫侵害率小于或等于 1%，平均每阳性间(处)成若虫数小蠊小于或等于 5 只，大蠊小于或等于 2 只；

b) B 级：蜚蠊成若虫侵害率小于或等于 3%，平均每阳性间(处)成若虫数小蠊小于或等于 10 只，大蠊小于或等于 5 只；

c) C 级：蜚蠊成若虫侵害率小于或等于 5%，平均每阳性间(处)成若虫数小蠊小于或等于 10 只，大蠊小于或等于 5 只。

5.1.2 卵鞘查获率分为以下等级：

a) A 级：蜚蠊卵鞘查获率小于或等于 1%，平均每阳性间(处)卵鞘数小于或等于 2 只；

b) B 级：蜚蠊卵鞘查获率小于或等于 2%，平均每阳性间(处)卵鞘数小于或等于 4 只；

c) C 级：蜚蠊卵鞘查获率小于或等于 3%，平均每阳性间(处)卵鞘数小于或等于 8 只。

5.1.3 蟑迹查获率分为以下等级：

a) A 级：蟑迹查获率小于或等于 3%；

b) B 级：蟑迹查获率小于或等于 5%；

c) C 级：蟑迹查获率小于或等于 7%。

5.2 单位

单位蜚蠊密度控制水平参照附录 A 进行评价。

6 抽样原则

6.1 在城镇范围内，选择不同方位的区域，随机抽样。

6.2 抽查数量见附录 B，上下幅度不超过 5%。

7 评价

本标准将蜚蠊密度控制水平定为 A、B、C 三级，其中 C 级为蜚蠊密度控制的容许水平，只有成若虫侵害率、卵鞘查获率及蟑迹查获率同时符合某一级别控制水平的要求时，方可视为达到了相应的级别水平。

附　录　A
（资料性附录）
单位蜚蠊密度控制水平

A.1　成若虫侵害率分为以下等级：

a)　A级：房间数60间以下的单位侵害房间为0，60间以上的单位侵害房间不超过1间；

b)　B级：房间数60间以下的单位侵害房间不超过1间，60间以上的单位侵害房间不超过2间；

c)　C级：房间数60间以下的单位侵害房间不超过2间，60间以上的单位侵害房间不超过3间。

A.2　卵鞘查获率分为以下等级：

a)　A级：房间数60间以下的单位卵鞘查获房间为0，60间以上的单位卵鞘查获房间不超过1间；

b)　B级：房间数60间以下的单位卵鞘查获房间不超过1间，60间以上的单位卵鞘查获房间不超过2间；

c)　C级：房间数60间以下的单位卵鞘查获房间不超过2间，60间以上的单位卵鞘查获房间不超过3间。

A.3　蟑迹查获率分为以下等级：

a)　A级：房间数60间以下的单位蟑迹查获房间为0，60间以上的单位蟑迹查获房间不超过2间；

b)　B级：房间数60间以下的单位蟑迹查获房间不超过2间，60间以上的单位蟑迹查获房间不超过3间；

c)　C级：房间数60间以下的单位蟑迹查获房间不超过3间，60间以上的单位蟑迹查获房间不超过5间。

附　录　B
（规范性附录）
评价城镇蜚蠊控制水平的抽查数量

表 B.1　评价城镇蜚蠊控制水平的抽查数量表

城市规模	200 万人口以上		100 万～200 万人口		50 万～100 万人口		10 万～50 万以下人口		10 万以下人口	
类型	单位数	房间数	单位数	房间数	单位数	房间数	单位数	房间数	单位数	房间数
餐饮店	150	1 500	100	1 000	80	800	50	500	30	300
机关单位	75	750	50	500	40	400	30	300	15	150
宾馆	30	300	20	200	15	150	10	100	5	50
医院	8	80	6	60	4	40	3	30	1	10
商场超市	15	150	10	100	8	80	5	50	2	20
机场或车站	3	30	3	30	2	20	1	10	1	10
学校	15	150	12	120	8	80	6	60	3	30
农贸市场	6	60	4	40	3	30	2	20	1	10
居(家)委会	8	80	5	50	5	50	3	30	2	20
合计	310	3 100	210	2 100	165	1 650	110	1 100	60	600
注：以上各项如有缺项以餐饮店填补，每个居(家)委会入户检查 10 户居民。										

ICS 11.020
C 05

中华人民共和国国家标准

GB/T 27774—2011

病媒生物应急监测与控制　通则

Vector surveillance and control in emergencies—General rules

2011-12-30 发布　　2012-04-01 实施

中华人民共和国卫生部
中国国家标准化管理委员会　发布

前　言

本标准按照 GB/T 1.1—2009 给出的规则起草。

本标准由中华人民共和国卫生部提出并归口。

本标准起草单位：中国疾病预防控制中心传染病预防控制所、江苏省疾病预防控制中心、北京市疾病预防控制中心、广西壮族自治区疾病预防控制中心、湖北省疾病预防控制中心。

本标准主要起草人：刘起勇、孟凤霞、孙俊、曾晓芃、冯向阳、岳木生、邓瑛。

病媒生物应急监测与控制 通则

1 范围

本标准规定了在应急状态下病媒生物监测与控制的通用原则。

本标准适用于病媒生物应急监测与控制协调机构和疾病预防控制专业技术部门，在突发事件发生、媒介生物性传染病暴发流行、新发传入性媒介生物性传染病及我国尚未发现的重要病媒生物传入或某些紧急状态时，对病媒生物应急监测和控制。

2 术语和定义

下列术语和定义适用于本文件。

2.1

病媒生物 vector

媒介生物

能通过生物或机械方式将病原生物从传染源或环境向人类传播的生物。主要包括节肢动物中的蚊、蝇、蜚蠊、蚤、蜱、螨、虱、蠓、蚋等，及啮齿动物的鼠类。

2.2

媒介生物性传染病 vector borne disease

由病媒生物传播的疾病。该类疾病具有空间上的区域性，时间上的季节性。

2.3

病媒生物监测 vector surveillance

长期、连续、系统地收集病媒生物，对其种类、数量、分布和季节消长等资料进行整理分析，并对结果进行解释和反馈，为制定、实施、评价和调整病媒生物控制的策略和措施提供依据。

2.4

病媒生物应急监测 vector surveillance in emergencies

在水灾、震灾、重大公共卫生事件等紧急状态下，用最简单、易行、快速和有效的方法所开展的病媒生物监测，掌握具有传播疾病风险或造成严重骚扰的重要病媒生物种类、数量、分布和发生动态，经整理分析后，以制定、实施、评价病媒生物控制的方案和控制效果。

2.5

病媒生物应急控制 vector control in emergencies

媒介生物性传染病暴发流行、我国尚未发现的输入性媒介生物性传染病发生、我国尚未发现的重要病媒生物传入、某种病媒生物的密度达到相应的暴发域值、政府指定的某些紧急状态或自然灾害时，为保护人群健康，对病媒生物进行控制。

3 组织和职责分工

3.1 建立协调机构

在政府统一领导下，卫生、财政、建设、检验检疫、交通、公安等相关部门各负其责，部门间相互协调，责任到位，落实病媒生物应急监测与控制的各项措施。

3.2 协调机构的职责

组织制定和完善病媒生物应急监测和控制预案,协调实施应急监测和控制。

3.3 各相关部门的职责

卫生、财政、建设、检验检疫、交通、公安等相关部门在各自的职责范围内落实病媒生物应急监测与控制工作。疾病预防控制机构,实施病媒生物的应急监测,提供控制技术支持。

4 预案的制定

4.1 预案要求

病媒生物应急监测与控制预案要科学、严谨、周密,针对不同突发公共卫生事件的类型、需要重点控制的病媒生物种类和范围,明确应该采取的具体措施。

4.2 预案组成

预案包括组织、储备、培训、演练、应急监测、应急控制的启动、应急控制、控制效果评价、应急控制的终止、评估、预案的修订,参见附录A。

5 资源的储备

5.1 物质储备

交通工具、通讯器材、监测和控制器械、药物、个人防护用品等。根据物品的有效期或使用期限进行更新或维护。

5.2 技术储备

适宜的监测与控制技术。

5.3 信息储备

建立病媒生物应急监测与控制网络系统与数据库。

5.4 人员储备

经过培训演练,建立具备处理应急监测与控制能力的专业技术队伍。

6 技术培训、演练

6.1 技术培训对象

疾病预防控制机构、卫生监督部门、医院、社区卫生服务中心,以及有害生物防制公司的相关人员。

6.2 技术培训内容

突发公共卫生事件应急反应相关的法律、法规;卫生防病和突发公共卫生事件基本知识;病媒生物防治专业知识和技术,包括常见病媒生物种类分布、生态习性、监测方法、防治方法,现场评估和防治技术,个人防护要求等。

6.3 演练

进行病媒生物应急监测与控制现场演练，对组织、技术、装备、储备等环节进行检验和完善。

7 应急监测的启动

当具备以下条件之一时，应启动应急监测，并持续到应急状态结束。

——媒介生物性传染病暴发流行；

——我国尚未发现的输入性媒介生物性传染病发生；

——我国尚未发现的重要病媒生物传入；

——某种病媒生物的密度达到相应的暴发域值；

——政府指定的某些紧急状态或自然灾害。

8 应急控制的启动

病媒生物应急监测与控制协调机构或相应组织，根据应急监测结果、当地重要传染病的流行病学规律和病媒生物的发生规律，结合当时的气候特点，对整个疾病的流行趋势进行分析、解释，提出病媒生物应急控制的建议，报相应的政府部门，决定启动或者不启动病媒生物应急控制。

9 病媒生物应急监测与控制

9.1 预案的选择

了解当地的疫情、病媒生物发生情况和当时的气象与环境条件，由病媒生物应急监测与控制协调机构专家组进行综合判断，在已经制定的各类预案中选择合适的预案。

9.2 人员要求

病媒生物监测与控制由疾病预防控制机构专业技术人员执行或指导。专业技术人员应掌握监测技术，具备数据处理与分析的能力。

9.3 应急监测

选择一般布点、或哨点、或重点地区、重点场所，参照病媒生物常规监测方案，进行适宜的病媒生物密度监测，了解灾情、疫情、病媒生物发生情况，确定防治范围和防治强度，实施监测指导下的病媒生物应急控制。

9.4 个人防护

病媒生物监测与控制人员应采取适当的个人防护措施，包括使用防护服、眼罩、口罩、手套、防护袜、防护面具等防护用品，注射疫苗，使用驱避剂和相关疾病的预防性药物。

9.5 应急控制

根据抗药性及病媒生物种类背景资料，科学选择药物、剂型、器械及应用技术，实施以化学防治为主的病媒生物综合防制，快速有效地降低病媒生物密度，预防或消除病媒生物危害。

使用具有生产批准证书号、农药登记证号（或农药临时登记证号）、产品标准号的卫生杀虫灭鼠药物，禁止使用违禁药物和未经农业部登记生产的药物。

9.6 控制效果评价

根据病媒生物控制前后的调查结果，进行控制效果评价。

10 病媒生物应急监测与控制的终止

当某种媒介生物性传染病暴发流行消退、政府指定的某些紧急状态结束或自然灾害恢复正常，根据病媒生物密度、疫情动态，经过病媒生物应急控制协调机构或相应组织综合评估，确认对人群健康不再有威胁，报请相应的政府决策机构终止应急监测与控制状态。

11 病媒生物应急控制工作评估

病媒生物应急控制工作完成后要进行科学的评估，提出修改完善控制预案和病媒生物应急控制系统的建议。

评估内容包括经费预算、人力储备、物质供应、技术方法、仪器设备、控制效果等。

12 应急监测与控制的改进与准备

病媒生物应急监测与控制完成后，根据对病媒生物应急监测与控制的综合评价，改进病媒生物应急监测与控制对策、措施，对控制预案进行及时补充和完善，检查和恢复资源储备。

附 录 A
（资料性附录）
病媒生物应急监测与控制流程

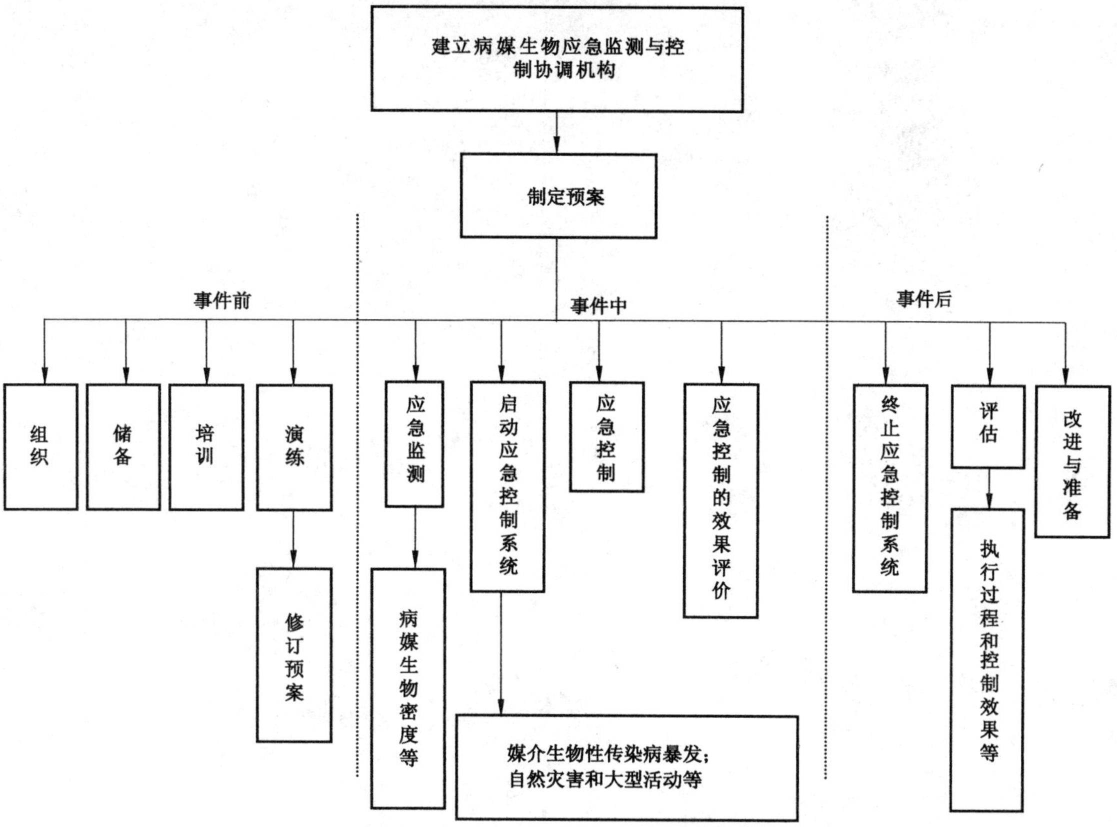

图 A.1 病媒生物应急监测与控制流程图

ICS 11.020
C 05

中华人民共和国国家标准

GB/T 27775—2011

病媒生物综合管理技术规范　城镇

Guidelines for integrated vector management—Urban

2011-12-30 发布　　　　2012-04-01 实施

中华人民共和国卫生部
中国国家标准化管理委员会　发布

前　言

本标准按照 GB/T 1.1—2009 给出的规则起草。

本标准由中华人民共和国卫生部提出并归口。

本标准起草单位：广东省疾病预防控制中心、北京市疾病预防控制中心、北京市爱国卫生运动委员会办公室、中国疾病预防控制中心传染病预防控制所、中国人民解放军军事医学科学院微生物流行病研究所。

本标准主要起草人：林立丰、曾晓芃、孙贤理、刘起勇、赵彤言、段金花、刘泽军、蔡松武。

病媒生物综合管理技术规范　城镇

1　范围

本标准规定了我国城镇病媒生物综合管理的基本原则、组织管理架构与任务、管理程序和技术方法。

本标准适用于城镇的病媒生物综合治理。

2　规范性引用文件

下列文件对于本文件的应用是必不可少的。凡是注日期的引用文件，仅注日期的版本适用于本文件。凡是不注日期的引用文件，其最新版本(包括所有的修改单)适用于本文件。

GB/T 23795　病媒生物密度监测方法　蜚蠊

GB/T 23796　病媒生物密度监测方法　蝇类

GB/T 23797　病媒生物密度监测方法　蚊虫

GB/T 23798　病媒生物密度监测方法　鼠类

3　术语和定义

下列术语和定义适用于本文件。

3.1

病媒生物　vector

媒介生物

能通过生物或机械方式将病原生物从传染源或环境向人类传播的生物。主要包括节肢动物中的蚊、蝇、蜚蠊、蚤、蜱、螨、虱、蠓、蚋等，及啮齿动物的鼠类。

3.2

病媒生物综合管理　integrated vector management

根据病媒生物生物学和生态学特性，应用在生态系统管理实践中证明行之有效的科学方法和适宜技术，配合适当的政策与法规以及必要的人力和财政资源，建立各部门及各层次间的协调和合作机制，广泛发动群众参与，把病媒生物控制在不足为害的水平。

3.3

抗药性　resistance

病媒生物通过遗传特性的筛选或基因突变，获得对原本致死剂量的杀虫剂处理后仍可生存的能力。

3.4

防蚊设施　mosquito-proof facilities

预防蚊虫进入人群居住或活动的环境，以及防止蚊虫孳生繁殖和避免人被叮咬、骚扰的装置。

3.5

防鼠设施　rodent-proof structure or facilities

预防外环境或下水道的鼠类进入人群居住或活动的环境而建设的建筑物或防护装置。

3.6

防蝇设施　fly-proof facilities

能够阻挡蝇类进入室内或接触食物的设施，如纱门、纱窗、风幕机、门帘、纱罩等。

4 病媒生物综合管理的基本原则

病媒生物综合管理应坚持政府主导、部门协调、社会参与、群众动手、科学治理、社会监督的工作原则，将病媒生物综合管理纳入社会发展规划，以生物学、生态学和社会经济学为基础进行病媒生物防制，达到可持续、环境安全、经济可行和社会可接受的目的。

5 病媒生物综合管理组织架构与任务

5.1 组织管理架构

由政府组织与非政府组织组成(参见附录A)，成立病媒生物综合管理领导小组和技术指导小组。

5.2 主要任务

5.2.1 病媒生物综合管理机构负责城镇病媒生物预防控制规划制定和组织管理措施的落实；制定工作计划、部门间的组织协调、计划组织实施、监督落实情况；组织效果的评估等。

5.2.2 病媒生物控制技术管理机构负责城镇病媒生物调查与监测、危害性评估、技术方案制定、相关健康教育和宣传教育资料的准备与制作。

5.2.3 城镇建设规划管理机构负责将病媒生物控制纳入城镇建设规划，负责道路河流规划治理、大型孳生地整治；负责城镇卫生基础设施和建筑物的病媒生物预防设施建设(如下水道系统防鼠防蚊设施建设，建筑物管线和下水道防鼠设施建设)；负责建筑工地病媒生物预防控制实施和管理监督。

5.2.4 财政预算和管理机构负责病媒生物监测、预防与应急控制的财政预算。

5.2.5 市政管理机构负责市政卫生设施保洁和维护，垃圾收集转运和处理，建筑物管线和下水道系统防鼠防蚊设施维护等。

5.2.6 园林管理机构负责园林病媒生物的计划、监测、控制与评估。

5.2.7 宣传机构负责病媒生物预防控制的宣传教育，利用电视、电台、报纸、宣传栏等媒体宣传病媒生物危害与预防控制知识。

5.2.8 教育机构负责对学生进行病媒生物危害与预防控制知识的教育。

5.2.9 工商管理机构负责农贸市场、商业流通场所的病媒生物控制监督管理。

5.2.10 食品生产监督管理机构负责食品生产与加工环境病媒生物预防性卫生监督和经常性卫生监督管理。

5.2.11 各单位、住户、业主负责本单位或本物业范围内的病媒生物控制工作。

5.2.12 病媒生物(有害生物)防制协会、健康教育和健康促进协会和市容环境卫生管理协会协助政府组织管理或评估病媒生物控制效果，协助对使用的药物和器械的质量进行监控、评估，为政府主管部门在本行业的决策提供依据；组织开展职业培训和科普宣传工作，普及病媒生物防制知识。

5.2.13 病媒生物防制公司、清洁公司和物业管理公司参与政府组织的对公共场所病媒生物控制服务工作，为单位企业或住户物业提供病媒生物防制服务。

6 病媒生物综合管理程序

6.1 计划

6.1.1 确定主要控制对象

按照GB/T 23795、GB/T 23796、GB/T 23797、GB/T 23798对病媒生物进行监测，掌握病媒生物的

种类、分布、优势种等；分析密度消长与气候、自然环境和社会环境变化的关系。针对本地区危害最严重的病媒生物，结合社会经济发展及公共卫生发展目标确定主要控制对象。

6.1.2 控制对象的现状分析

掌握控制对象传播疾病的现状与流行特征、侵害状况和密度、孳生地与重要栖息场所分布；调查、掌握控制对象的抗药性状况；了解居民对病媒生物危害、生态特点及预防控制的知识、态度和参与度；建立病媒生物综合管理的基础资料。

6.1.3 综合管理范围和控制目标的确定

根据本地区疾病预防控制和公共卫生发展规划及居民对病媒生物侵害的反映意见，结合当地地理条件、行政区域和经济发展水平，确定病媒生物综合管理范围和控制目标。

6.1.4 成立领导小组和技术指导小组

领导小组由组织管理架构中各部门主要负责人组成，负责病媒生物综合管理的组织领导工作。技术指导小组由技术管理机构和非政府机构技术人员组成，负责技术方案制定和技术指导工作。

6.1.5 制定方案

制定病媒生物综合管理工作方案、经费预算、技术方案、宣传教育培训计划、监督检查方案、评估方案等。

根据计划，制定实施方案并将任务落实到各部门。各基层政府、行业部门和单位根据部门的任务，制定本部门的实施方案。

6.1.6 试点

在全面铺开计划之前，可选择1个～2个区街作为试点，取得综合管理经验，并初步评估论证计划的科学性和可行性。

6.1.7 评估计划

根据试点结果，对计划中的薄弱环节或存在缺陷进行整改，完善计划。

6.2 实施

6.2.1 宣传培训

根据城镇的统一部署，组织各个有关部门对计划进行统一培训和学习。并根据实际情况，进行分类指导和培训。城镇宣传机构通过电视、广播、报纸等媒体宣传病媒生物综合管理的有关内容。

6.2.2 执行

按照实施方案和本部门的任务，给予必要的人力、经费、物资保障，专人负责管理，建立目标责任管理机制，落实病媒生物预防控制各项工作。

6.2.3 检查

各部门根据相关法律法规和工作方案，组织对工作的进度和质量进行检查和监督。城镇病媒生物管理领导小组组织监督检查。

6.2.4 交流

病媒生物综合管理技术小组及时了解城镇病媒生物控制中建立起来的有效模式和存在的问题，组织进行技术研讨和交流，及时推广经验和解决存在问题等。

6.2.5 记录

城镇病媒生物综合管理过程中应记录以下内容：

a) 城镇病媒生物调查资料、监测资料、孳生环境分布等；

b) 综合管理组织架构和职责，管理过程的有关活动；

c) 计划及实施方案制定和实施过程；

d) 监督检查结果和处理意见以及监督效果；

e) 城镇病媒生物综合管理效果评估过程和结果。

6.3 监督

6.3.1 各职能部门建立监督检查的机制，有专人负责管理，对监督管理人员进行病媒生物预防控制业务技术培训。

6.3.2 监督计划的落实情况、机制的运行情况、技术措施的实施情况、控制效果。

6.4 评价

6.4.1 评价的项目包括：综合管理计划的可行性评估、过程评价、效果评价。

6.4.2 项目的内容包括：组织领导、协调合作机制、人员经费和办公条件保障、计划可行性、措施落实情况、资料完整性、法规执行效果、宣传发动工作、环境治理、化学控制措施、物理控制措施、生物控制措施、病媒生物侵害情况、密度控制效果、病媒传染病控制效果、存在问题与经验等。

6.4.3 评价指标主要包括：病媒生物侵害率、孳生阳性率、密度下降率、环境治理措施到位率、防鼠设施合格率、防蝇设施合格率、服务对象满意度、病媒传染病变化等。

7 病媒生物综合管理的方法

7.1 法规防制

7.1.1 依法对食品生产加工企业的内外环境卫生、病媒生物侵害与孳生环境进行监督。

7.1.2 依法对地方开展预防传染病的卫生健康教育，对消除鼠害和蚊、蝇等病媒生物以及其传染病进行监督。

7.1.3 依法对建设项目、市政设施预防病媒生物侵害设施进行预防性卫生监督。

7.1.4 依法对卫生杀虫杀鼠药的安全、有效、科学合理使用进行监督。

7.1.5 依法对城镇范围内建筑物、市政公共设施病媒生物孳生地进行检查监督。

7.2 健康教育与健康促进

7.2.1 策略

7.2.1.1 卫生、教育、农业、建设、广播电视、科技等各职能部门要共同参与，开展各自职责范围内的健康教育工作。

7.2.1.2 各级健康教育机构要充分发挥专业技术优势，加强对全社会健康教育工作的指导。

7.2.1.3 应与大众传媒开展广泛合作，运用广播、电视和报纸等大众媒体大力开展防制知识的科普宣传。

7.2.1.4　通过健康教育网络体系以及设计制作相应的宣传材料，对各种人群有序地进行宣传教育。

7.2.2　重点内容

7.2.2.1　法律法规中相关病媒传染病内容。

7.2.2.2　病媒生物孳生、栖息环境，病媒生物的危害。

7.2.2.3　病媒生物预防控制技术。

7.2.2.4　倡导建立健康、卫生文明的生活方式，做好卫生防护，减少病原体—病媒生物—人的接触。

7.2.3　主要形式

7.2.3.1　开设报纸、广播和电视等专栏、专版及电视专题讲座，农村还可利用有线广播网进行宣传教育。

7.2.3.2　制作宣传折页、传单、海报、招贴画等各种宣传品，利用一切渠道进行发放，宣传到人。

7.2.3.3　利用机关、企事业单位，街道及窗口单位的宣传栏、科普画栏、板报等多种形式进行宣传。

7.2.3.4　开通热线咨询电话为社会人群答疑。

7.2.3.5　在医院、学校等重点人群中开展健康教育与培训活动。

7.3　环境治理

7.3.1　环境改造

7.3.1.1　封

封盖水缸、水池等盛水容器，覆盖污水沟，水封下水道入水口或安装防蚊防鼠装置，密封垃圾容器、粪池，封抹缝隙。

7.3.1.2　清

清除垃圾，日产日清。逐步实行垃圾分类收集、达到资源利用和垃圾减量化。

7.3.1.3　填

填平洼坑、废弃的水塘、水沟、竹洞、树洞和石穴等。

7.3.1.4　疏

疏通沟渠、疏理岸边淤泥和杂草。

7.3.1.5　排

排清积水。

7.3.2　环境处理

7.3.2.1　水生和陆生植被控制

控制江、河水生植被和岸边杂草，减少蚊虫孳生。

7.3.2.2　河道水闸冲刷

每周定期开水闸冲刷河道，清除蚊虫孳生地。

7.3.2.3 家庭水缸与养花容器定期清洗

每5 d～7 d清洗水缸和花瓶。

7.3.2.4 垃圾收运系统密闭化管理

垃圾密闭收集、转运，预防病媒生物孳生。

7.3.2.5 家禽和家畜饲养环境的定期清洗

每天清洗，保持整洁，预防病媒生物孳生。

7.3.3 预防病媒生物侵入的设施建设

为预防鼠类或蚊虫侵入室内造成危害或骚扰，应在鼠类或蚊虫侵入途径中选择适当的场所安装防鼠设施或防蚊设施。

为预防蝇类污染食物或对人的干扰，应在蝇类侵入途径中选择适当的场所安装防蝇设施。

7.4 物理防制

7.4.1 基本要求

7.4.1.1 基于生物学、生态学为基础的病媒生物防制原则。

7.4.1.2 以安全、有效、环境友好和使用方便为原则。

7.4.1.3 是食品生产和家庭环境防制病媒生物的首选方法。

7.4.1.4 物理防制所用的器械应按照产品使用说明书使用，且该说明书所提及的功能及安全性应通过具有相应资质的省级检测机构验证。

7.4.2 主要方法

7.4.2.1 拍打

相对封闭环境内杀灭病媒生物个体的方法。

7.4.2.2 粘捕

食品生产环境、家庭、办公环境内杀灭鼠类、家蝇、蜚蠊等病媒生物的首选方法。

7.4.2.3 光电诱杀

相对封闭环境内杀灭蚊蝇等病媒生物的方法。

7.4.2.4 诱捕

相对封闭环境内且病媒生物密度较低时的防制手段。

7.5 生物防制

7.5.1 基本要求

7.5.1.1 基于生物学、生态学和社会经济学为基础的病媒生物防制原则。

7.5.1.2 以安全、有效、环境友好和使用方便为原则。

7.5.1.3 以病媒生物抗药性调查为基础，与防制对象的孳生栖息环境相适应，选择适合生物制剂。

7.5.1.4 一般是外环境病媒生物防制的首选方法。

7.5.2 主要方法

7.5.2.1 自然天敌

食蚊鱼类、家鱼、剑水蚤等杀灭蚊虫；鹰、蛇等外环境杀鼠。

7.5.2.2 细菌性杀虫剂

最主要的是球形芽胞杆菌和苏云金杆菌以色列变种杀灭蚊虫。

7.5.2.3 病毒性杀虫剂

主要是防制蜚蠊的毒饵。

7.6 化学防制

7.6.1 基本要求

7.6.1.1 基于生物学、生态学和社会经济学为基础的病媒生物防制原则。

7.6.1.2 以安全、高效、经济、环境友好和使用方便为原则。

7.6.1.3 以病媒生物对杀虫杀鼠药剂的敏感性和抗药性调查为基础，科学选择化学药物与施药方法。

7.6.1.4 是快速防控病媒生物、有效降低病媒生物密度的首选方法。

7.6.1.5 所用的杀虫杀鼠药剂应具有国家规定的有效证件，并严格按照产品使用说明书使用，该说明书所提及的功能应通过具有相应资质的省级检测机构验证。

7.6.2 卫生杀虫杀鼠剂

7.6.2.1 卫生杀虫剂

有机氯类、有机磷类、氨基甲酸酯类、拟除虫菊酯类、昆虫生长调节剂类、有机氟类、新烟碱类和吡唑类杀虫剂等。

7.6.2.2 杀鼠剂

主要是抗凝血类，包括敌鼠、敌鼠钠盐、杀鼠灵、克鼠灵、敌鼠灵、氯杀鼠灵、溴鼠灵、氯鼠灵、鼠得克、溴敌隆、氯鼠酮、杀鼠醚、溴鼠灵和氟鼠灵。

7.6.3 施药方式

包括空间喷雾、滞留喷洒、投放毒饵、撒布粉剂和烟熏等。

附 录 A
（资料性附录）
病媒生物综合管理的组织框架图

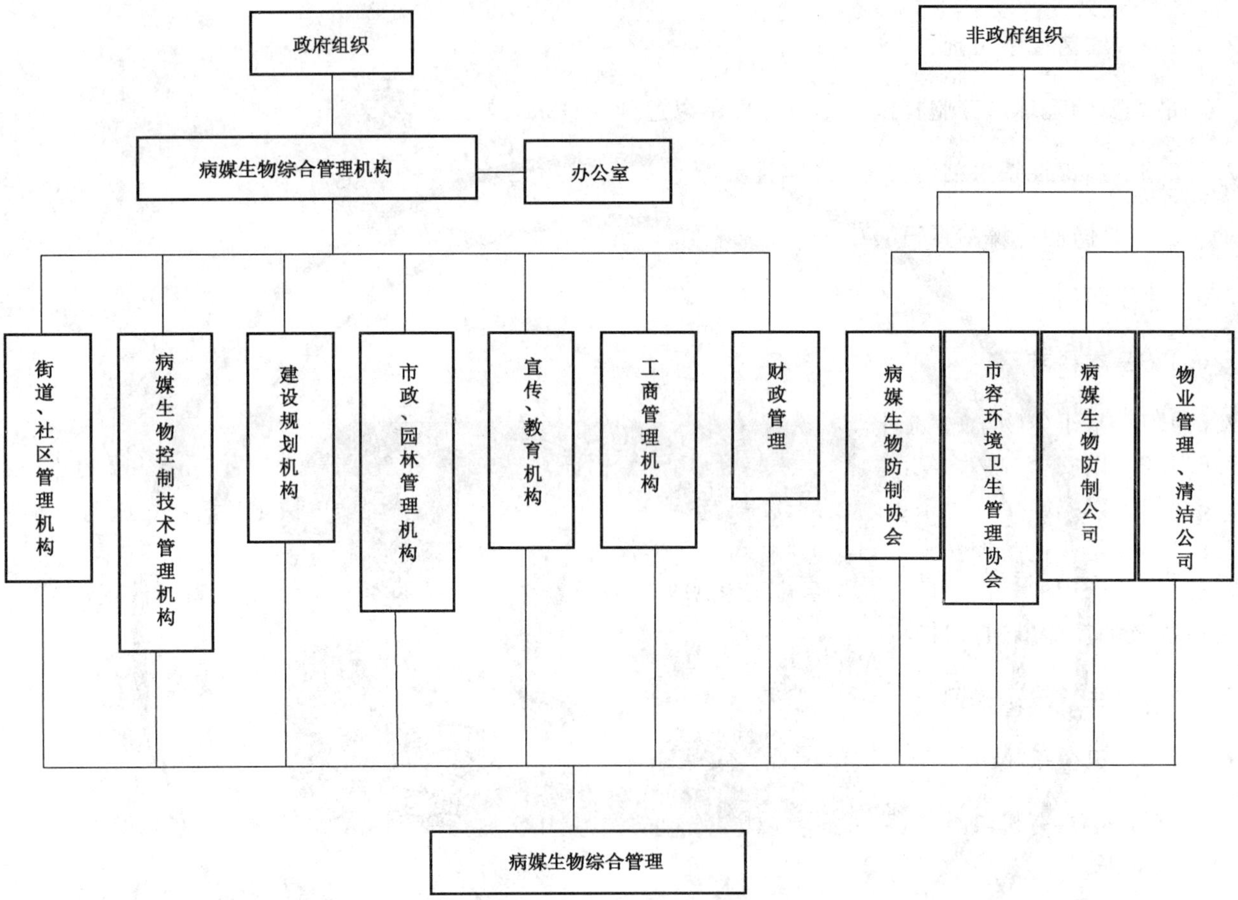

图 A.1 病媒生物综合管理的组织框架图

ICS 11.020
C 05

中华人民共和国国家标准

GB/T 27776—2011

病媒生物综合管理技术规范 食品生产加工企业

Guidelines for integrated vector management—Food processing enterprise

2011-12-30 发布　　2012-04-01 实施

中华人民共和国卫生部
中国国家标准化管理委员会　发布

前　言

本标准按照 GB/T 1.1—2009 给出的规则起草。

本标准由中华人民共和国卫生部提出并归口。

本标准主要起草单位：北京市疾病预防控制中心、广东省疾病预防控制中心、北京市爱国卫生运动委员会办公室。

本标准主要起草人：马彦、林立丰、曾晓芃、刘泽军、张永慧、于传江。

病媒生物综合管理技术规范
食品生产加工企业

1 范围

本标准规定了食品生产加工企业病媒生物综合管理的程序和技术规范。

本标准适用于食品生产加工企业病媒生物综合管理，餐饮业可参照执行。

2 病媒生物综合管理组织体系

企业应将病媒生物综合管理纳入食品危害分析关键控制点和良好卫生操作规程管理，建立病媒生物综合管理组织体系，主要领导总负责，卫生管理部门和质量管理部门分工负责，各部门或班组有兼职的病媒生物监督检查人员，具体管理组织任务参见附录A。

3 病媒生物综合管理程序

3.1 危害评估

首先应对企业病媒生物的侵害状况或潜在侵害危险进行评估。评估方法包括检查和监测，检查主要是分析病媒生物侵害的种类、分布和危害情况；监测是通过诱捕器械定期分析病媒生物在空间和时间上的侵害强度。

3.2 制定计划

3.2.1 建筑设计与维护

根据病媒生物危害评估结果，制定病媒生物综合管理计划。企业在厂房的布局和建设的设计阶段，以及建筑材料的选用阶段，应制定预防病媒生物危害的计划；建设结束后，应制定生产加工场所建筑维护计划。

3.2.2 培训与监督

建立良好卫生操作规程培训及检查监督计划。

3.2.3 控制与评价

制定企业病媒生物监测、控制和监督方案。

3.3 组织实施

3.3.1 培训

根据病媒生物综合管理计划，组织各有关部门和人员对计划进行统一培训和学习，明确目标。并根据实际情况，进行分类指导和培训。

3.3.2 信息交流

病媒生物控制专业技术人员应及时与企业主管领导、卫生和质量管理人员及一线员工交流计划实施进度、存在问题，探讨解决方法等。

3.3.3 检查

企业主管、病媒生物控制专业技术人员根据工作计划对进度、质量进行检查和监督。

3.3.4 记录

记录计划执行的情况、监督检查结果、存在问题、解决方法和实施效果等。

3.4 效果评价

对病媒生物监测和计划的实施进行评估。

3.5 计划调整

根据评估结果中存在的问题，对计划进行必要的调整；对新情况、新问题进行研究，确定是否采用新技术或新方法。

4 病媒生物综合管理方法

4.1 预防病媒生物侵入

4.1.1 预防病媒生物侵入的设施建设

4.1.1.1 下列场所应建设防鼠设施：

a) 与外环境或市政下水道相通的下水道口，可安装竖箅子(金属栏栅)，箅子缝小于 10 mm；若无竖箅子，可安装横箅子，箅子缝小于 10 mm，且无缺损。地漏应加盖；
b) 与外界相连的门，门缝隙应小于 6 mm；木门和门框的底部应包铁皮，高 300 mm；食品库房门口有挡鼠板，高 0.6 m；
c) 窗和通风口，1 楼或地下室窗户玻璃应无破损，排风扇或通风口有金属网罩，网眼不得超过 6 mm；
d) 进入室内的供排水、电缆、煤气和空调等管线的墙洞及外墙管道应堵塞，没有堵死的孔洞，其缝隙不得超过 6 mm。

4.1.1.2 下列场所应建设防蝇设施：

a) 与外界相连的门，可安装风幕机或纱门或门帘等；
b) 与外界相连的窗，可安装纱窗。

4.1.2 预防病媒生物携带侵入

对进入生产加工企业的货物及物品进行病媒生物查验，查验场所应与生产加工场所相对隔离，并应安装防鼠防蝇等设施。

4.2 预防病媒生物的孳生栖息

4.2.1 在符合食品安全要求的前提下，食品加工企业在建筑布局、建筑设计及材料选用上应避免病媒生物孳生环境的产生、减少灰尘、防止产生死角或孔洞等害虫聚集栖息场所。同时应避免建设难以清洁的水平结构。地板、墙壁和天花板应避免出现裂隙和孔洞。

4.2.2 建立良好卫生操作规程，制定定期卫生清洁制度，保持环境清洁、减少垃圾或食物残渣淤积，及时清洁与维护生产机械。

4.2.3 原材料和产品应离墙、离地面存放。

4.2.4 垃圾日产日清，垃圾容器应采用抗鼠咬材料，且应备有盖，可密闭。

4.3 病媒生物控制

食品加工生产企业的病媒生物控制应以预防措施和环境治理为主，控制措施应在确保安全的基础上，优先采用物理和生物等非化学防制措施。

食品加工场所采用化学防治时，应优先考虑药物安全性，避免食品受到污染，同时，所用药物和方法应符合国家法律法规的要求。

附 录 A
（资料性附录）
病媒生物综合管理组织任务图

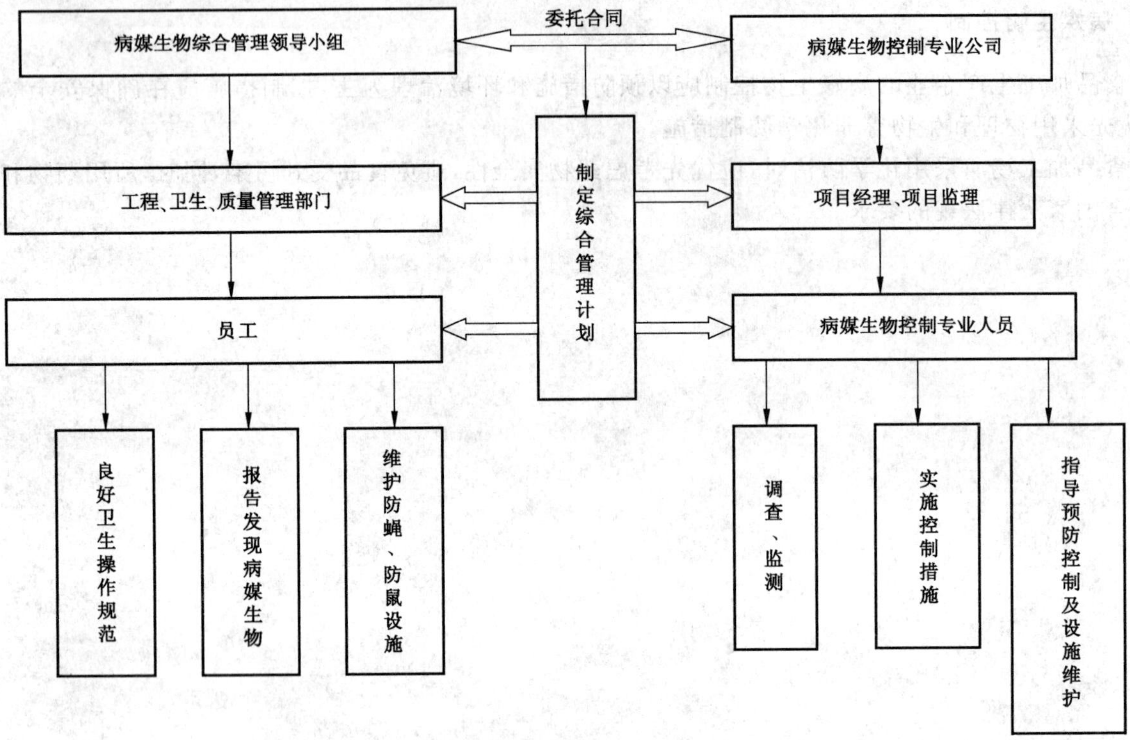

图 A.1 病媒生物综合管理组织任务图

ICS 11.020
C 05

中华人民共和国国家标准

GB/T 27777—2011

杀鼠剂安全使用准则　抗凝血类

Standards for safety application of rodenticides—Anticoagulant

2011-12-30 发布　　　　2012-04-01 实施

中华人民共和国卫生部
中国国家标准化管理委员会　发布

前　言

本标准按照 GB/T 1.1—2009 给出的规则起草。

本标准由中华人民共和国卫生部提出并归口。

本标准起草单位：中国农业大学、北京市疾病预防控制中心、中国疾病预防控制中心传染病预防控制所、北京出入境检验检疫局、济南市疾病预防控制中心。

本标准主要起草人：施大钊、曾晓芃、马彦、刘起勇、郭天宇、辛正、钱坤。

杀鼠剂安全使用准则　抗凝血类

1　范围

本标准规定了抗凝血类杀鼠剂及其毒饵的安全使用准则。

本标准适用于抗凝血类杀鼠剂及其毒饵的使用、配制、运输、包装、贮存、清除和销毁。

2　规范性引用文件

下列文件对于本文件的应用是必不可少的。凡是注日期的引用文件，仅注日期的版本适用于本文件。凡是不注日期的引用文件，其最新版本(包括所有的修改单)适用于本文件。

GB 4839　农药中文通用名称

GB 15603　常用化学危险品贮存通则

GBZ 2　工作场所有害因素职业接触限值

NY 608　农药产品标签通则

3　术语与定义

下列术语和定义适用于本文件。

3.1

抗凝血类杀鼠剂　anticoagulant rodenticides

化学结构以香豆素或茚二酮为主体的经口型杀鼠剂，包括：敌鼠(diphacinone)、敌鼠钠盐(sodium diphacinone)、杀鼠灵(warfarin)、克鼠灵(coumafuryl)、敌鼠灵(meltioxin)、氯鼠灵(coumachlor)、溴鼠灵(brodifacoum)、氯鼠灵(flocoumafen)、鼠得克(difenacoum)、溴敌隆(bromadiolone)、氯鼠酮(chlorophacinone)、杀鼠醚(coumaterralyl)、溴鼠灵(brodifencoum)、氟鼠灵(stratagem)等，本文件所指的抗凝血类杀鼠剂包括各种浓度的杀鼠剂原药、母药、母粉。

3.2

靶标动物　targeted animal

使用抗凝血类杀鼠剂灭杀的鼠类。

3.3

致死中量　LD_{50}，lethal $dose_{50}$

使靶标动物死亡半数所需要的杀鼠剂剂量，本文件特指抗凝血类杀鼠剂。

3.4

警戒色　warning color

用于区别含有杀鼠剂的毒饵与无毒饵料的颜色。警戒色应能够使接触毒饵者清楚地辨认出毒饵与无毒饵料之间的区别。

4　基本要求

4.1　命名与标识

4.1.1　抗凝血类杀鼠剂命名应符合 GB 4839 的规定。

4.1.2 抗凝血类杀鼠剂及其毒饵的标识应符合 NY 608 的规定，标明此类药物属于有毒化学危险品。用于商品的杀鼠剂及其毒饵应在产品标签上标注对靶标动物的致死中量(LD_{50})和对人的致死剂量。

4.2 存放

存放杀鼠剂及其毒饵执行 GB 15603。其存放地点应有专用场所，并与食品、饮用水及水源隔离。杀鼠剂及其毒饵应及时包装，并具有明显标志，且不能置于室外保管。保管有专人负责；并对其使用去向登记。

4.3 解毒药

抗凝血类杀鼠剂及其毒饵的解毒剂为维生素 K_1。在有组织的鼠害控制活动中应由主管部门指定具体单位储备解毒剂。

4.4 接触抗凝血类杀鼠剂的人员

抗凝血类杀鼠剂及所配制的毒饵在生产、运输、贮存、使用、销毁过程中由具备相应专业知识的人员操作。其专业知识由主管单位负责培训。

5 配制毒饵

5.1 场地

配制抗凝血杀鼠剂毒饵的场地应为能够有效地阻止非工作人员及其他非靶标动物进入的封闭场所，并有显著的危险或剧毒化学品标识。进入配制毒饵场地的人员应穿戴防护服装。

5.2 操作

配制毒饵的操作人员应经过安全操作培训，操作人员与作业环境执行 GBZ 2 的规定。避免人员直接接触含有有毒成份的原料、中间体和产品。

5.3 器具

直接接触杀鼠剂或配制毒饵的设备、工具、仪器为专用器具，应有明显的"有毒物品"或"危险物品"标志。未经除毒处理的专用器具不得转作它用或丢弃。

5.4 警戒色

毒饵应加入警戒色。配制毒饵的警戒色推荐使用蓝色、灰色等易于识别又可引起警觉的食用色素。

5.5 毒饵浓度

除有组织并得到当地相关管理部门批准的研究试验外，毒饵配制浓度不得超过杀鼠剂产品说明。

5.6 毒饵及其添加物

配制毒饵选用的基饵及其他添加物与杀鼠剂混合后不应造成对人、畜毒力增加的化学性质改变或产生造成环境危害的化学反应。

5.7 毒饵有效期

毒饵应注明有效期，超过有效期的毒饵应予销毁。非蜡块毒饵有效期不超过 2 年，蜡块毒饵有效期不超过 4 年，已出现霉变的毒饵视为过期毒饵。

过期的毒饵应及时交由专业管理部门按照有毒品销毁。

6 运输

批量抗凝血类杀鼠剂及其毒饵的运输按照有毒品运输。

7 投放毒饵

7.1 投放操作

抗凝血类杀鼠剂应以毒饵(毒水)的形式投放；不能以原药、母粉、母液直接用于杀鼠。抗凝血类杀鼠剂及其毒饵投放点应与食品、饮用水和饮用水源隔离。在靠近饮用水源或食品的地方投放毒饵应放置明显的警告标志。

对发现的死鼠及时掩埋，掩埋深度应能够避免食肉类动物将其掘出为准。

7.2 警示标志

以无遮盖方式投放毒饵的地点应采用公告或设立警示牌的形式告知当地群众说明其危险性；并采取防止未成年人以及家畜、家禽、宠物接触毒饵的措施，直至毒饵清除。

以毒饵盒方式投放的毒饵应在毒饵盒上标有警示标志或采用公告形式告知。

7.3 毒饵投放量

投放无遮盖方式的毒饵 1 次所投放的毒饵量每堆不超过 30 g。毒饵堆之间的距离不小于 5 m。在室内(以 15 m^2 为例)投放毒饵量应控制在 3 堆以下。

7.4 毒饵警示期

露天或在室内直接投放的毒饵警示期不得少于 20 d。警示期后投放者或其指定的人员应及时清除残留毒饵。

8 销毁

抗凝血类杀鼠药及其毒饵的销毁执行《中华人民共和国固体废物环境污染防治法》的相关条款，对收集、贮存、运输、处置危险废物的设施、场所，销毁过程不应造成环境污染以及给人、畜、禽及野生动物造成隐患。

ICS 11.020
C 05

中华人民共和国国家标准

GB/T 27778—2011

杀鼠剂现场药效测定及评价　毒饵

Field efficacy test methods and criterions of rodenticides—Rodenticides bait

2011-12-30 发布　　2012-04-01 实施

中华人民共和国卫生部
中国国家标准化管理委员会　发布

前　言

本标准按照 GB/T 1.1—2009 给出的规则起草。

本标准由中华人民共和国卫生部提出并归口。

本标准起草单位：吉林省疾病预防控制中心、北京市疾病预防控制中心、广东省疾病预防控制中心。

本标准主要起草人：彭渤、季江海、付学锋、马彦、赵岩、易建荣。

杀鼠剂现场药效测定及评价　毒饵

1　范围

本标准规定了杀鼠毒饵现场杀灭鼠类效果测试和评价方法。

本标准适用于急、慢性杀鼠毒饵的现场杀灭鼠类效果试验及效果评价。

2　规范性引用文件

下列文件对于本文件的应用是必不可少的。凡是注日期的引用文件，仅注日期的版本适用于本文件。凡是不注日期的引用文件，其最新版本（包括所有的修改单）适用于本文件。

GB/T 23798　病媒生物密度监测方法　鼠类

3　术语和定义

下列术语和定义适用于本文件。

3.1

基饵　base bait

用于配制鼠药的饵料，不含毒物。

3.2

毒饵　rodenticide bait

由基饵和杀鼠药剂混合配制的杀鼠剂。

3.3

优势鼠种　dominant rodent

鼠种构成比最高的鼠种，为优势鼠种。

3.4

试验鼠种　test rodent

杀鼠剂标签所标注防治的或送检单位委托测试的鼠种。试验鼠种应为当地优势鼠种。

4　方法原理

根据试验对象或委托试验要求的鼠种，选择相应的试验场所及相应的试验方法，通过鼠密度下降率评价杀鼠剂的灭鼠效果。

5　试验毒饵

应注明试验毒饵的商品名、英文通用名、中文通用名、剂型、有效成分及含量、生产厂家、生产日期、批号、有效日期。

6 仪器设备

电子天平(感量为0.1 g)、食饵盒。

7 试验现场的选择

7.1 室内环境试验现场的选择

7.1.1 主要选择居民区、一般单位、重点行业(食品生产企业等)室内环境作为试验现场。选择居民区为现场时,应至少选择200户在一层居住的住户;选择一般单位、重点行业(食品生产企业等)作为试验现场时,至少选择楼房一层600个标准间(按每间15 m^2 折算)。

7.1.2 采用粉迹法调查现场鼠密度时,布粉应不少于600块,鼠密度应大于20%;采用夹夜法调查现场鼠密度时,布放鼠夹应不少于300夹次,鼠密度应大于10%。

7.2 外环境现场的选择

7.2.1 一般选择外环境鼠密度较高的区域为试验现场。现场场地面积不应小于1 hm^2。

7.2.2 采用夹夜法调查现场鼠密度,布放鼠夹应不少于300夹次,鼠密度应大于10%;采用堵洞查盗法调查现场鼠密度,盗开的鼠洞数应大于50个有效洞数。

7.3 对照组的选择

选择与试验现场基本条件相似的环境作为空白对照现场。

8 试验步骤

8.1 鼠密度调查

8.1.1 密度调查方法应根据现场条件选用下列一种:夹夜法、粉迹法、堵洞查盗法(见GB/T 23798)。

8.1.2 试验前后鼠密度调查选用同一种方法。室内鼠密度调查,采用粉迹法或夹夜法;外环境鼠密度调查采用夹夜法或堵洞查盗法。

8.1.3 以夹夜法或粉迹法调查鼠密度时,试验前后以及对照区布夹数或布粉块数要相同;若以堵洞查盗法调查,试验区盗开有效洞数与对照区盗开有效洞数要基本相同。对已选择好的试验现场和空白对照现场进行鼠密度调查,调查时间在试验开始时进行。

8.2 投饵

8.2.1 投饵要求

调查鼠密度后,在试验现场内按设计规定方法投放毒饵,对照现场投放等量无毒基饵。

8.2.2 投饵频次

慢性抗凝血杀鼠剂配制的毒饵采用多次饱和投药的方法,急性杀鼠剂一次投放。

8.2.3 室内现场试验

每个房间(按每间15 m^2 折算)布放两个毒饵盒,每盒投放毒饵30 g。投饵点为墙根、墙角或有鼠迹部位。投饵后第二天开始每天检查盗食情况,进行补充投饵,没有被完全盗食的投饵点将毒饵补充到

30 g，被完全盗食的投饵点补饵量加倍，直到盗食堆数低于5%时即停止补充毒饵。在试验区以外50 m区域范围内同步投饵灭鼠，作为防护带。

8.2.4 外环境现场试验

投饵采用按鼠洞(每洞投放30 g，洞掘开后再投)、鼠迹或等距投饵(5 m×10 m间距投放30 g)。

8.2.5 以堵洞查盗法进行现场试验

在试验前鼠密度调查后同时对掘开的鼠洞进行投饵，每洞投饵30 g，并再次堵洞，于24 h后每天检查鼠洞盗开情况，对盗开的鼠洞等量投饵并堵洞，直到盗开的鼠洞数低于5%时即停止投饵。

8.3 试验后调查鼠密度

要在试验完成后进行。急性杀鼠剂于投饵后第7天，慢性杀鼠剂于投饵后第21天进行鼠密度调查，统计鼠密度。

9 结果表述

9.1 粉迹法或夹夜法

粉迹法鼠密度计算或夹夜法鼠密度计算，按GB/T 23798规定的密度计算公式计算。

鼠密度下降率按公式(1)计算：

$$P=\frac{I-H}{I}\times 100\% \qquad \cdots\cdots(1)$$

式中：

P——鼠密度下降率；

I——试验前鼠密度；

H——试验后鼠密度。

对照区鼠密度下降率小于或等于5%，无需校正；对照区鼠密度下降率在5%～20%之间时，用校正公式校正；对照区鼠密度下降率如大于20%，整个测试重做。

校正鼠密度下降率按公式(2)计算：

$$W=\frac{A-B}{1-B}\times 100\% \qquad \cdots\cdots(2)$$

式中：

W——校正鼠密度下降率；

A——试验区鼠密度下降率；

B——对照区鼠密度下降率。

9.2 堵洞查盗法

鼠密度下降率计算方法按公式(3)计算：

$$P=\frac{D-E}{D}\times 100\% \qquad \cdots\cdots(3)$$

式中：

P——鼠密度下降率；

D——试验前盗开洞数；

E——试验后盗开洞数。

校正鼠密度下降率按公式(4)计算：

$$W=\frac{D\times B/A-E}{D\times B/A}\times 100\% \qquad \cdots\cdots(4)$$

式中：

W ——校正鼠密度下降率；

D ——试验区试验前盗开洞数；

B ——对照区试验后盗开洞数；

A ——对照区试验前盗开洞数；

E ——试验区试验后盗开洞数。

10 评价指标

鼠密度下降率或校正鼠密度下降率大于或等于80%，效果显著。

ICS 11.020
C 05

中华人民共和国国家标准

GB/T 27779—2011

卫生杀虫剂安全使用准则
拟除虫菊酯类

Standards for safety application of public health insecticides—Pyrethroid insecticides

2011-12-30 发布　　　　2012-04-01 实施

中华人民共和国卫生部
中国国家标准化管理委员会　发布

前　言

本标准按照GB/T 1.1—2009给出的规则起草。

本标准由中华人民共和国卫生部提出并归口。

本标准起草单位：中国农业大学、北京市疾病预防控制中心、中国人民解放军军事医学科学院微生物流行病研究所、广东省疾病预防控制中心。

本标准主要起草人：高希武、曾晓芃、钱坤、刘婷、赵彤言、林立丰。

卫生杀虫剂安全使用准则 拟除虫菊酯类

1 范围

本标准规定了卫生杀虫剂中拟除虫菊酯类杀虫剂的安全使用准则。

本标准适用于拟除虫菊酯类杀虫剂的配制、使用、运输、包装、保管和清除。

2 规范性引用文件

下列文件对于本文件的应用是必不可少的。凡是注日期的引用文件，仅注日期的版本适用于本文件。凡是不注日期的引用文件，其最新版本(包括所有的修改单)适用于本文件。

GB 190 危险货物包装标志

GB 3796 农药包装通则

GB 4839 农药中文通用名称

GB 12475 农药贮运、销售和使用的防毒规程

GB 20813 农药产品标签通则

3 术语和定义

下列术语和定义适用于本文件。

3.1

拟除虫菊酯类杀虫剂 pyrethroid insecticides

化学结构和生物活性类似天然除虫菊酯的仿生合成杀虫剂。GB 4839 所规定的拟除虫菊酯杀虫剂适用于本标准。

4 基本原则

4.1 命名、标识、包装

4.1.1 拟除虫菊酯类杀虫剂的命名应符合 GB 4839 的规定。

4.1.2 拟除虫菊酯类杀虫剂的标识应符合 GB 20813 的规定。

4.1.3 拟除虫菊酯类杀虫剂的包装应符合 GB 3796 和 GB 190 的规定。

4.2 贮运、销售和使用

拟除虫菊酯类杀虫剂的贮运、销售和使用应符合 GB 12475 的规定。

5 安全使用原则

5.1 配制拟除虫菊酯类杀虫剂应使用专用工具和容器，不得用于人、畜、禽或改为它用。

5.2　拟除虫菊酯类杀虫剂配制浓度不得超过产品说明(特殊试验除外)。

5.3　配制过程使用的载体、添加剂不应与拟除虫菊酯类杀虫剂产生不良的化学反应。

5.4　拟除虫菊酯类杀虫剂多数为低毒品种,用量少,使用安全,对毒性偏高的个别品种喷药时要注意安全防护,避免在高温和烈日下喷药。直接参与喷洒杀虫剂的人员应穿戴防止药剂进入人体的防护服。此类杀虫剂使用注意事项参见附录A。

5.5　拟除虫菊酯类杀虫剂单剂在同一使用地点应根据当地抗药性资料确定年使用次数,并加强抗药性监测。

6　保管与销毁

6.1　拟除虫菊酯类杀虫剂保管应遵循GB 12475规程。

6.2　拟除虫菊酯类杀虫剂的销毁应在农药管理部门指定的地点进行。销毁过程不应造成环境污染以及给人、畜、禽及野生动物造成隐患。过期的杀虫剂应由专业管理部门按照有关规定处理。

附 录 A
（资料性附录）
拟除虫菊酯类杀虫剂毒性及使用注意事项

表 A.1 拟除虫菊酯类杀虫剂毒性及使用注意事项

通用名称	实验动物急性毒性	使用注意事项
溴氰菊酯 deltamethrin	大鼠急性经口 LD_{50} 135 mg/kg～5 000 mg/kg；大鼠急性经皮 LD_{50}＞2 000 mg/kg	野鸭急性经口 LD_{50}＞4 640 mg/kg；虹鳟鱼(96 h)LC_{50} 0.91 μg/L；蜜蜂经口 LD_{50} 79 ng/只。不宜在桑园、鱼塘、河流、养蜂场等处及其周围使用；使用时采取一般防护措施。贮存于低温干燥处，远离食品、饲料，避免儿童接触
氯氰菊酯 cypermethrin	大鼠急性经口 LD_{50} 250 mg/kg～4 150 mg/kg；大鼠急性经皮 LD_{50}＞4 920 mg/kg	野鸭急性经口 LD_{50}＞10 000 mg/kg；蜜蜂经口 LD_{50} 0.035 μg/只。不宜在桑园、鱼塘、河流、养蜂场等处及其周围使用；使用时采取一般防护措施。贮存于低温干燥处，远离食品、饲料，避免儿童接触
顺式氯氰菊酯 alpha-cypermethrin	大鼠急性经口 LD_{50} 79 mg/kg～400 mg/kg；大鼠急性经皮 LD_{50}＞2 000 mg/kg	野鸭急性经口 LD_{50}＞10 000 mg/kg；蜜蜂经口 LD_{50} 0.059 μg/只。不宜在桑园、鱼塘、河流、养蜂场等处及其周围使用；使用时采取一般防护措施。贮存于低温干燥处，远离食品、饲料，避免儿童接触
高效氯氰菊酯 beta-cypermethrin	大鼠急性经口 LD_{50} 649 mg/kg；大鼠急性经皮 LD_{50}＞1 830 mg/kg	野鸭急性经口 LD_{50}＞10 000 mg/kg；虹鳟鱼(96 h)LC_{50} 12 mg/L。不宜在桑园、鱼塘、河流、养蜂场等处及其周围使用；使用时采取一般防护措施。贮存于低温干燥处，远离食品、饲料，避免儿童接触
氯菊酯 permethrin	大鼠急性经口 LD_{50} 430 mg/kg～4 000 mg/kg； 大鼠急性经皮 LD_{50}＞4 000 mg/kg	野鸭急性经口 LD_{50}＞9 800 mg/kg；虹鳟鱼(96 h)LC_{50} 2.5 μg/L；蜜蜂经口 LD_{50} 0.098 μg/只。不宜在桑园、鱼塘、河流、养蜂场等处及其周围使用；使用时采取一般防护措施。贮存于低温干燥处，远离食品、饲料，避免儿童接触
胺菊酯 tetramethrin	大鼠急性经口 LD_{50}＞5 000 mg/kg；大鼠急性经皮 LD_{50}＞5 000 mg/kg	野鸭急性经口 LD_{50}＞5 620 mg/kg；虹鳟鱼(96 h)LC_{50} 0.010 mg/L。不宜在桑园、鱼塘、河流、养蜂场等处及其周围使用；使用时采取一般防护措施。贮存于低温干燥处，远离食品、饲料，避免儿童接触
右旋胺菊酯 *d*-tetramethrin	大鼠急性经口 LD_{50}＞5 000 mg/kg；大鼠急性经皮 LD_{50}＞5 000 mg/kg	野鸭急性经口 LD_{50}＞5 620 mg/kg；虹鳟鱼(96 h)LC_{50} 0.010 mg/L。不宜在桑园、鱼塘、河流、养蜂场等处及其周围使用；使用时采取一般防护措施。贮存于低温干燥处，远离食品、饲料，避免儿童接触

表 A.1（续）

通用名称	实验动物急性毒性	使用注意事项
烯丙菊酯 allethrin	大鼠急性经口 LD_{50} 1 100 mg/kg；大鼠急性经皮 LD_{50} >2 500 mg/kg	虹鳟鱼(96 h)LC_{50} 0.134 μg/L。不宜在桑园、鱼塘、河流、养蜂场等处及其周围使用；使用时采取一般防护措施。贮存于低温干燥处，远离食品、饲料，避免儿童接触
生物烯丙菊酯 bioallethrin	大鼠急性经口 LD_{50} 709 mg/kg；大鼠急性经皮 LD_{50} 2 660 mg/kg	虹鳟鱼(96 h)LC_{50} 0.134 μg/L。不宜在鱼塘、河流等处及其周围使用；使用时采取一般防护措施。贮存于低温干燥处，远离食品、饲料，避免儿童接触
Es-生物烯丙菊酯 esbiothrin	大鼠急性经口 LD_{50} 440 mg/kg～730 mg/kg；大鼠急性经皮 LD_{50} >2 500 mg/kg	野鸭急性经口 LD_{50} >5 000 mg/kg；虹鳟鱼(96 h)LC_{50} 0.01 mg/L。不宜在桑园、鱼塘、河流、养蜂场等处及其周围使用；使用时采取一般防护措施。贮存于低温干燥处，远离食品、饲料，避免儿童接触
炔丙菊酯 prallethrin	大鼠急性经口 LD_{50} 640 mg/kg；大鼠急性经皮 LD_{50} >5 000 mg/kg	野鸭急性经口 LD_{50} >2 000 mg/kg；虹鳟鱼(96 h)LC_{50} 0.012 mg/L。不宜在桑园、鱼塘、河流、养蜂场等处及其周围使用；使用时采取一般防护措施。贮存于低温干燥处，远离食品、饲料，避免儿童接触
右旋反式氯丙炔菊酯 *d*-trans allethrin propargyl chloride	大鼠急性经口 LD_{50}（雌）794 mg/kg，（雄）1 470 mg/kg；大鼠急性经皮 LD_{50} >5 000 mg/kg	—
氯烯炔菊酯 chlorempenthrin	大鼠急性经口 LD_{50} 340 mg/kg	野鸭急性经口 LD_{50} >2 250 mg/kg；虹鳟鱼(96 h)LC_{50} 0.001 7 mg/L。不宜在鱼塘、河流等处及其周围使用；使用时采取一般防护措施。贮存于低温干燥处，远离食品、饲料，避免儿童接触
右旋烯炔菊酯 empenthrin	大鼠急性经口 LD_{50} >5 000 mg/kg；大鼠急性经皮 LD_{50} >2 000 mg/kg	蜜蜂经口 LD_{50} 0.069 μg/只，经皮 LD_{50} 0.015 μg/只。不宜在桑园、鱼塘、河流、养蜂场等处及其周围使用；使用时采取一般防护措施。贮存于低温干燥处，远离食品、饲料，避免儿童接触
苄呋菊酯 resmethrin	大鼠急性经口 LD_{50} >2 500 mg/kg；大鼠急性经皮 LD_{50} >3 000 mg/kg	鸡急性经口 LD_{50} >10 000 mg/kg；虹鳟鱼(96 h)LC_{50} 0.000 62 mg/L；蜜蜂经口 LD_{50} 2 ng/只，经皮 LD_{50} 6.2 ng/只。不宜在桑园、鱼塘、河流、养蜂场等处及其周围使用；使用时采取一般防护措施。贮存于低温干燥处，远离食品、饲料，避免儿童接触
生物苄呋菊酯 bioresmethrin	大鼠急性经口 LD_{50} 8.6 g/kg～8.8 g/kg；大鼠急性经皮 LD_{50} 10 g/kg	鸡急性经口 LD_{50} >10 000 mg/kg；虹鳟鱼(96 h)LC_{50} 0.000 62 mg/L；蜜蜂经口 LD_{50} 2 ng/只，经皮 LD_{50} 6.2 ng/只。不宜在桑园、鱼塘、河流、养蜂场等处及其周围使用；使用时采取一般防护措施。贮存于低温干燥处，远离食品、饲料，避免儿童接触

表 A.1(续)

通用名称	实验动物急性毒性	使用注意事项
右旋苄呋菊酯 *d*-resmethrin	大鼠急性经口 LD_{50}>5 000 mg/kg;大鼠急性经皮 LD_{50}>5 000 mg/kg	虹鳟鱼(96 h)LC_{50} 0.13 μg/L。不宜在桑园、鱼塘、河流、养蜂场等处及其周围使用;使用时采取一般防护措施。贮存于低温干燥处,远离食品、饲料,避免儿童接触
噻嗯菊酯 kadethrin	大鼠急性经口 LD_{50} 1 324 mg/kg;大鼠急性经皮 LD_{50}>3 200 mg/kg(雌大鼠)	美洲鹌鹑>5 620 mg/kg;虹鳟鱼(96 h)LC_{50} 0.000 34 mg/L。不宜在桑园、鱼塘、河流、养蜂场等处及其周围使用;使用时采取一般防护措施。贮存于低温干燥处,远离食品、饲料,避免儿童接触
右旋苯醚氰菊酯 *d*-cyphenothrin	—	野鸭急性经口 LD_{50}>2 500 mg/kg;虹鳟鱼(96 h)LC_{50} 2.7 μg/L。不宜在桑园、鱼塘、河流、养蜂场等处及其周围使用;使用时采取一般防护措施。贮存于低温干燥处,远离食品、饲料,避免儿童接触
右旋苯醚菊酯 *d*-phenothrin	大鼠急性经口 LD_{50}>5 000 mg/kg;大鼠急性经皮 LD_{50}>2 000 mg/kg	美洲鹌鹑>5 620 mg/kg;虹鳟鱼(96 h)LC_{50} 0.000 34 mg/L。不宜在桑园、鱼塘、河流、养蜂场等处及其周围使用;使用时采取一般防护措施。贮存于低温干燥处,远离食品、饲料,避免儿童接触
右旋反式苯氰菊酯 *d*-trans-cyphenothrin	大鼠急性经口 LD_{50} 188 mg/kg(雄);220 mg/kg(雌)	不宜在桑园、鱼塘、河流、养蜂场等处及其周围使用;使用时采取一般防护措施。贮存于低温干燥处,远离食品、饲料,避免儿童接触
右旋反式炔呋菊酯 *d*-trans-furamethrin	小鼠急性经口 LD_{50} 1 700 mg/kg;大鼠急性经皮 LD_{50}>3 500 mg/kg	在空气中的最高允许浓度为 40 mg/m^3。贮存于低温干燥处,远离食品、饲料,避免儿童接触
氟氯苯菊酯 flumethrin	大鼠急性经口 LD_{50}(雌)584 mg/kg;大鼠急性经皮 LD_{50}(雌)≥2 000 mg/kg	野鸭急性经口 LD_{50}>3 950 mg/kg;虹鳟鱼(96 h)LC_{50} 0.36 μg/L。蜜蜂经口 LD_{50} 38 ng/只,经皮 LD_{50} 909 ng/只。不宜在桑园、鱼塘、河流、养蜂场等处及其周围使用;使用时采取一般防护措施。贮存于低温干燥处,远离食品、饲料,避免儿童接触
高效氯氟氰菊酯 lambda-cyhalothrin	大鼠急性经口 LD_{50} 79 mg/kg;大鼠急性经皮 LD_{50} 1 293 mg/kg~1 507 mg/kg	对鱼类和蜜蜂高毒,不宜在桑园、鱼塘、河流、养蜂场等处及其周围使用;使用时采取一般防护措施。贮存于低温干燥处,远离食品、饲料,避免儿童接触
甲醚菊酯 methothrin	大鼠急性经口 LD_{50} 4 040 mg/kg	不宜在桑园、鱼塘、河流、养蜂场等处及其周围使用;使用时采取一般防护措施。贮存于低温干燥处,远离食品、饲料,避免儿童接触
戊烯氰氯菊酯 pentmethrin	大鼠急性经口 LD_{50} 4 640 mg/kg;大鼠急性经皮 LD_{50}>11 400 mg/kg	对鱼、蜂、家蚕高毒,不宜在桑园、鱼塘、河流、养蜂场等处及其周围使用;使用时采取一般防护措施。贮存于低温干燥处,远离食品、饲料,避免儿童接触

表 A.1（续）

通用名称	实验动物急性毒性	使用注意事项
富右旋反式戊烯氰氯菊酯 rich-*d*-t-pentmethrin	大鼠急性经口 LD_{50}＞10 000 mg/kg；大鼠急性经皮 MLD＞2 500 mg/kg	谨防儿童接触，误服有害，不宜与碱性物质混用。本品于避光阴凉处保存
环戊烯丙菊酯 terallethrin	大鼠急性经口 LD_{50} 174 mg/kg～224 mg/kg	—
四氟苯菊酯 transfluthrin	大鼠急性经口 LD_{50}＞5 000 mg/kg；大鼠急性经皮 LD_{50}＞5 000 mg/kg	虹鳟鱼(96 h)LC_{50} 0.7 μg/L。不宜在桑园、鱼塘、河流、养蜂场等处及其周围使用；使用时采取一般防护措施。贮存于低温干燥处，远离食品、饲料，避免儿童接触

ICS 11.020
C 05

中华人民共和国国家标准

GB/T 27780—2011

杀鼠器械实验室效果测定及评价 粘鼠板

Laboratory efficacy test methods and criterions of public health equipment—Rodent sticky trap

2011-12-30 发布　　2012-07-01 实施

中华人民共和国卫生部
中国国家标准化管理委员会　发布

前 言

本标准按照 GB/T 1.1—2009 给出的规则起草。

本标准由中华人民共和国卫生部提出并归口。

本标准起草单位：广东省疾病预防控制中心、北京市疾病预防控制中心、吉林省疾病预防控制中心。

本标准主要起草人：易建荣、林立丰、曾晓芃、蔡松武、彭渤、田彦林。

杀鼠器械实验室效果测定及评价
粘鼠板

1 范围

本标准规定了粘鼠板实验室粘捕鼠类效果试验方法及评价。

本标准适用于粘鼠板实验室粘捕鼠类效果评价。

2 术语和定义

下列术语和定义适用于本文件。

2.1

有效接触 valid contact

一个时间点，试鼠有三个身体点同时处在粘鼠板的有效粘胶面里。

2.2

逃脱 escape

试鼠与粘鼠板经有效接触后，不被粘住。

3 试验动物

选择体重 180 g～220 g 的标准实验室成年大白鼠作为试鼠，雌雄各半。

4 试验材料

粘鼠板样品，隐蔽箱(不透明，200 mm×200 mm×300 mm)。

5 测试条件

温度：26 ℃±1 ℃；

相对湿度：60%±5%；

测试室面积：3.24 m^2～9.0 m^2。

6 操作步骤

6.1 将饲料、水和 1 个隐蔽箱布放在测试室墙根。

6.2 将 1 只试鼠称重后放入测试室。

6.3 正常供水、食饵，24 h 后待其活动正常后，在测试室内沿墙根布放 1 块粘鼠板。

6.4 观察其 24 h 的粘鼠情况。

6.5 重复 6.1～6.4 步操作。整个测试过程需有效接触粘鼠板的试鼠总数不少于 30 只，记录测试鼠总数、有效接触粘鼠板的试鼠总数、被粘捕的试鼠数和逃脱的试鼠数，计算粘捕率(%)及逃脱率(%)。

7 结果表述

粘捕率按公式(1)计算：

$$T=\frac{S}{M}\times 100\% \quad\cdots\cdots(1)$$

式中：

T——粘捕率；

S——粘捕试鼠数；

M——测试鼠总数。

逃脱率按公式(2)计算：

$$E=\frac{N-S}{N}\times 100\% \quad\cdots\cdots(2)$$

式中：

E——逃脱率；

S——粘捕试鼠数；

N——有效接触粘鼠板的试鼠总数。

8 评价指标

逃脱率≤10%且粘捕率≥90%为效果显著。

ICS 11.020
C 05

中华人民共和国国家标准

GB/T 27781—2011

卫生杀虫剂现场药效测定及评价 喷射剂

Field efficacy test methods and criterions of public health insecticides—Spray fluid

2011-12-30 发布　　　　2012-07-01 实施

中华人民共和国卫生部
中国国家标准化管理委员会　发布

前　言

本标准按照 GB/T 1.1—2009 给出的规则起草。

本标准由中华人民共和国卫生部提出并归口。

本标准起草单位：中国人民解放军军事医学科学院微生物流行病研究所、广东省疾病预防控制中心、北京市疾病预防控制中心。

本标准主要起草人：赵彤言、董言德、林立丰、曾晓芃、钱坤、邓瑛。

卫生杀虫剂现场药效测定及评价
喷射剂

1 范围

本标准规定了喷射剂对蚊虫、蝇类和蜚蠊空间喷雾和滞留喷洒效果的现场评价方法。

本标准适用于喷射剂对蚊虫、蝇类和蜚蠊空间喷雾和滞留喷洒效果的现场评价。

2 规范性引用文件

下列文件对于本文件的应用是必不可少的。凡是注日期的引用文件，仅注日期的版本适用于本文件。凡是不注日期的引用文件，其最新版本(包括所有的修改单)适用于本文件。

GB/T 13917.1 农药登记用卫生杀虫剂室内药效试验及评价 第1部分：喷射剂

GB/T 23795 病媒生物密度监测方法 蜚蠊

GB/T 23796 病媒生物密度监测方法 蝇类

GB/T 23797 病媒生物密度监测方法 蚊虫

3 术语和定义

下列术语和定义适用于本文件。

3.1

挂笼法 sentinel cage method

将试虫放在圆柱型网状笼中，挂在固定竿上，空间喷雾后，评价杀虫效果。

3.2

强迫接触法 forced contaction method

用强迫接触器将试虫强迫与杀虫剂处理的表面接触，评价杀虫效果。

4 方法原理

4.1 通过挂笼试验，观察试虫在一定时间内的死亡率，评价喷射剂空间喷雾的现场效果。

4.2 通过现场试验虫种的密度下降率、辅助强迫接触的试虫死亡率，评价喷射剂滞留喷洒的现场效果。

5 试虫

现场采集的蚊、蝇、蜚蠊或繁殖的子一代。

6 试剂

待评价的喷射剂。

7 仪器

粘幛纸、吸蚊器、挂笼、强迫接触器、背负式超低容量喷雾器、常量喷雾器、风速仪、温湿度计。

8 测试条件

环境气温不低于 23 ℃。空间喷雾时，风速小于 4 m/s，大于 0.8 m/s，无降雨。日出后 1 h 或日落前 1 h 进行评价。

9 操作步骤

9.1 空间喷雾效果的评价

9.1.1 在试验现场附近捕获优势蚊、蝇，鉴定到种，饲养一日或繁殖一代。
9.1.2 分别将蚊、蝇放在不同挂笼中，每个挂笼中放入蚊虫或蝇 30 只。
9.1.3 在开放的外环境，确定一条直线，作为喷雾行走路线，长度 100 m，垂直于喷雾行走路线中间点的一排直立 3 个固定竿，分别距离喷雾行走路线 10 m、30 m 和 50 m。
9.1.4 挂笼挂在固定竿上，离地 1.5 m，挂笼的规格参见附录 A。
9.1.5 按照说明书推荐的使用剂量，根据用药剂量调节背负式超低容量喷雾器的流量，确定喷雾移动的速度，计算方法参见附录 B。
9.1.6 启动喷雾器，根据喷雾移动速度，沿喷雾行走路线从下风向开始顺风向喷雾。
9.1.7 在现场上风向类似环境中同时放置不接触药剂的装有试虫的对照挂笼。
9.1.8 处理后 30 min，将试虫分别转移至洁净的挂笼中正常饲养(25 ℃±2 ℃，湿度 80%±10%，喂食 5%蔗糖水)。
9.1.9 喷雾试验重复 3 次，观察和计算 24 h 的死亡率。
9.1.10 记录试验期间的风速、温度、湿度。

9.2 滞留喷洒效果的评价

9.2.1 按说明书推荐的使用剂量用药。
9.2.2 试验场所和对照场所的选择，见附录 C。
9.2.3 根据单位面积所需的有效剂量配制药液浓度，用常量喷雾器均匀地将药液喷洒在所要处理的表面。
9.2.4 施药后 1 d、10 d、30 d、60 d、90 d 测定蚊虫、蝇和蜚蠊密度，并计算密度下降率。

9.3 强迫接触试验

9.3.1 试验条件

为了准确的评价药剂的实际效果，避免各种因素的变化引起的药效改变，评价实验过程中如果发现对照点的蜚蠊密度低于 10 只/张或大蠊密度不低于 5 只/张，蝇密度少于 10 只/间，蚊密度少于 15 只/(间·h)时，应同时进行强迫接触试验。

9.3.2 收集试虫

试验现场附近捕获优势蚊、蝇、蜚蠊，鉴定到种，饲养一日或繁殖一代。

9.3.3 试验步骤

施药后1 d、10 d、30 d、60 d、90 d，参照GB/T 13917.1的滞留喷洒试验，在不同位置强迫接触30 min，重复3次，每次试验蚊或蝇20只，德国小蠊10只、美洲大蠊5只(试验重复6次)。计算24 h的死亡率。同时进行对照试验，并计算24 h的死亡率。

10 测试结果的表述

10.1 死亡率

死亡率按照公式(1)计算。

$$M=\frac{N_m}{N}\times 100\% \quad \cdots\cdots\cdots(1)$$

式中：

M ——死亡率；

N_m——死亡虫数；

N ——试虫总数。

对照死亡率小于5%无需校正；对照死亡率在5%～20%之间，用Abbott公式进行校正；对照死亡率大于20%为无效测定。

依据Abbott公式(2)校正死亡率：

$$M_m=\frac{M_t-M_c}{1-M_c}\times 100\% \quad \cdots\cdots\cdots(2)$$

式中：

M_m——校正死亡率；

M_t ——处理组死亡率；

M_c ——对照组死亡率。

10.2 相对密度下降率

相对密度下降率按照公式(3)和公式(4)进行计算。

$$RPI=\frac{T_a\times C_b}{T_b\times C_a} \quad \cdots\cdots\cdots(3)$$

$$R_d=(1-RPI)\times 100\% \quad \cdots\cdots\cdots(4)$$

式中：

RPI ——相关密度指数；

T_a ——试验区处理前平均密度值；

T_b ——试验区处理后平均密度值；

C_a ——对照区处理后平均密度值；

C_b ——对照区处理前平均密度值；

R_d ——相对密度下降率，%。

11 评价指标

11.1 评价喷射剂空间喷雾效果，死亡率大于80%，为空间喷雾效果显著。

11.2 评价喷射剂滞留喷洒效果，针对蝇、蜚蠊，不吸收表面施药后 90 d，相对密度下降率 80％以上，死亡率 80％以上为滞留效果显著。吸收表面施药后 60 d，相对密度下降率 80％以上，死亡率 80％以上为滞留效果显著。针对蚊虫，施药后 60 d，相对密度下降率 80％以上，死亡率 80％以上为滞留效果显著。

附　录　A
（资料性附录）
挂笼的规格

材质一般为尼龙沙网或铜网(1.2 mm×1.2 mm 到 1.6 mm×1.6 mm)，制作成网笼，笼长为250 mm、直径为 100 mm 的圆柱体。一端中央有一个直径 15 mm 的孔，以便将试虫放入。示意图见图 A.1。

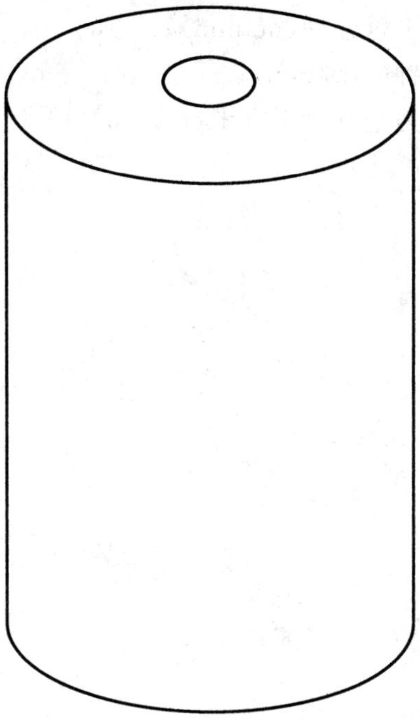

图 A.1　挂笼示意图

附 录 B
（资料性附录）
超低容量喷雾过程中的移动速度计算

超低容量喷雾过程中的移动速度计算见公式(B.1)。

$$V = \frac{F}{q} \times S \qquad \text{(B.1)}$$

式中：

V ——喷雾移动速度，单位为米每分钟(m/min)；

F ——流量，单位为毫升每分钟(mL/min)；

q ——每平方米喷洒量，单位为毫升每平方米(mL/m²)；

S ——射程，单位为米(m)。

附 录 C
(规范性附录)
试验场所和对照场所的选择

C.1 蝇和蜚蠊

食堂或大中餐饮1个,面积不少于300 m^2,采用GB/T 23795中粘捕法测定蜚蠊密度,德国小蠊密度不低于10只/张或大蠊密度不低于5只/张。采用GB/T 23796中成蝇目测法测定蝇密度不少于10只/间。

C.2 蚊虫

3处房间,总共15个标准间以上,采用GB/T 23797中栖息蚊虫捕获法每次捕获15 min,计算密度平均不少于15只/(间·h)。

ICS 11.020
C 05

中华人民共和国国家标准

GB/T 27782—2011

卫生杀虫剂现场药效测定及评价 气雾剂

Field efficacy test methods and criterions of public health insecticides—Aerosol

2011-12-30 发布　　2012-07-01 实施

中华人民共和国卫生部
中国国家标准化管理委员会　发布

前　言

本标准按照 GB/T 1.1—2009 给出的规则起草。

本标准由中华人民共和国卫生部提出并归口。

本标准起草单位：江苏省疾病预防控制中心、北京市疾病预防控制中心、广东省疾病预防控制中心、吉林省疾病预防控制中心、上海市疾病预防控制中心。

本标准主要起草人：周明浩、曾晓芃、张勇、林立丰、彭渤、冷培恩。

卫生杀虫剂现场药效测定及评价 气雾剂

1 范围

本标准规定了气雾剂对蚊、蝇、蜚蠊等病媒生物现场药效测试方法和评价。

本标准适用于气雾剂对蚊、蝇、蜚蠊等病媒生物现场的药效评价。

2 规范性引用文件

下列文件对于本文件的应用是必不可少的。凡是注日期的引用文件,仅注日期的版本适用于本文件。凡是不注日期的引用文件,其最新版本(包括所有的修改单)适用于本文件。

GB/T 23795 病媒生物密度监测方法 蜚蠊

3 术语和定义

下列术语和定义适用于本文件。

3.1

气雾剂 aerosol

以卫生杀虫剂为有效成分,与适宜的溶剂和辅助剂相配伍,以抛射剂为推进剂,灌装于耐压容器内,用于杀灭蚊、蝇、蜚蠊等害虫的制剂。

3.2

优势种 dominant species

试验现场某类害虫中数量最多的种类。

3.3

密度 density

在试验现场每单位监测量(时间、面积、盒或笼等)所捕获或观察计数到的昆虫数。

3.4

密度下降率 density decrease rate

通过空白对照排除试验措施以外的自然等因素的影响后,试验昆虫在杀虫剂处理前后的密度下降程度。

4 试验昆虫

4.1 蚊

现场采集当地优势幼虫,正常饲养,用F1代羽化后第3天至第5天未吸血的雌成蚊测试。

4.2 蝇

现场采集当地优势成蝇,正常饲养,用F1代羽化后第3天至第5天的成蝇测试,雌、雄各半。

4.3 蜚蠊

当地蜚蠊优势种成虫和若虫。

5 仪器

电子天平(精确度±0.02 g)、电动吸蚊器、粘蟑纸等。

6 试验条件

气温 18 ℃～35 ℃,相对湿度 40%～85%。

7 现场选择

7.1 蚊、蝇

现场选择门窗、排风口能关闭的房间,每间面积为 15 m^2～20 m^2。测试时至少需 3 个房间试验,需 1 个房间作对照。

7.2 蜚蠊

选择不少于 3 个房间,每间面积不少于 15 m^2。每标准间(15 m^2)放置 1 张粘蟑纸,小蠊密度不低于 10 只/张,大蠊密度不低于 2 只/张。选择 1 间面积、密度类似的相对独立的场所作为对照。

8 试验步骤

8.1 蚊、蝇

8.1.1 在测试房间内对角线拉上细绳,离地 1.5 m,每角挂上一个养虫笼(圆柱体、直径为 50 mm～60 mm、高为 100 mm～110 mm、纱网孔径为 841 μm)。笼内置受试昆虫 25 只(共 100 只),养虫笼离墙为 0.5 m～1 m。

8.1.2 试虫恢复正常活动后,关闭门窗及一切通风设施,测试人员由内向外,手持满装气雾罐,喷嘴向上 45°角按标签或说明书标明的用量均匀喷雾,也可按 0.3 g/m^3 剂量均匀喷雾。

8.1.3 喷药后 30 min 检查被击倒的试虫数,并打开门窗,然后将全部试虫搜集并转移至清洁养虫笼中,用 5%糖水棉球喂养,24 h 检查试虫死亡数。测试在至少 3 个房间内分别进行,并设对照。

8.2 蜚蠊

8.2.1 参照 GB/T 23795 采用粘捕法测定施药前 2 d 的试验区和对照区的蜚蠊密度。

8.2.2 试验时,关闭门窗及一切通风设施,测试人员由内向外,手持满装气雾罐,喷嘴向下 45°角按标签或说明书标明用量进行喷雾,也可按 5.0 g/m^2 剂量进行喷雾,对蜚蠊栖息场所进行重点喷雾。喷药后 1 h 打开门窗通风。测试在至少 3 个房间内分别进行,并设对照。

8.2.3 参照 GB/T 23795 采用粘捕法测定施药后第 4 天和第 5 天的平均密度作为施药后的密度。

9 结果表述

9.1 蚊、蝇

将测试的重复数据汇总计算击倒率和死亡率。对照试虫的击倒(死亡)率在 5%～20%之间时,须用 Abbott 公式求出校正击倒(死亡)率,超过 20%整个测试要查明原因重新进行。

击倒(死亡)率计算公式见公式(1):

$$P = \frac{K}{N} \times 100\% \quad \cdots\cdots(1)$$

式中：

P——击倒(死亡)率；

K——击倒(死亡)试虫数；

N——试虫总数。

9.2 蜚蠊

计算相关密度指数和相对密度下降率。

相关密度指数计算公式见公式(2)：

$$RPI = \frac{T_a \times C_b}{T_b \times C_a} \quad \cdots\cdots(2)$$

式中：

RPI——相关密度指数；

T_a——试验组施药后密度；

T_b——试验组施药前密度；

C_a——对照组施药后密度；

C_b——对照组施药前密度。

相对密度下降率计算公式见公式(3)：

$$R_d = (1 - RPI) \times 100\% \quad \cdots\cdots(3)$$

式中：

R_d——相对密度下降率；

RPI——相关密度指数。

10 评价指标

对蚊、蝇的现场药效根据 0.5 h 击倒率和 24 h 死亡率进行评价，对蜚蠊的现场药效根据蜚蠊相对密度下降率进行评价，具体指标见表 1、表 2。

蚊、蝇 0.5 h 击倒率和 24 h 死亡率 2 项都达到为效果显著，有 1 项达不到为效果不显著。

蜚蠊相对密度下降率达到 80%为效果显著。

表 1 气雾剂现场药效评价指标(蚊、蝇)

试虫	0.5 h 击倒率 %	24 h 死亡率 %
蚊	≥80.0	≥90.0
蝇	≥80.0	≥90.0

表 2 气雾剂现场药效评价指标(蜚蠊)

试虫	相对密度下降率 %
蜚蠊	≥80.0

ICS 11.020
C 05

中华人民共和国国家标准

GB/T 27783—2011

卫生杀虫剂现场药效测定及评价 杀蟑毒(胶)饵

Field efficacy test methods and criterions of public health insecticides—Cockroach bait

2011-12-30 发布　　　　2012-07-01 实施

中华人民共和国卫生部
中国国家标准化管理委员会　发布

前　言

本标准按照 GB/T 1.1—2009 给出的规则起草。

本标准由中华人民共和国卫生部提出并归口。

本标准起草单位:北京市疾病预防控制中心、广东省疾病预防控制中心、中国人民解放军军事医学科学院微生物流行病研究所、广西壮族自治区疾病预防控制中心、北京市爱国卫生运动委员会办公室。

本标准主要起草人:钱坤、刘婷、付学锋、林立丰、董言德、冯向阳、于传江。

卫生杀虫剂现场药效测定及评价 杀蟑毒(胶)饵

1 范围

本标准规定了杀蟑毒(胶)饵现场试验方法及效果评价。

本标准适用于杀蟑毒(胶)饵在现场条件下的杀灭效果评价。

2 规范性引用文件

下列文件对于本文件的应用是必不可少的。凡是注日期的引用文件，仅注日期的版本适用于本文件。凡是不注日期的引用文件，其最新版本(包括所有的修改单)适用于本文件。

GB/T 23795 病媒生物密度监测方法 蜚蠊

3 术语和定义

下列术语和定义适用于本文件。

3.1

杀蟑毒(胶)饵 cockroach bait and gel bait

用于防治蜚蠊的一种胃毒剂，一般分为固体毒饵和胶体毒饵两种。

4 试验昆虫

以现场优势蜚蠊种类作为试验对象。

5 试验条件

选择3个现场，每处现场应包括试验区和对照区。试验区面积不少于100 m^2，德国小蠊密度不低于10只/张或大蠊密度不低于5只/张。对照区与试验区的类型和条件应基本相同，二者相对独立。

6 操作步骤

6.1 试验前依据GB/T 23795中粘捕法测定试验区和对照区蜚蠊密度。

6.2 试验时按照药剂使用说明剂量和方法对试验区蜚蠊栖息活动场所进行施药，对照区不施药。

6.3 在施药3 d、7 d、14 d、30 d后，分别测定试验区和对照区蜚蠊密度，依据公式(1)、公式(2)计算相对密度下降率(%)，并绘制相对密度下降率曲线图。

7 结果表述

计算相对密度下降率按公式(1)和公式(2)进行。

$$RPI=\frac{T_a \times C_b}{T_b \times C_a} \quad \cdots\cdots(1)$$

$$R_d=(1-RPI)\times 100\% \quad \cdots\cdots(2)$$

式中：

RPI——相关密度指数；

T_a ——试验区处理后平均密度值；

T_b ——试验区处理前平均密度值；

C_a ——对照区处理后平均密度值；

C_b ——对照区处理前平均密度值；

R_d ——相对密度下降率。

8 评价指标

施药 30 d 内相对密度下降率大于等于 80％以上为效果显著。

ICS 11.020
C 05

中华人民共和国国家标准

GB/T 27784—2011

卫生杀虫剂现场药效测定及评价　总则

Field efficacy test methods and criterions of public health insecticides—General principles

2011-12-30 发布　　2012-07-01 实施

中华人民共和国卫生部
中国国家标准化管理委员会　发布

前言

本标准按照 GB/T 1.1—2009 给出的规则起草。

本标准由中华人民共和国卫生部提出并归口。

本标准起草单位:广东省疾病预防控制中心、北京市疾病预防控制中心、中国疾病预防控制中心传染病预防控制所、中国人民解放军军事医学科学院微生物流行病研究所。

本标准主要起草人:林立丰、佟颖、曾晓芃、刘起勇、赵彤言、蔡松武。

卫生杀虫剂现场药效测定及评价　总则

1　范围

本标准规定了卫生杀虫剂对蚊、蝇、蜚蠊等病媒生物现场药效试验的通用要求及评价。

本标准适用于卫生杀虫剂现场药效测定及评价。

2　规范性引用文件

下列文件对于本文件的应用是必不可少的。凡是注日期的引用文件，仅注日期的版本适用于本文件。凡是不注日期的引用文件，其最新版本(包括所有的修改单)适用于本文件。

GB/T 23795　病媒生物密度监测方法　蜚蠊

GB/T 23796　病媒生物密度监测方法　蝇类

GB/T 23797　病媒生物密度监测方法　蚊虫

3　术语和定义

下列术语和定义适用于本文件。

3.1

卫生杀虫剂　public health insecticides

用于公共卫生领域控制病媒生物和影响人群生活的害虫的药剂。主要控制蚊、蝇、蚤、蜚蠊、螨、蜱等病媒生物和害虫。

3.2

优势种　dominant species

试验现场某类害虫中数量最多的种类。

3.3

抗药性　resistance

病媒生物通过遗传特性的筛选或基因突变，获得对原本致死剂量的杀虫剂处理后仍可生存的能力。

3.4

使用剂量　dose

单位面积或体积使用杀虫剂有效成分的量。

3.5

密度　density

在试验现场每单位监测量(时间、面积、盒或笼等)所捕获或观察计数到的试验昆虫数。

3.6

相关密度指数　relative population index，RPI

通过空白对照排除试验措施以外的自然等因素对昆虫密度的影响，并与处理前密度比较得出的处理后的结果。

3.7

密度下降率　density decrease rate

通过空白对照排除试验措施以外的自然等因素的影响后，试验昆虫在杀虫剂处理前后的密度对比的下降程度。

3.8

叮咬下降率　bitting decrease rate

通过空白对照排除试验措施以外的自然等因素的影响后，试验昆虫在杀虫剂处理前后的叮咬频率下降程度。

4　方法原理

通过靶标昆虫密度或叮咬频率的变化，以及对操作人员和物品的影响，评价试验杀虫剂的生物效果。

5　试验昆虫

5.1　应选择卫生杀虫剂产品标签所标明的防治害虫。

5.2　试验昆虫应为现场采集的当地优势种。

5.3　标签标明对某杀虫剂已产生抗药性的害虫或对某龄期的害虫有效，应选用相应的试验昆虫。

6　试验药剂

6.1　应提供药剂商品名/代号、中文名、通用名、批号、剂型、有效成份含量、使用说明和生产厂家。

6.2　应提供该产品的理化性状、安全性资料、实验室药效检测结果。

6.3　试验药剂处理时的使用剂量应按照使用说明所标注的推荐剂量或依据协议（试验委托方与试验承担方签定的试验协议）规定的用药剂量。

7　试验仪器

7.1　气象测定仪器：温度计、湿度计、风速仪等。

7.2　计量仪器：天平、量杯、尺子等。

7.3　按试验要求的喷雾器械或其他施药器械。

7.4　密度监测的器械。

8　试验条件

在试验和观察数据时，气温 18 ℃～35 ℃，相对湿度 40%～95%，风速小于 2.5 m/s。

9　试验步骤

9.1　试验设计

药效试验设计应设对照组，样本量大小能满足试验统计分析要求。

9.2　试验现场选择

9.2.1　选择试验昆虫密度较高，面积大小满足现场试验要求，并以条件相似的场所作为对照区。

9.2.2　试验现场和对照区应控制人为因素的干扰，试验区与对照区应相对独立，互不干扰。

9.3 密度调查

9.3.1 现场密度调查点的数量能满足试验统计分析要求，密度调查方法参照 GB/T 23795、GB/T 23796 和 GB/T 23797 进行。

9.3.2 按试验要求在试验前 2 d 和试验处理后的适当时间调查目标昆虫密度或叮咬频率、捕获量等。

9.4 施药方法

按产品说明书所要求的施药方法，或按委托协议书所规定的方法进行。

9.5 实验记录

9.5.1 记录密度调查方法、时间、结果。

9.5.2 记录施药方式、使用器械、施药时间、施药量、施药浓度等。

9.5.3 测定和记录试验场所的温度、湿度、风速和天气情况等。

9.5.4 记录药剂对试验对象(人员和物品)的影响、对试验人员的刺激性等。

9.6 计算

相关密度指数按公式(1)计算：

$$RPI=\frac{T_a \times C_b}{T_b \times C_a} \qquad \cdots\cdots(1)$$

式中：

RPI——相关密度指数；

T_a ——试验区处理后平均密度值；

T_b ——试验区处理前平均密度值；

C_a ——对照区处理后平均密度值；

C_b ——对照区处理前平均密度值。

相对密度下降率按公式(2)计算：

$$R_d=(1-RPI)\times 100\% \qquad \cdots\cdots(2)$$

式中：

R_d ——相对密度下降率；

RPI——相关密度指数。

10 试验结果描述

试验报告应包括：

a) 题目；

b) 试验目的；

c) 试验地点；

d) 试验药剂，名称、剂型、有效成分通用名、含量；

e) 试验场所类型、大小；

f) 试验靶标昆虫种类、密度、优势种；

g) 密度监测方法、监测点设置、监测时间及频次；

h) 施药时间、施药方法、施药剂量，施药器械、总共使用药量；

i) 试验时气候条件及试验期间的气候条件(温湿度、风力、晴雨天气)；

j) 密度测定时间，测定结果，药剂对人的危害、对物品的副作用；

k) 结果统计分析；

l) 结论，根据试验药剂结果和相关标准作出结论与评价；

m) 试验单位盖章、试验人员校核人员及技术负责人签名；

n) 报告日期。

11 允许差

允许差小于等于5%。

12 评价指标

在标签标明中的有效时间及作用范围内，密度下降率大于或等于80%，效果显著。

在标签标明中的有效时间及作用范围内，叮咬下降率大于或等于80%，效果显著。

ICS 11.020
C 05

中华人民共和国国家标准

GB/T 27785—2011

卫生杀虫器械实验室效果测定及评价 电子灭蚊蝇器

Laboratory efficacy test methods and criterions of public health equipment—Electronic trap for mosquitoes and flies

2011-12-30 发布 2012-07-01 实施

中华人民共和国卫生部
中国国家标准化管理委员会 发布

前　言

本标准按照 GB/T 1.1—2009 给出的规则起草。

本标准由中华人民共和国卫生部提出并归口。

本标准起草单位：广东省疾病预防控制中心、北京市疾病预防控制中心、吉林省疾病预防控制中心、上海市疾病预防控制中心。

本标准主要起草人：蔡松武、曾晓芃、彭渤、冷培恩、段金花、马彦。

卫生杀虫器械实验室效果测定及评价 电子灭蚊蝇器

1 范围

本标准规定了电子灭蚊蝇器的实验室捕杀效果测定方法及评价标准。

本标准适用于电子灭蚊蝇器对蚊、蝇进行捕杀效果的测定和评价。

2 试验昆虫

2.1 蚊

淡色库蚊(*Culex pipiens pallens*)(北方地区)或致倦库蚊(*Culex pipiens quinquefasciatus*)(南方地区),采用实验室饲养的敏感品系标准试虫,羽化后第 3 天～第 5 天未吸血的雌性成虫。

2.2 蝇

家蝇(*Musca domestica*),采用实验室饲养的敏感品系标准试虫,羽化后第 3 天～第 4 天的成虫,雌、雄各半。

3 设备

测试房,近似正方形房间,容积 28 m^3,高度不低于 2.5 m,相对两个墙面装有能观察到各角落的密闭玻璃窗。

4 试验方法

4.1 试验条件

温度,26 ℃±1 ℃;

相对湿度,65%±10%。

4.2 试验步骤

4.2.1 蚊

测试在下午 5 时开始。将被测装置置于测试房中央、光源离地 1.5 m 处,将 100 只蚊放入测试房内,关紧门窗,待试虫恢复正常活动后,接通被测装置电源。至第 2 天上午 8 时,关闭电源,检查死试虫数。测试设 3 次及以上重复,并设空白对照测试。

4.2.2 蝇

测试在上午 9 时开始。将被测装置置于测试房中央、光源离地 1.5 m 处,将 100 只蝇放入测试房内,关紧门窗,待试虫恢复正常活动后,接通被测装置电源。至当天下午 5 时,关闭电源,检查死试虫数。测试设 3 次及以上重复,并设空白对照测试。

5 计算

重复测试的数据按式(1)和式(2)计算捕杀率、校正捕杀率,保留2位小数。空白对照死亡率<5%,不校正,空白对照死亡率5%~20%,进行校正,空白对照死亡率>20%,试验作废。

$$P = \frac{K}{N} \times 100\% \quad \cdots\cdots(1)$$

式中:

P——捕杀率;

K——死亡虫数,单位为只;

N——处理总虫数,单位为只。

$$P_l = \frac{P_t - P_0}{1 - P_0} \times 100\% \quad \cdots\cdots(2)$$

式中:

P_l——校正捕杀率;

P_t——处理捕杀率;

P_0——对照死亡率。

6 评价

根据捕杀率进行评价,对蚊虫捕杀率大于或等于70%,效果显著;对蝇捕杀率大于或等于80%,效果显著。

ICS 11.020
C 05

中华人民共和国国家标准

GB/T 27786—2011

卫生杀虫器械实验室效果测定及评价 粘蝇带(纸)

Laboratory efficacy test methods and criterions of public health equipment—Sticky tape or paper for flies

2011-12-30 发布　　　　2012-07-01 实施

中华人民共和国卫生部
中国国家标准化管理委员会　发布

前　言

本标准按照 GB/T 1.1—2009 给出的规则起草。

本标准由中华人民共和国卫生部提出并归口。

本标准起草单位：上海市疾病预防控制中心、北京市疾病预防控制中心、广东省疾病预防控制中心。

本标准主要起草人：冷培恩、徐仁权、佟颖、曾晓芃、林立丰、马彦。

卫生杀虫器械实验室效果测定及评价 粘蝇带(纸)

1 范围

本标准规定了粘蝇带(纸)室内粘捕效果试验方法和评价。

本标准适用于检测粘蝇带(纸)的粘捕效果。

2 供试昆虫

家蝇(*Musca domestica*),羽化后第3日龄～7日龄家蝇成虫,雌雄不分。

3 仪器

秒表、计数器、测试柜(700 mm×700 mm×700 mm)。

4 测试条件

光照:测试室内设2盏40 W的日光灯;

温度:26 ℃±1 ℃;

相对湿度:60%±5%。

5 测试步骤

5.1 粘蝇带

将1条粘蝇带悬挂在测试柜顶部的中央位置,在测试柜内放入100只试虫,记录24 h时捕获的蝇数。测试柜底部中央预先放置一培养皿,内置浸5%糖水的脱脂棉。试验3次重复。

5.2 粘蝇纸

将1张粘蝇纸放在测试柜底部中央,在测试柜内放入100只试虫,记录24 h时捕获的蝇数。测试柜底部预先放置一培养皿,内置浸5%糖水的脱脂棉。试验3次重复。

6 测试结果描述

按公式(1)计算粘捕率:

$$T=\frac{N_c}{N_t}\times 100\% \qquad \cdots\cdots(1)$$

式中:

T——24 h粘捕率;

N_c——24 h 粘捕蝇数；

N_t——试虫总数。

7 评价指标

24 h 粘捕率大于或等于 70%为效果显著。

ICS 11.020
C 05

中华人民共和国国家标准

GB/T 27787—2011

卫生杀虫器械实验室效果测定及评价 粘蟑纸

Laboratory efficacy test methods and criterions of public health equipment—Cockroach stricky trap

2011-12-30 发布　　2012-07-01 实施

中华人民共和国卫生部
中国国家标准化管理委员会　发布

前　言

本标准按照 GB/T 1.1—2009 给出的规则起草。

本标准由中华人民共和国卫生部提出并归口。

本标准主要起草单位:北京市疾病预防控制中心、广东省疾病预防控制中心、中国人民解放军军事医学科学院微生物流行病研究所、南昌市疾病预防控制中心。

本标准主要起草人:付学锋、钱坤、曾晓芃、林立丰、董言德、陈海婴。

卫生杀虫器械实验室效果测定及评价
粘蟑纸

1 范围

本标准规定了粘蟑纸实验室粘捕效果的测试方法及评价。

本标准适用于在实验室内粘蟑纸对蜚蠊粘捕效果的测试和评价。

2 试验昆虫

德国小蠊(*Blattella germanica*)或美洲大蠊(*Periplaneta americana*),实验室敏感品系,2 周～3 周龄成虫,雌雄各半。

3 仪器设备

数字计数器、温湿度计、玻璃方箱(700 mm×700 mm×700 mm)。

蜚蠊栖息小屋:由瓦楞纸制成,形状如图 1 所示,栖息小屋两端开口,底面积为 200 mm×100 mm,高度为 50 mm。

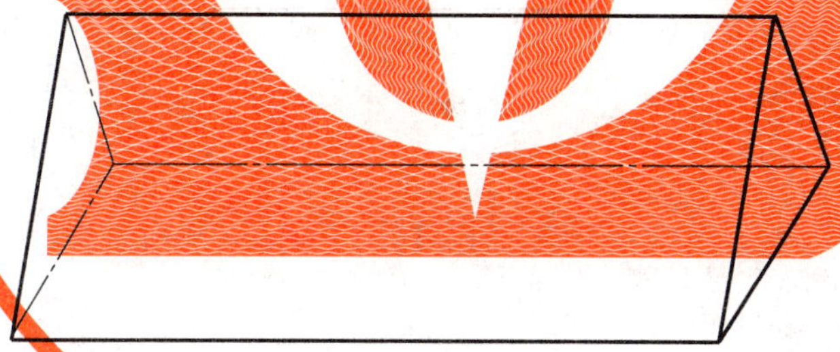

图 1 蜚蠊栖息小屋

4 试验条件

室内环境温度 26 ℃±1 ℃,相对湿度 60%±10%。

5 操作步骤

5.1 将实验室温湿度调节至规定范围,在玻璃方箱四角处各放一蜚蠊栖息小屋,将 2 个粘蟑纸分别置于 2 个对角蜚蠊栖息小屋内,另外 2 个对角蜚蠊栖息小屋空置。

5.2 试验时将 20 只德国小蠊或 10 只美洲大蠊释放于玻璃方箱内,饲以正常饲料和水,待试虫活动正常后,开始计时,观察 2 h、4 h、6 h、8 h、24 h 粘捕试虫数,计算粘捕率,并绘制 2 h、4 h、6 h、8 h、24 h 粘捕率曲线图。

5.3 试验观察 24 h 后,将粘蟑纸取出,放入饲养缸内正常饲养 24 h 后,记录粘蟑纸上剩余试虫数。整个试验至少重复 3 次。

6 结果表述

依据公式(1)计算粘捕率,依据公式(2)计算逃脱率。

$$T=\frac{N_c}{N_t}\times 100\% \quad \cdots\cdots(1)$$

式中:

T ——粘捕率;

N_c——捕获试虫总数;

N_t——试虫总数。

$$E=\frac{N_t-N_l}{N_t}\times 100\% \quad \cdots\cdots(2)$$

式中:

E ——逃脱率;

N_l——粘蟑纸上剩余试虫数;

N_t——24 h 捕获试虫总数。

7 评价指标

24 h 粘捕率大于等于 70%,且逃脱率小于等于 10%为效果显著。

ICS 37.020
N 32

中华人民共和国国家标准

GB/T 27788—2011/ISO 16700:2004

微束分析　扫描电镜
图像放大倍率校准导则

Microbeam analysis—Scanning electron microscopy—Guidelines for calibrating image magnification

(ISO 16700:2004,IDT)

2011-12-30 发布　　2012-08-01 实施

中华人民共和国国家质量监督检验检疫总局
中国国家标准化管理委员会　发布

前　　言

本标准按 GB/T 1.1—2009 给出的规则编写。

本标准采用翻译法等同采用 ISO 16700:2004《微束分析　扫描电镜　图像放大倍率校准导则》(英文版)。

本标准由全国微束分析标准化技术委员会(SAC/TC 38)提出并归口。

本标准主要起草单位:中国地质科学院矿产资源研究所、中国科学院上海硅酸盐研究所、上海第二军医大学。

本标准主要起草人:陈振宇、周剑雄、李香庭、杨勇骥。

引　　言

扫描电镜广泛用于对各种重要材料，如半导体、金属、聚合物、玻璃、食品及生物材料等的表面结构的观察研究。本标准应用于图像放大倍率的校准，它描述了在扫描电镜中使用有证参考物质和参考物质进行图像放大倍率校准的要求。

微束分析　扫描电镜
图像放大倍率校准导则

1　范围

本标准规定了使用适当的参考物质对扫描电镜(SEM)图像的放大倍率进行校准的方法。

本标准限于对由参考物质上线距大小的范围所决定的放大倍率进行校准。

本标准不适用于专用测长型扫描电镜。

2　规范性引用文件

下列文件对于本文件的应用是必不可少的。凡是注日期的引用文件,仅注日期的版本适用于本文件。凡是不注日期的引用文件,其最新版本(包括所有的修改单)适用于本文件。

GB/T 6379.1—2004　测量方法与结果的准确度(正确度与精密度)　第1部分:总则与定义(ISO 5725-1:1994,IDT)

ISO Guide 34:1996　Quality system guideline for the production of reference materials(标准样品生产的质量体系准则)

ISO Guide 35:1989　Certification of reference materials—General and statistical principles.(标准样品认证——一般原则和统计方法)

ISO/IEC 17025:1999　General requirements for the competence of testing and calibration laboratories(测试和校准实验室能力的通用要求)

JIS Q0030—1997　标准物质常用术语和定义(ISO Guide 30:1992,IDT)

3　术语和定义

下列术语和定义适用于本文件。

3.1

扫描电镜　Scanning Electron Microscope;SEM

通过电子束扫描样品表面产生放大图像的一种仪器。

3.2

图像　image

由扫描电镜产生的样品表面的二维形貌。

注:用扫描电镜拍摄的样品照片就是图像的一种。

3.3

图像放大倍率　image magnification

扫描显示的线性尺度与试样上扫描区域的相应长度之比。

3.4

标尺　scale marker

一条标于图像上指示试样实际长度的线段。

3.5

参考物质　reference material;RM

材料或物质,其一种或一种以上的特性值足够均匀并已被确认可用于仪器的校准、测量方法的评价或材料的赋值。

3.6

有证参考物质　certified reference material;CRM

附有证书的参考物质,其一种或多种特性值已通过某种程序认证,该程序使得特性值和用于表达特性值的计量单位的真实值之间建立起可溯源性,并且每一个被认证的特性值都带有一个在一定置信度上的不确定度。

注:在本标准中,参考物质/有证参考物质应具有可用于图像放大倍率校准的线距样式,该线距样式具有适需的线距尺度和准确度。

3.7

校准　calibration

在特定条件下执行的操作规程,使得扫描电镜显示的放大倍率和通过检验参考物质(RM)或有证参考物质(CRM)而确定的相应的放大倍率之间建立起关系。

3.8

倾斜角　tilt angle

倾斜的样品表面与垂直电子束轴的平面之间的夹角(见图1)。

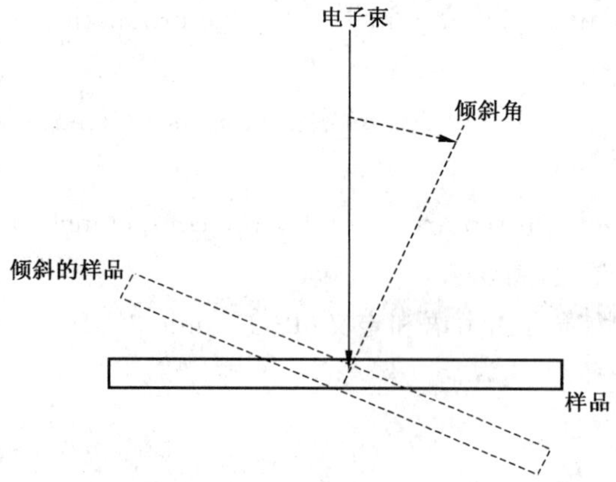

图1　倾斜角

3.9

显示器　display

用于显示模拟图像或数字图像的设备。

注:显示器可以是阴极射线管、等离子显示板、液晶显示屏等。

3.10

工作距离　working distance

样品表面和扫描电镜物镜底面之间的距离。

3.11

线距　pitch

试样上最靠近的两个相似特征之间的最小间隔,这种间隔在重复的样式上是相等的。

3.12

准确度　accuracy

测试结果和公认的参考值之间的接近程度。

[GB/T 6379.1—2004]

注 1:“测试结果”是指按本标准中规定的程序所获得的有证参考物质的线距观测值。

注 2:术语“公认的参考值”是指经由国家或国际校准实验室认证的数值,该数值带有一定的不确定度,并将在证书上给予表示。

注 3:准确度和精密度不同。精密度被定义为在规定条件下测得的若干独立测试结果之间的一致程度。

4 图像放大倍率

4.1 标尺

为指示放大倍率,在图像上附加一个标尺和以国际单位制表示的相应长度。它表示样品的实际长度。如图 2 所示。

500 nm

图 2 标尺及其长度

注:由扫描电镜的硬件和/或软件生成的标尺值可能与校准值并不符合。

4.2 放大倍率的表示

图像的放大倍率以代表物体放大倍数的数字加上符号“×”表示(如,100×、10 000×、10 k×或×100、×10 000、×10 k,其中 100、10 000 和 10 k 是放大倍数)。参见附录 A。

注 1:当图像上有标尺显示时,放大倍数可不必标出。

注 2:图像上显示的放大倍率与输出设备有关,输出设备可以是显示器、打印机或照相设备。图像上显示的标尺与扫描电镜操作者所选择的输出设备无关。只有当图像在输出设备上显示或被打印出来时,放大倍率才与标尺相对应。

5 参考物质

5.1 概要

参见 JIS Q0030—1997。

校准图像放大倍率时,应尽可能选择一个按照 ISO 导则 34 制备并按 ISO 导则 35 认证的有证参考物质(CRM)。

若没有合适的有证参考物质(CRM),可使用按照 ISO 导则 34 制备的参考物质(RM)。

5.2 CRM 的必要条件

所选择的 CRM 必须保证:

——在真空中和电子束重复轰击下稳定;

——在 SEM 图像中有较好的对比度;

——具有导电性;

——可清理去除正常使用过程中产生的污染物而不会引起机械性破坏或变形;

——具有相关的有效校准证书。

5.3 CRM 上的线距样式

CRM 上的线距样式可以是以下形式中的任何一种或几种：

——正交的十字栅格；

——线性排列；

——点排列；

——正交的点排列。

所选择的 CRM 必须保证至少有一个方向的线距样式可供校准，而且线距样式的不确定度应与所要求的准确度相一致。

注 1：CRM 可以含有 X 和 Y 两个方向的线距样式，这样就可以在正交的两个方向上进行测量而不必机械旋转 CRM。CRM 还可以含有其他的结构以测试图像的变形和/或分辨率。

注 2：所选择的 CRM 可以具有大小不同的线距样式以涵盖所有需要校准的放大倍率的范围。也可以用多个 CRM 来涵盖所需的放大倍率范围。

5.4 保存和处理

CRM 须保存于干燥柜或真空容器中。

注：为了尽可能减少对 CRM 的触摸，可将其永久安装在试样座上。触摸 CRM 时须使用护指套、无尘手套或镊子。

检查 CRM 表面有无污染物和损坏，因为这会影响校准。请勿使用已破损或严重污染的 CRM。

用清洁干燥的空气或氮气清除 CRM 上的灰尘、残留物或其他污染物，注意不要损坏 CRM。

定期地通过与其他 CRM 的对比来检查 CRM 的校准效果并记录检查结果。检查的频率视 CRM 的特性和使用情况而定。

CRM 只作校准之用。

6 校准过程

6.1 概要

影响 SEM 最后放大倍率的参数可引起系统误差。这些参数列于附录 B。

SEM 的稳定性是决定校准周期的主要因素，开始时有必要经常进行校准以确定 SEM 的稳定性。

所获得的结果将可提供一个对实验室内部重现性的评估，还可以估算显示器的固有偏差、自动附加于其他输出设备上的数据的固有偏差。

CRM 的选择取决于所使用的放大倍率及所要求的准确度。在本标准中，校准的准确度应保证优于 10%。

6.2 安装 CRM

安装标准样品时，应确保按 5.4 安装 CRM。

按 SEM 和 CRM 的使用说明安装 CRM。

确定 CRM 和 SEM 的样品台之间导电性良好。

检查 CRM 是否已经安全地固定在样品台上而不会松动，使振动引起的图像变形降到最低。

6.3 设置校准 SEM 的操作条件

按 SEM 的操作说明，抽真空使样品室达到工作状态。

按 SEM 的操作说明，将电子束亮度和合轴调到最佳状态。

按 SEM 的操作说明，将倾斜角度调至 0°，以使 CRM 的表面在操作过程中与电子束轴方向垂直。

按以下程序检查 CRM 的倾斜角。

a) 关闭倾斜角校正、扫描旋转和放大倍率的缩放控制。

b) 选择图像模式(二次电子图像/或背散射电子图像)。

c) 使图像聚焦和消像散。

d) 选择使整个测量区域可见的放大倍率。

e) 在线距测量值最大的位置确定倾斜位置。如果多次测量值之间没有差异，即可认为倾斜角度为 0°。在此位置下完成后面的图像记录。

注：若整个区域的图像都未能聚焦，则有必要重新安装 CRM 或重新调整 SEM 的机械合轴。

f) 选择校准所需的加速电压和工作距离，并移动样品台将 CRM 置于正确位置。

g) 按 SEM 操作说明，在要求的操作条件下直到仪器完全稳定。

h) 聚焦并调整显示器上 CRM 的图像。

i) 在必要情况下，机械旋转 CRM 以使待测样式与显示器的 X 和/或 Y 方向平行。

j) 沿样品台的 X 和/或 Y 方向移动 CRM，使被测的线距样式的两端标记约为显示器长度和/或宽度的 80%。

k) 在必要情况下，再次旋转 CRM 以使测量样式与显示器的 X 和/或 Y 方向平行，并清晰聚集 CRM 的线距样式。

注：推荐屏幕上显示的线距实际数量约为 10。例如，对于一个 100 mm 的显示器屏幕，不同放大倍率下所推荐的线距值如下：

×50 000	0.2 μm
×10 000	1 μm
× 1 000	10 μm

6.4 图像记录

确保线距样式的排列方向与 SEM 中对应的 X 和/或 Y 方向相同。

确定图像扫描速度。

一旦获得所需图像，不要改变 SEM 的其他参数。采用照片、胶片或数字格式记录所显示的附带标尺的 CRM 图像。

在使用照相介质时，应留出足够的时间以使其在测量之前达到稳定，使照相介质的尺寸变化影响最小。

注：当以数字格式记录的图像在纸上复制或显示器上重现时，对于测量而言，图像的长度和长宽比可能会与原始图像的长度和长宽比不同。在这种情况下，推荐记录原始图像的长度和长宽比。

6.5 图像的测量

完成校准报告需要对记录在可靠的纸复制品上的图像进行测量。

使用一个准确度已知的、可溯源的、已校准的、可测量小于 1 mm 的尺子来测量所记录图像的长度。

为了减小边缘畸变产生的影响，应避免在图像边缘测量。限定在图像区域的中部 80%处测量。

对所记录图像的 X 和/或 Y 轴方向的线距进行测量。在上面规定的图像区域内，对相当于线距整数倍的两个标记之间的距离进行测量。

所测量的距离应该比线距大约大十倍。

在所记录图像上至少重复测量三次，每次测量需在至少相隔 3 mm 的不同位置进行。

注：线距的测量可以是 CRM 上相同特性之间的中心—中心或边缘—边缘的距离。

6.6 放大倍率和标尺的校准

6.6.1 概要

对实验室内常用的放大倍率进行校准。

6.6.2 放大倍率

放大倍率 M 可由下式得出：

$$M=\frac{D}{d}$$

式中：

D ——在记录图像上测量的平均线距(距离)(见图 3)；

d ——与 D 相对应的 CRM 的实际线距(距离)(见图 4)。

测得 X 和 Y 方向的平均距离，就可计算得出每个方向的放大倍率值。

如果 X 和 Y 方向的放大倍率的差别超过设定值，检查 CRM 的安装和 SEM 是否合轴。重新调整并重复校准过程。

6.6.3 标尺

每次校准都要进行标尺的校准。

通过下式计算出记录图像上对应于标尺长度值(f_{ind})的长度(L)：

$$L=f_{ind}\times M=f_{ind}\times\frac{D}{d}$$

式中：

L ——所记录图像上的标尺的计算长度；

f_{ind} ——所记录图像上的标尺的显示值(见图 3)。

注：应尽可能将标尺的长度调整到与校准的放大倍率相对应，若不能做到，应注意两者之间的差异。

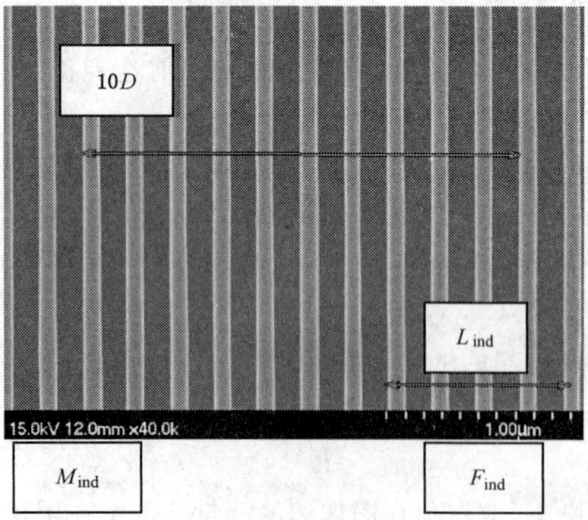

图 3 所记录图像

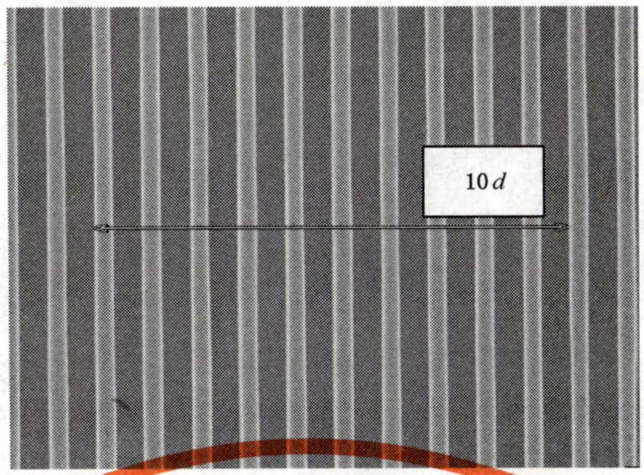

图 4 试样(CRM)

7 图像放大倍率和标尺的准确度

放大倍率的百分比准确度(A_m),可以用下式通过计算差值(ΔM)而得出:

$$\Delta M = M_{ind} - M = M_{ind} - \frac{D}{d}$$

$$A_m = \frac{\Delta M}{M} \times 100$$

式中:

M_{ind}——显示的放大倍率(见图 3)。

标尺的百分比准确度(A_s),可以用下式通过计算差值(ΔL)而得出:

$$\Delta L = L_{ind} - L = L_{ind} - f_{ind}\frac{D}{d}$$

$$A_s = \frac{\Delta L}{L} \times 100$$

式中:

L_{ind} 和 f_{ind} 分别是所记录图像上标尺的显示长度和显示值(见图 3)。

注 1:即使 D 和/或 L_{ind} 的测量有很好的准确度(如使用测径器),最小测量误差也可达到± 0.2 mm,因为这是人眼的分辨率极限。

注 2:在数字记录图像中,可假定 D 和 L_{ind} 能被准确测量到±1 个像素并由此计算出准确度。在计算 A_m 和 A_s 时 D 和 L_{ind} 可以用像素长度(mm)来表示。

注 3:应注意,由于 SEM 仪器的操作条件等因素所引起的不确定度,和由 CRM 的不可避免的不均匀性所引起的统计误差等,都包括在放大倍率的校准结果中(参见附录 C)。

8 校准报告

8.1 概要

实验室完成的校准报告必须准确、清楚、明确,并与本标准校准方法中规定的所有内容一致。

测量结果必须以检验报告的形式发布,而且除了用户要求的信息外,还应该包括为解释校准结果所需的所有信息以及 ISO/IEC 17025:1999 中 5.10.2 所要求的内容。

如果是为内部客户进行的校准或是与客户之间有某种书面协议,校准结果可以以简化形式发布。没有按照 ISO/IEC 17025:1999 中 5.10.2 所列的条款报告给客户的信息,应该随时可从执行校准的实验室获得。

8.2 校准报告的内容

校准报告中包括以下信息以及任何其他可影响校准结果的相关信息。附录 D 是一个校准报告样例。

a) 校准报告标题；

b) 实验室名称和地址；

c) 校准报告的编号；

d) 有关客户的名称和地址；

e) 所用方法的标准号（即 GB/T 27788）；

f) 仪器制造商名称、型号和所用仪器的序列号；

g) 所用参考物质的名称和证书；

h) 加速电压(kV)、工作距离(mm)、图像模式、扫描速度和放大倍率等详细的操作条件；

i) 测量次数(n)和校准结果：X 和/或 Y 方向标尺的长度和/或放大倍率，以及以百分比形式表示的准确度；

j) 校准人员的姓名；

k) 校准的日期和时间；

l) 批准签发校准证书的人员姓名、职务和签名；

m) 应在相应位置注明校准结果只与被检验或校准的项目有关。

注：推荐实验室应声明如果没有实验室的书面认可，校准报告不得复制，除非是全文复制。

附 录 A
（资料性附录）
用于放大倍率校准的参考物质

A.1 范围

本附录列出的是可用于 SEM 图像放大倍率校准的 CRM 和 RM 的实例。

A.2 有证参考物质（CRMs）

A.2.1 美国 国家标准技术研究院（NIST）

SRM 484g：SEM 放大倍率标样；线距范围为 0.5 μm～5 μm。镍基中的金箔。

SRM 2069b：SEM 的性能标样；线距范围为 2 mm～4 mm。边缘平滑一致的石墨化纤维，用一个 3 mm的销钉固定在直径 12.5 mm 的 SEM 样品座上。

SRM 2090：SEM 放大倍率标样；线距范围为 0.2 μm～3 000 μm，硅片。

A.2.2 德国 物理技术研究院（PTB）

IMS-HR 94 175-04：硅片上的氧化硅，线距 1 μm、2 μm、5 μm 和 10 μm

A.2.3 英国 国家物理实验室（NPL）

有两个正交方向横隔线的金属复制品：一个方向的线距标定为 50 μm，另一个方向标定为 0.5 μm，原品由 SIRA 制作并经 NPL 认证。

A.2.4 俄联邦 GOST R

CRM 6261-91：制成一个 15 mm×15 mm 大小的金属片，上面有条带形的周期性结构样式。认证特性：金属片表面的周期性样式之间的距离等于 0.39 μm。

A.3 参考物质（RMs）

A.3.1 方形栅格

推荐使用线距为 254 μm（100 目）和线距为 25.4 μm（1 000 目）的金、镍或铜质栅格。

A.3.2 嵌套的方格

嵌套的方格，线距为 0.5 μm～500 μm。

A.3.3 线距样式（美国国家标准技术研究院 NIST）

RM 8090 ：线距范围从 0.2 μm～3 000 μm，硅片。

注：这是未认证的 SRM 2090 的原型。

A.3.4 由日本质量保证组织(JQA)认证的微尺度硅片

线距为 0.24 μm 的微尺度硅片。

注：也可使用其他参考物质。

附 录 B
(资料性附录)
影响扫描电镜放大倍率的参数

下列参数之间可能互有影响,现按其在仪器中的位置顺序加以考虑。

a) 电子枪高压的不稳定性或漂移可改变电子的能量,从而改变最后的聚焦,这会影响工作距离的校准,工作距离的校准决定了所显示的放大倍率。现代仪器中放大倍率的补偿由某种计算机算法确定,这种算法可能也存在误差。
b) 不同的聚光镜强度组合会改变物镜的焦点。
c) 未经校正的物镜像散,可能给出正确聚焦的假象显示。
d) 残余的磁滞现象,尤其是物镜的残余磁滞会改变聚焦条件。
e) 大景深,尤其是在低放大倍率及用透镜和光阑选择控制的小电子束发散时,可导致错误的聚焦。
f) 扫描线圈可能产生非正交偏转(X 轴和 Y 轴),从而产生图像畸变。
g) 扫描发生器电路可能是非线性的,或可能会随着电路元件的老化而改变,或者两种情况都有。
h) 放大倍率的缩放控制可能是非线性的。
i) 扫描旋转附件的非线性会使放大倍率在不同程度的旋转下失真。
j) 外来的磁场和静电场可能会使电子束扫描产生变形。
k) 放大倍率的误差百分比可能在不同放大倍率范围内不相同。
l) 倾斜的样品表面(不垂直于电子束轴)将使图像产生透视缩短和放大倍率的变化。
m) 所应用的倾斜校正可能对于样品的倾斜轴或对于样品表面的某个特定区域不是 90°(在与电子束垂直的平面上)。
n) 信号处理,尤其是微分或同态处理可能会给出一个虚假的聚焦效果。
o) 对于相同的表观放大倍率,不同的工作距离、加速电压和电子束扫描光栅组合可能产生不同的线性放大倍率。
p) 与以上参数有关的电路元件的热量和电子漂移可能会随机影响放大倍率。
q) 记录用阴极射线管(CRT)的面板的变形和非线性电子束偏转可能会产生不一致的放大倍率。
r) 记录用阴极射线管上的图像放大倍率可能和观察用阴极射线管上的放大倍率不一致。
s) 记录用摄像机镜头的变形、相片图像与阴极射线管图像比例的改变可能导致放大倍率产生误差。
t) 相片材料的膨胀和收缩、摄影扩大以及对比度的控制都可能对最后的表观图像放大倍率有明显的影响。
u) 在数字记录的图像中,可能会由于数字设备(如打印机等)的不准确性或变形而产生放大倍率的误差。屏幕长宽比(X 和 Y 方向的放大倍率)可能与原始图像的长宽比不同。

附 录 C
（资料性附录）
放大倍率测量中的不确定度

不确定度是指测量值的范围，放大倍率的任一测量结果将以一定的置信度落于该范围内。不确定度 u 可以由所有不确定度的分量 σ_i 通过下式来确定：

$$u=\sqrt{(\sum \sigma_i^2)}$$

例如，对于一个 SIRA 栅格，不确定度的分量及其典型的数值为：

A：与校准/有证参考物质相关的不确定度，±1%；

B：重现性不确定度，±4%；

（由这些不确定度分量所引起的放大倍率的变化将表现出一个正态分布趋势，如果指定的置信度为95%，在使用上式不确定度分量进行合成之前，应先将各不确定度分量除以 2。）

C：温度效应不确定度，<±0.5%；

D：被测物体的分辨率不确定度，±1%；

E：测量装置及温度对其影响的不确定度，±1%；

（这些因素的影响将表现出一个矩形分布，因此在合成之前应将其除以$\sqrt{3}$。）

使用以上方法表示的不确定度只有在完成校准时才是正确的。在较长时期内进行的重复校准，由于操作条件（样品位置、操作者、仪器）的不确定度变化，将产生不同的结果。对一个特定的仪器配置，不确定度的另外一个分量：

F：漂移不确定度，±3%。

必须加以考虑。

经过几次在固定的（显示的）放大倍率 M_d 下的重复校准以后，测量的（真实的）放大倍率 M_t 和有关该值分布的一些测量不确定度分量 σ_i 就可以确定出来。依靠其确定方法，σ_i 可提供一个合成上述不确定度分量的实用方法，即除 A 之外，两个不确定度分量在合成时将产生一个不确定度 u，分量大小将趋向于所产生的 u 的大小。

$|M_t-M_d|$ 是一个对仪器和输出设备的显示准确度的测量。例如，在显示的放大倍率为 M_d 时，结果应该用放大倍率$=M_t \pm nu$ 表示。$n=2$ 时，操作者有 95%的置信度认为此时检验的放大倍率落在该限度范围内。这一点同样适用于标尺。放大倍率和标尺长度的不确定度可以通过引用测量中各自的标准偏差来表示。

附 录 D
（资料性附录）
检验报告示例

D.1 放大倍率校准表

表 D.1 为记录放大倍率校准基本条件的实例，可作为质量控制程序的一部分。

在表 D.1 中，输入校准标样测量的实际放大倍率。

表中给出的加速电压、放大倍率和工作距离只是作为举例，这些数值应该改为实际测量中使用的设置参数。可以使用与本示例不同数量的参数设置。

数据应制成控制图表以显示随时间变化的情况。

表 D.1　标尺校准的检验报告

实验室名称：　　　　制造商名称：　　　　型号：

实验室地址：　　　　序列号：　　　　操作者：

校准报告编号　　　　日期：　　　　授权人姓名和签字：

参照的国家标准:GB/T 27788

							加速电压		2 kV				(C)RM	
放大倍率	WD/mm	测量次数	D_x	D_y	M_x	M_y	L_{ind}、f_{ind}	L_x	L_y	ΔL_x	ΔL_y	A_{xs}	A_{ys}	d	Name of (C)RM
(M_{ind}) ×100	5	1			$\left(=\frac{D_{xm}}{d}\right)$	$\left(=\frac{D_{ym}}{d}\right)$		$(=f_{ind}\times M_x)$	$(=f_{ind}\times M_y)$	$(=L_{ind}\times L_x)$	$(=L_{ind}-L_y)$	$\left(=\frac{\Delta L_y}{L_x}\times 100\right)$	$\left(=\frac{\Delta L_y}{L_y}\times 100\right)$		
		2													
		3													
		平均值	D_{xm}	D_{ym}											
	10	1													
		2													
		3													
		平均值													
	15	1													
		2													
		3													
		平均值													

表 D.1（续）

加速电压 2 kV														(C)RM	
放大倍率	WD/mm	测量次数	D_x	D_y	M_x	M_y	L_{ind}、f_{ind}	L_x	L_y	ΔL_x	ΔL_y	A_{xs}	A_{ys}	d	Name of (C)RM
×1 000	5	1													
		2													
		3													
		平均值													
	10	1													
		2													
		3													
		平均值													
	15	1													
		2													
		3													
		平均值													

$L = f_{ind} \times M$

L ——图像上标尺的计算长度；

f_{ind}——图像上标尺的显示值；

M ——计算所得的放大倍率。

$\Delta L = L_{ind} - L$

ΔL ——差值；

L_{ind} ——图像上标尺的显示长度。

$A_s = \frac{\Delta L}{L} \times 100$

A_s——标尺的准确度。

ICS 91.120.30
Q 17

中华人民共和国国家标准

GB 27789—2011

热塑性聚烯烃(TPO)防水卷材

Thermoplastic polyolefin sheets for waterproofing

2011-12-30 发布　　　　2012-11-01 实施

中华人民共和国国家质量监督检验检疫总局
中国国家标准化管理委员会　发布

前　言

本标准的5.3条为强制性的，其余为推荐性的。

本标准按照GB/T 1.1—2009给出的规则起草。

本标准与ASTM D6878:2008《热塑性聚烯烃屋面卷材》一致性程度为非等效。

本标准由中国建筑材料联合会提出。

本标准由全国轻质装饰与装修建筑材料标准化技术委员会建筑防水材料分技术委员会(SAC/TC 195/SC 1)归口。

本标准主要起草单位：中国建筑材料科学研究总院苏州防水研究院、中国建筑防水协会。

本标准参加起草单位：深圳市卓宝科技股份有限公司、上海市建筑科学研究院(集团)有限公司、索普瑞玛(上海)建材贸易有限公司、巴塞尔亚太咨询(上海)有限公司、陶氏化学(中国)有限公司、上海申达科宝新材料有限公司、上海海纳尔建筑科技有限公司、杰斯曼(上海)国际贸易有限公司、山东思达建筑系统工程有限公司、广东科顺化工实业有限公司、璞耐特(大连)科技有限公司、唐山德生防水材料有限公司、上海台安工程实业有限公司、上海豫宏建筑防水材料有限公司、常熟市三恒建材有限责任公司、四川蜀羊防水材料有限公司。

本标准主要起草人：朱志远、朱冬青、杨胜、邹先华、朱晓华、孟赟、尚华胜、蒋勤逸、陈建华、陈文洁。

热塑性聚烯烃(TPO)防水卷材

1 范围

本标准规定了热塑性聚烯烃防水卷材的术语和定义、分类和标记、要求、试验方法、检验规则、标志、包装、贮存和运输。

本标准适用于建筑工程用的以乙烯和α烯烃的聚合物为主要原料制成的防水卷材。

2 规范性引用文件

下列文件对于本文件的应用是必不可少的。凡是注日期的引用文件,仅注日期的版本适用于本文件。凡是不注日期的引用文件,其最新版本(包括所有的修改单)适用于本文件。

GB/T 328.5—2007 建筑防水卷材试验方法 第5部分:高分子防水卷材 厚度、单位面积质量

GB/T 328.7 建筑防水卷材试验方法 第7部分:高分子防水卷材 长度、宽度、平直度和平整度

GB/T 328.9—2007 建筑防水卷材试验方法 第9部分:高分子防水卷材 拉伸性能

GB/T 328.10—2007 建筑防水卷材试验方法 第10部分:沥青和高分子防水卷材 不透水性

GB/T 328.13 建筑防水卷材试验方法 第13部分:高分子防水卷材 尺寸稳定性

GB/T 328.15 建筑防水卷材试验方法 第15部分:高分子防水卷材 低温弯折性

GB/T 328.19 建筑防水卷材试验方法 第19部分:高分子防水卷材 撕裂性能

GB/T 328.21 建筑防水卷材试验方法 第21部分:高分子防水卷材 接缝剥离强度

GB/T 328.25—2007 建筑防水卷材试验方法 第25部分:沥青和高分子防水卷材 抗静态荷载

GB/T 528 硫化橡胶或热塑性橡胶 拉伸应力应变性能的测定

GB/T 529 硫化橡胶或热塑性橡胶 撕裂强度的测定(裤形、直角形和新月形试样)

GB 12952—2011 聚氯乙烯(PVC)防水卷材

GB/T 18244 建筑防水材料老化试验方法

GB/T 18378 防水沥青与防水卷材术语

GB/T 20624.2 色漆和清漆 快速变形(耐冲击性)试验 第2部分:落锤试验(小面积冲头)

GB 50009 建筑结构荷载规范

3 术语和定义

GB/T 18378界定的以及下列术语和定义适用于本文件。

3.1

均质热塑性聚烯烃防水卷材 homogeneous thermoplastic polyolefin waterproofing sheets

不采用内增强材料或背衬材料的热塑性聚烯烃防水卷材。

3.2

带纤维背衬的热塑性聚烯烃防水卷材 thermoplastic polyolefin waterproofing sheets backed with fabric

用织物如聚酯无纺布等复合在卷材下表面的热塑性聚烯烃防水卷材。

3.3

织物内增强的热塑性聚烯烃防水卷材 thermoplastic polyolefin waterproofing sheets with internally reinforced with fabric

用聚酯或玻纤网格布在卷材中间增强的热塑性聚烯烃防水卷材。

4 分类和标记

4.1 分类

按产品的组成分为均质卷材(代号 H)、带纤维背衬卷材(代号 L)、织物内增强卷材(代号 P)。

4.2 规格

公称长度规格为 15 m、20 m、25 m。

公称宽度规格为 1.00 m、2.00 m。

厚度规格为 1.20 mm、1.50 mm、1.80 mm、2.00 mm。

其他规格可由供需双方商定。

4.3 标记

按产品名称(代号 TPO 卷材)、类型、厚度、长度、宽度和本标准号顺序标记。

示例：

长度 20 m、宽度 2.00 m、厚度 1.50 mm、P 类热塑性聚烯烃防水卷材标记为：

TPO 卷材 P 1.50 mm/20 m×2.00 mm GB 27789—2011

5 要求

5.1 尺寸偏差

长度、宽度不应小于规格值的 99.5%。

厚度不应小于 1.20 mm，厚度允许偏差和最小单值见表 1。

表 1 厚度允许偏差

厚度/mm	允许偏差/%	最小单值/mm
1.20	−5，+10	1.05
1.50		1.35
1.80		1.65
2.00		1.85

5.2 外观

5.2.1 卷材的接头不应多于一处，其中较短的一段长度不应少于 1.5 m，接头应剪切整齐，并应加长 150 mm。

5.2.2 卷材表面应平整、边缘整齐，无裂纹、孔洞、粘结、气泡和疤痕。卷材耐候面(上表面)宜为浅色。

5.3 材料性能

材料性能指标应符合表 2 的规定。

表 2 材料性能指标

序号	项目		指标		
			H	L	P
1	中间胎基上面树脂层厚度/mm ≥		—		0.40
2	拉伸性能	最大拉力/(N/cm) ≥	—	200	250
		拉伸强度/MPa ≥	12.0	—	—
		最大拉力时伸长率/% ≥	—	—	15
		断裂伸长率/% ≥	500	250	—
4	热处理尺寸变化率/% ≤		2.0	1.0	0.5
5	低温弯折性		−40 ℃无裂纹		
6	不透水性		0.3 MPa,2 h 不透水		
7	抗冲击性能		0.5 kg·m,不渗水		
8	抗静态荷载[a]		—	—	20 kg 不渗水
9	接缝剥离强度/(N/mm) ≥		4.0 或卷材破坏	3.0	
10	直角撕裂强度/(N/mm) ≥		60	—	—
11	梯形撕裂强度/N ≥		—	250	450
12	吸水率(70 ℃ 168 h)/% ≤		4.0		
13	热老化(115 ℃)	时间/h	672		
		外观	无起泡、裂纹、分层、粘结和孔洞		
		最大拉力保持率/% ≥	—	90	90
		拉伸强度保持率/% ≥	90	—	—
		最大拉力时伸长率保持率/% ≥	—	—	90
		断裂伸长率保持率/% ≥	90	90	—
		低温弯折性	−40 ℃无裂纹		
14	耐化学性	外观	无起泡、裂纹、分层、粘结和孔洞		
		最大拉力保持率/% ≥	—	90	90
		拉伸强度保持率/% ≥	90	—	—
		最大拉力时伸长率保持率/% ≥	—	—	90
		断裂伸长率保持率/% ≥	90	90	—
		低温弯折性	−40 ℃无裂纹		
15	人工气候加速老化	时间/h	1 500[b]		
		外观	无起泡、裂纹、分层、粘结和孔洞		
		最大拉力保持率/% ≥	—	90	90
		拉伸强度保持率/% ≥	90	—	—
		最大拉力时伸长率保持率/% ≥	—	—	90
		断裂伸长率保持率/% ≥	90	90	—
		低温弯折性	−40 ℃无裂纹		

[a] 抗静态荷载仅对用于压铺屋面的卷材要求。

[b] 单层卷材屋面使用产品的人工气候加速老化时间为 2 500 h。

5.4 抗风揭能力

采用机械固定方法施工的单层屋面卷材，其抗风揭能力的模拟风压等级应不低于 4.3 kPa (90 psf)。

注：psf 为英制单位——磅每平方英尺，其与 SI 制的换算为 1 psf=0.047 9 kPa。

6 试验方法

6.1 标准试验条件

试验室标准试验条件为温度 23 ℃±2 ℃，相对湿度(60±15)%。

6.2 试件制备

将试样在标准试验条件下放置 24 h，按 GB/T 328.5—2007 裁样方法和表 3 数量裁取所需试件，试件距卷材边缘应不小于 100 mm。裁切织物增强卷材时应顺着织物的走向，使工作部位有最多的纤维根数。

表 3 试件尺寸与数量

序号	项目	尺寸(纵向×横向)/mm	数量/个
1	拉伸性能	150×50(或符合 GB/T 528 的哑铃Ⅰ型)	各 6
2	热处理尺寸变化率	100×100	3
3	低温弯折性	100×25	各 2
4	不透水性	150×150	3
5	抗冲击性能	150×150	3
6	抗静态荷载	500×500	3
7	接缝剥离强度	200×300 (粘合后裁取 200×50 试件)	2 (5)
8	直角撕裂强度	符合 GB/T 529 的直角形	各 6
9	梯形撕裂强度	130×50	各 5
10	吸水率	100×100	3
11	热老化	300×200	3
12	耐化学性	300×200	各 3
13	人工气候加速老化	300×200	3

6.3 尺寸偏差

6.3.1 长度、宽度

按 GB/T 328.7 进行试验，以平均值作为试验结果。若有接头，长度以量出的两段长度之和减去 150 mm 计算。

6.3.2 厚度

6.3.2.1 H类、P类卷材厚度

H类、P类卷材厚度按GB/T 328.5—2007中机械测量法进行，测量五点，以五点的平均值作为卷材的厚度，并报告最小单值。

6.3.2.2 L类卷材厚度，中间胎基上面树脂层厚度

卷材按6.3.2.1在五点处各取一块50 mm×50 mm试样，在每块试样上沿横向用薄的锋利刀片，垂直于试样表面切取一条约50 mm×2 mm的试条，注意不使试条的切面变形(厚度方向的断面)。采用最小分度值0.01 mm，放大倍数最小20倍的读数显微镜进行试验。将试条的切面向上，置于读数显微镜的试样台上，读取卷材热塑性聚烯烃层厚度(不包括表面纤维层)，对于表面压花纹的产品，以花纹最外端切线位置计算厚度。每个试条上测量四处，厚度以5个试条共20处数值的平均值表示，并报告20处中的最小单值。

P类中间胎基上面树脂层厚度取织物线束距上表面的最外端切线与上表面最外层的距离，每块试件读取两个线束的数据，纵向和横向分别测5块试件，取20个点的平均值。

6.4 外观

目测检查。

6.5 拉伸性能

L类、P类产品试件尺寸为150 mm×50 mm，按GB/T 328.9—2007中方法A进行试验，夹具间距90 mm，伸长率用70 mm的标线间距离计算，P类伸长率取最大拉力时伸长率，L类伸长率取断裂伸长率。若有产品试验机行程到底都未断裂，将夹具间距改为50 mm，标线间距30 mm进行试验，同一样品的所有拉伸性能试验，应采用相同的方法。

H类按GB/T 328.9—2007中方法B进行试验，采用符合GB/T 528的哑铃Ⅰ型试件，拉伸速度(250±50)mm/min。

分别计算纵向或横向5个试件的算术平均值作为试验结果。

6.6 热处理尺寸变化率

按GB/T 328.13进行，80 ℃±2 ℃的鼓风烘箱中，不得叠放，在此温度下恒温24 h。取出在标准试验条件下放置24 h，再测量长度。

6.7 低温弯折性

按GB/T 328.15进行试验。

6.8 不透水性

按GB/T 328.10—2007的方法B进行试验，采用十字金属开缝槽盘，压力为0.3 MPa，保持2 h。

6.9 抗冲击性能

单位为毫米

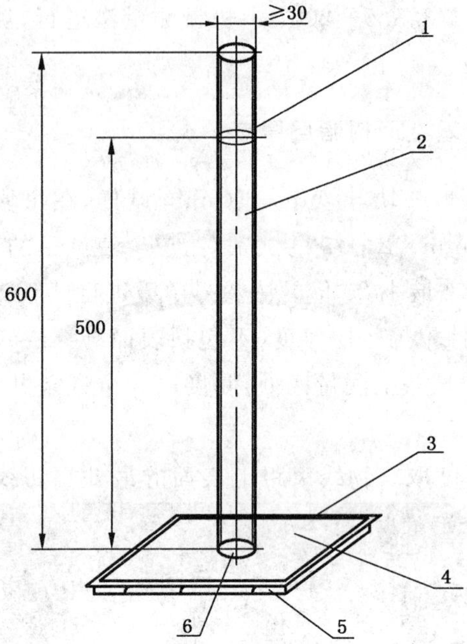

说明：

1——玻璃管；

2——染色水；

3——滤纸；

4——试件；

5——玻璃板；

6——密封胶。

图 1 穿孔水密性试验装置

6.9.1 试验器具

6.9.1.1 落锤冲击仪：符合 GB/T 20624.2 规定，由一个带有刻度的金属导管、可在其中自由运动的活动重锤、锁紧螺栓和半球形钢珠冲头组成。其中导管刻度长为 0 mm～1 000 mm，分度值为 10 mm，重锤质量 1 000 g，钢珠直径 12.7 mm。

6.9.1.2 玻璃管：内径不小于 30 mm，长 600 mm。

6.9.1.3 铝板：厚度不小于 4 mm。

6.9.2 试验步骤

将试件平放在铝板上，并一起放在密度 25 kg/m^3、厚度 50 mm 的泡沫聚苯乙烯垫板上。按 GB/T 20624.2 进行试验。穿孔仪置于试件表面，将冲头下端的钢珠置于试件的中心部位，球面与试件接触。把重锤调节到规定的落差高度 500 mm 并定位。使重锤自由下落，撞击位于试件表面的冲头，然后将试件取出，检查试件是否穿孔，试验 3 块试件。

无明显穿孔时，采用图 1 所示的装置对试件进行水密性试验。将圆形玻璃管垂直放在试件穿孔试验点的中心，用密封胶密封玻璃管与试件间的缝隙。将试件置于 150 mm×150 mm 滤纸上，滤纸放置在玻璃板上，把染色的水加入玻璃管中，静置 24 h 后检查滤纸，如有变色、水迹现象表明试件已穿孔。

6.10 抗静态荷载

按 GB/T 328.25—2007 方法 A 进行试验，采用 20 kg 荷载。

6.11 接缝剥离强度

按生产厂要求搭接，采用胶黏剂搭接应在标准试验条件下按生产厂规定的时间放置，但不应超过 7 d。裁取试件(200 mm×50 mm)，按 GB/T 328.21 进行试验，对于 H 类、L 类产品，以最大剥离力计算剥离强度。对于 G 类、P 类、GL 类产品，若试件产生空鼓脱壳时，应立即用刀将空鼓处切割断，取拉伸应力应变曲线的后一半的平均剥离力计算剥离强度。

6.12 直角撕裂强度

按 GB/T 529 进行试验，采用无割口直角撕裂方法，拉伸速度 250 mm/min±50 mm/min。

分别计算纵向或横向 5 个试件的算术平均值作为试验结果。

6.13 梯形撕裂强度

按 GB/T 328.19 进行试验。

分别计算纵向或横向 5 个试件的算术平均值作为试验结果。

6.14 吸水率

将试件于干燥器中放置 24 h，然后取出用精度至少 0.001 g 的天平称量试件(m_1)，接着将试件放入 70 ℃±2 ℃的蒸馏水中浸泡 168 h±2 h，浸泡期间试件相互隔开，避免完全接触。然后取出试件，放入 23 ℃±2 ℃的水中 15 min，取出立即擦干表面的水迹，称量试件(m_2)。对于带背衬的产品，在留边处取样，试件尺寸 100 mm×70 mm。

吸水率按式(1)计算：

$$R_m = (m_2 - m_1)/m_1 \times 100 \qquad \cdots\cdots(1)$$

式中：

R_m ——吸水率，以百分数(%)表示；

m_2 ——浸水后试件质量，单位为克(g)；

m_1 ——浸水前试件质量，单位为克(g)。

以 3 个试件的算术平均值作为吸水率试验结果。

6.15 热老化

6.15.1 试验步骤

将试片按 GB/T 18244 进行热老化试验，温度为 115 ℃±2 ℃，时间 672 h。处理后的试片在标准试验条件下放置 24 h，按 6.4 检查外观，然后每块试片上裁取纵向、横向拉伸性能试件各两块。低温弯折性试验在一块试片上裁取两个纵向试件，另一块裁两个横向试件。

低温弯折性按 6.7 进行试验，拉伸性能按 6.5 进行试验。

6.15.2 结果计算

处理后最大拉力或拉伸强度保持率按式(2)进行计算，精确到 1%：

$$R_t = (T_1/T) \times 100 \qquad \cdots\cdots(2)$$

式中：

R_t ——试件处理后最大拉力或拉伸强度保持率，用百分数(%)表示；

T ——试件处理前最大拉力，单位为牛顿每厘米(N/cm)[或拉伸强度，单位为兆帕(MPa)]；

T_1 ——试件处理后最大拉力，单位为牛顿每厘米(N/cm)[或拉伸强度，单位为兆帕(MPa)]。

处理后伸长率保持率按式(3)进行计算，精确到1%：

$$R_e = (E_1/E) \times 100 \quad \cdots\cdots(3)$$

式中：

R_e ——试件处理后伸长率保持率，以百分数(%)表示；

E ——试件处理前伸长率平均值，以百分数(%)表示；

E_1 ——试件处理后伸长率平均值，以百分数(%)表示。

6.16 耐化学性

6.16.1 试验步骤

按表4的规定，用蒸馏水和化学试剂(分析纯)配制均匀溶液，并分别装入各自贴有标签的容器中，温度为23 ℃±2 ℃。试验容器能耐酸、碱、盐的腐蚀，可以密闭，容积根据样片数量而定。

在每种溶液中浸入按表3裁取的一组三块试片，试片上面离液面至少20 mm，密闭容器，浸泡28 d后取出用清水冲洗干净，擦干。在标准试验条件下放置24 h，每块试片上裁取纵向、横向拉伸性能试件各两个，在一块试片上裁取纵向低温弯折性试件两个，另一块试片裁横向两个。分别按6.5和6.7进行试验。对于P类卷材拉伸性能试件应离试片边缘10 mm以上裁取。

表4 溶液浓度

试剂名称	溶液质量分数
NaCl	(10±2)%
$Ca(OH)_2$	饱和溶液
H_2SO_4	(5±1)%

6.16.2 结果计算

结果计算同6.15.2。

6.17 人工气候加速老化

6.17.1 试验步骤

按GB/T 18244进行氙弧灯试验，照射时间1 500 h(累计辐照能量约3 000 MJ/m²)，单层屋面卷材照射时间2 500 h(累计辐照能量约5 000 MJ/m²)。处理后的试片在标准试验条件下放置24 h，每块试片上裁取纵向、横向拉伸性能试件各两个，在一块试片上裁取纵向低温弯折性试件两个，另一块试片裁横向两个，按6.5和6.7进行试验。对于P类卷材拉伸性能试件应离试片边缘10 mm以上裁取。

6.17.2 结果计算

结果计算同6.15.2。

6.18 抗风揭能力

按GB 12952—2011的附录A进行，采用标准试验方法，在模拟风压等级为4.3 kPa(90 psf)时应无破坏。GB 12952—2011 的附录 B 给出了一种供参考的用于评价单层卷材屋面系统的动态法抗风揭试验方法。

7 检验规则

7.1 检验分类

7.1.1 出厂检验

出厂检验项目为 5.1、5.2 和 5.3 中拉伸性能、热处理尺寸变化率、低温弯折性、中间胎基上面树脂层厚度。

7.1.2 型式检验

型式检验项目包括第 5 章的全部要求。在下列情况下进行型式检验：

a) 新产品投产或产品定型鉴定时；

b) 正常生产时，每年进行一次。抗风揭能力、人工气候加速老化每两年进行一次；

c) 原材料、工艺等发生较大变化，可能影响产品质量时；

d) 出厂检验结果与上次型式检验结果有较大差异时；

e) 产品停产 6 个月以上恢复生产时。

7.2 抽样

以同类型的 10 000 m^2 卷材为一批，不满 10 000 m^2 也可作为一批。在该批产品中随机抽取 3 卷进行尺寸偏差和外观检查，在上述检查合格的试件中任取一卷，在距外层端部 500 mm 处裁取 3 m（出厂检验为 1.5 m）进行材料性能检验。

7.3 判定规则

7.3.1 尺寸偏差、外观

尺寸偏差和外观符合 5.1、5.2 时判为合格。若有不合格项，允许在该批产品中随机抽 3 卷进行复检，复检合格的为合格，若仍有不合格的判该批产品不合格。

7.3.2 材料性能

7.3.2.1 对于中间胎基上面树脂层厚度、拉伸性能、热处理尺寸变化率、接缝剥离强度、撕裂强度、吸水率以算术平均值符合标准规定时，则判该项合格。

7.3.2.2 低温弯折性、不透水性、抗冲击性能、抗静态荷载、抗风揭能力所有试件均符合标准规定时，则该项合格，若有一个试件不符合标准规定则判该项不合格。

7.3.2.3 热老化、耐化学性、人工气候加速老化所有项目符合标准规定，则判该项合格。

7.3.2.4 试验结果符合 5.3 规定，判该批产品材料性能合格。若 5.3 中仅有一项不符合标准规定，允许在该批产品中随机抽取一卷进行单项复验，符合标准规定则判该批产品材料性能合格，否则判该批产品材料性能不合格。

7.3.3 型式检验总判定

试验结果符合标准第 5 章全部要求时判该批产品合格。

8 标志、包装、贮存和运输

8.1 标志

8.1.1 卷材外包装上应包括：

——生产厂名、地址；

——商标；

——产品标记；

——生产日期或批号；

——生产许可证号及其标志；

——贮存与运输注意事项；

——检验合格标记；

——复合的纤维或织物种类。

8.1.2 单层屋面使用的卷材及其包装应有明显的标识。

8.2 包装

卷材用硬质芯卷取，宜用塑料袋或编织袋包装。

8.3 贮存和运输

8.3.1 贮存

8.3.1.1 卷材应存放在通风、防止日晒雨淋的场所。贮存温度不应高于 45 ℃。

8.3.1.2 不同类型、不同规格的卷材应分别堆放。

8.3.1.3 卷材平放时堆放高度不应超过 5 层；立放时应单层堆放。禁止与酸、碱、油类及有机溶剂等接触。

8.3.1.4 在正常贮存条件下，贮存期限至少为一年。

8.3.2 运输

运输时防止倾斜或横压，必要时加盖苫布。

ICS 91.140
P 47

中华人民共和国国家标准

GB 27790—2011

城镇燃气调压器

City gas pressure regulators

2011-12-30 发布　　2012-11-01 实施

中华人民共和国国家质量监督检验检疫总局
中国国家标准化管理委员会　发布

前言

本标准第6.2条、第6.3.1条、第6.4条、第6.5.4.1条和第6.5.5条为强制性的，其余为推荐性的。

本标准按照GB/T 1.1—2009给出的规则起草。

本标准使用重新起草法参考EN 334:2005《入口压力不大于100 bar的燃气压力调节器》，与EN 334:2005的一致性程度为非等效。

本标准由中华人民共和国住房和城乡建设部提出。

本标准由住房和城乡建设部城镇燃气标准技术归口单位归口。

本标准起草单位：中国市政工程华北设计研究总院、上海飞奥燃气设备有限公司、特瑞斯信力(常州)燃气设备有限公司、陕西宏远燃气设备有限责任公司、合肥市久环给排水燃气设备有限公司、河北瑞星调压器有限公司、浙江春晖智能控制股份有限公司、费希尔久安输配设备(成都)有限公司、乐山川天燃气输配设备有限公司、重庆市山城燃气设备有限公司、宁波志清实业有限公司、成都杰森输配设备实业有限公司、克莱斯德(北京)燃气设备有限公司、北京鑫广进燃气设备研究所、天津新科成套仪表有限公司、国家燃气用具质量监督检验中心。

本标准主要起草人：王启、潘良、翟军、郑劲、孙宗浩、常保成、裴文彩、陈镜兔、邱敏、袁勇、赵小波、陈志清、刘杰、刘斌、李松、孙建勋、赵自军。

城镇燃气调压器

1 范围

本标准规定了城镇燃气(人工煤气和天然气,下同)输配系统用的燃气调压器(以下简称调压器)的术语和定义、符号、分类与标记、结构与材料、要求、试验方法、检验规则、标志、标签、使用说明书以及包装、运输、储存。

本标准适用于进口压力不大于4.0 MPa、工作温度范围(调压器组件及附加装置能正常工作的介质和本体温度范围)不超出-20 ℃~60 ℃且其下限不低于燃气露点温度、公称尺寸不大于300 mm的调节出口压力的调压器。

管道液化石油气和液化石油气混空气输配系统用的调压器参照本标准执行。

本标准不适用于稳压器、瓶装液化石油气调压器和二甲醚用的调压器。

凡本标准未注明的压力值均指表压值,单位为MPa。

2 规范性引用文件

下列文件对于本文件的应用是必不可少的。凡是注日期的引用文件,仅注日期的版本适用于本文件。凡是不注日期的引用文件,其最新版本(包括所有的修改单)适用于本文件。

GB/T 191 包装储运图示标志(GB/T 191—2008,ISO 780:1997,MOD)

GB/T 229 金属材料 夏比摆锤冲击试验方法(GB/T 229—2007,ISO 148-1:2006,MOD)

GB/T 699 优质碳素结构钢

GB/T 1173 铸造铝合金

GB/T 1220 不锈钢棒

GB/T 1239.2 冷卷圆柱螺旋弹簧技术条件 第2部分:压缩弹簧

GB/T 1348 球墨铸铁件(GB/T 1348—2009,ISO 1083:2004,MOD)

GB/T 1527 铜及铜合金拉制管

GB/T 1591 低合金高强度结构钢

GB/T 1690 硫化橡胶或热塑性橡胶耐液体试验方法

GB/T 3191 铝及铝合金挤压棒材

GB/T 3452.1 液压气动用O形橡胶密封圈 第1部分:尺寸系列及公差(GB/T 3452.1—2005,ISO 3601-1:2002,MOD)

GB/T 3452.2 液压气动用O形橡胶密封圈 第2部分:外观质量检验规范(GB/T 3452.2—2007,ISO 3601-3:2005,IDT)

GB/T 6388 运输包装收发货标志

GB/T 7306.1 55°密封管螺纹 第1部分:圆柱内螺纹与圆锥外螺纹(GB/T 7306.1—2000,eqv ISO 7-1:1994)

GB/T 7306.2 55°密封管螺纹 第2部分:圆锥内螺纹与圆锥外螺纹(GB/T 7306.2—2000,eqv ISO 7-1:1994)

GB/T 9112　钢制管法兰　类型与参数

GB/T 9440　可锻铸铁件

GB/T 9969　工业产品使用说明书　总则

GB/T 12226　通用阀门　灰铸铁件技术条件

GB/T 12227　通用阀门　球墨铸铁件技术条件

GB/T 12229　通用阀门　碳素钢铸件技术条件

GB/T 12716　60°密封管螺纹(GB/T 12716—2002,ASME B1.20.1:1992,EQV)

GB/T 13306　标牌

GB/T 13384　机电产品包装通用技术条件

GB/T 15115　压铸铝合金

GB/T 23934　热卷圆柱螺旋压缩弹簧　技术条件

HG/T 20592　钢制管法兰(PN系列)

HG/T 20615　钢制管法兰(Class系列)

JB/T 7944　圆柱螺旋弹簧抽样检查

3　术语和定义、符号

3.1　术语和定义

下列术语和定义适用于本文件。

3.1.1

调压器　regulator

自动调节燃气出口压力,使其稳定在某一压力范围内的装置。

3.1.2

调压器系列　series of regulators

相同设计原理下,结构相似的不同公称尺寸调压器的总称。

3.1.3

直接作用式调压器　direct acting regulator

利用出口压力变化,直接控制驱动器带动调节元件运动的调压器。直接作用式调压器的作用原理见图1。

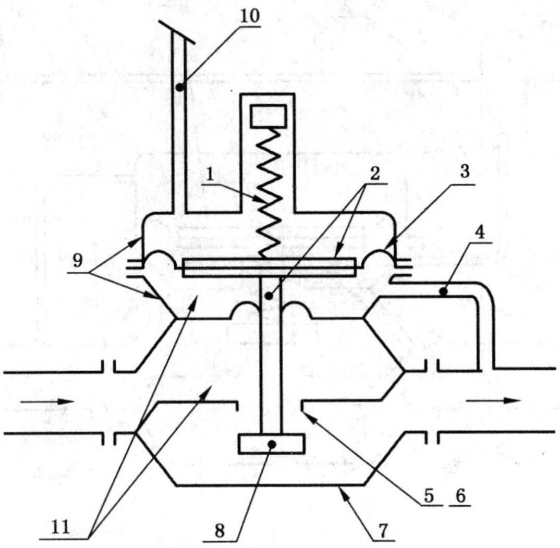

说明：

1——设定元件；

2——驱动器；

3——膜片；

4——信号管；

5——阀座；

6——阀垫；

7——调压器壳体；

8——调节元件；

9——驱动器壳体；

10——呼吸孔；

11——金属隔板；

(1+3)——控制器。

图 1 直接作用式调压器

3.1.4

间接作用式调压器 indirect acting regulator

利用出口压力变化，经指挥器放大后来控制驱动器带动调节元件运动的调压器。间接作用式调压器的作用原理见图 2。

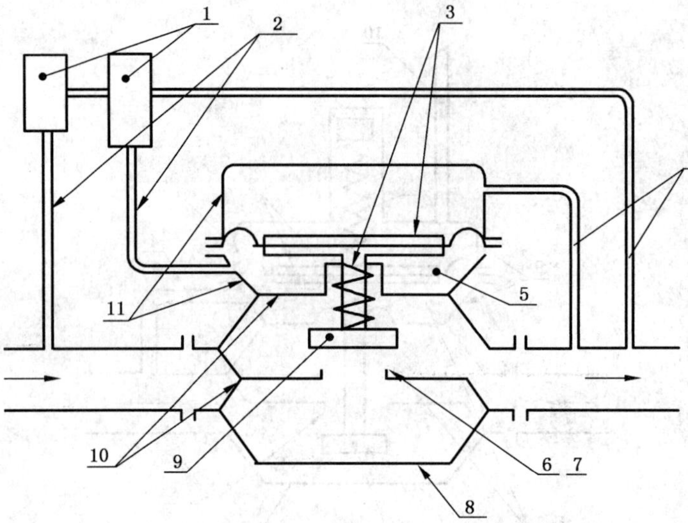

说明：

1——指挥器；

2——过程管；

3——驱动器；

4——信号管；

5——驱动腔；

6——阀座；

7——阀垫；

8——调压器壳体；

9——调节元件；

10——金属隔板；

11——驱动器壳体。

图 2　间接作用式调压器

3.1.5

调压器公称尺寸　nominal diameter of regulator

调压器进口的公称尺寸，表示调压器的尺寸规格。

3.1.6

公称压力　nominal pressure

一个用数字表示的与压力有关的标示代号，为圆整数。本标准中用于表示调压器的进、出口法兰的公称压力。

3.1.7

设计压力　design pressure

在相应的设计温度下，用于确定壳体或其他零件强度的压力值。

3.1.8

进口压力范围　inlet pressure range

调压器能保证给定稳压精度等级的进口压力范围。

注：同一调压器可具有不同的进口压力范围。

3.1.9

最大进口压力 maximum inlet pressure

在进口压力范围内，所允许的最高进口压力值。

3.1.10

最小进口压力 minimum inlet pressure

在进口压力范围内，所允许的最低进口压力值。

3.1.11

出口压力范围 outlet pressure range

调压器能保证给定稳压精度等级的出口压力范围。

注：同一调压器可具有不同的出口压力范围，调压器可通过更换某些零部件来获得所需的出口压力范围。

3.1.12

最大出口压力 maximum outlet pressure

在出口压力范围内，所允许的最高出口压力值。

3.1.13

最小出口压力 minimum outlet pressure

在出口压力范围内，所允许的最低出口压力值。

3.1.14

额定出口压力 rated outlet pressure

调压器出口压力在规定范围内的某一选定值。

3.1.15

基准状态 reference conditions

温度为 15 ℃，绝对压力为 101.325 kPa 时的气体状态。

3.1.16

流量 volumetric flow rate

单位时间内流过调压器的基准状态下的气体容积，单位为 m^3/h。

3.1.17

流量系数 flow coefficient

进口绝对压力为 6.89 kPa、温度为 15.6 ℃，在临界状态下，调压器全开所通过的以 0.028 26 m^3/h 为单位的空气流量。

3.1.18

静特性 performance

静特性是表述出口压力随进口压力和流量变化的关系。

3.1.19

静特性线 performance curve

在进口压力和调整状态不变时，通过先增加流量后降低流量所得到的出口压力随流量变化的曲线。

注：本标准采用进口温度为 15 ℃时的静特性线。

3.1.20

静特性线族 family of performance curves

同一调整状态下各不同进口压力下所得静特性线的集合。

3.1.21

设定压力　set point

调压器的一族静特性线的名义出口压力。

注：设定压力可等于额定出口压力。

3.1.22

压力回差　hysteresis band

一条静特性线上同一流量下两个出口压力值之差。

3.1.23

驱动压力　motorization pressure

调压器驱动器高压腔内的气体压力。

3.1.24

静态　stable conditions

出口压力在干扰发生后逐渐平稳变化到稳定值后的状态。

3.1.25

稳压精度　accuracy

一族静特性线上，工作范围内出口压力实际值与设定压力间的最大正偏差和最大负偏差绝对值的平均值对设定压力的百分比。

3.1.26

稳压精度等级　accuracy class

稳压精度的最大允许值乘以100。

3.1.27

关闭压力　lock-up pressure

调压器调节元件处于关闭位置时，静特性线上零流量处的出口压力。此时，从开始关闭点流量减少至零流量所用的时间应大于调压器关闭的响应时间。

3.1.28

关闭压力等级　lock-up pressure class

实际关闭压力与设定压力之差对设定压力之比的最大允许值乘以100。

3.1.29

最大流量　maximum accuracy flow rate

在规定的设定压力下，针对一定的进口压力，能保证给定稳压精度等级的最大流量中的最小者。可有最大进口压力下的最大流量、最小进口压力下的最大流量及最大和最小进口压力间的某一压力下的最大流量。

3.1.30

最小流量　minimum flow rate

在规定的设定压力下，针对一定的进口压力，能保证给定稳压精度等级的最小流量和静态工作的最小流量中的最大者。可有最大进口压力下的最小流量、最小进口压力下的最小流量及最大和最小进口压力间的某一压力下的最小流量。

3.1.31

关闭压力区　lock-up pressure zone

每一相应进口压力和设定压力的静特性线上，在零流量与最小流量间的区域1(见图3)。

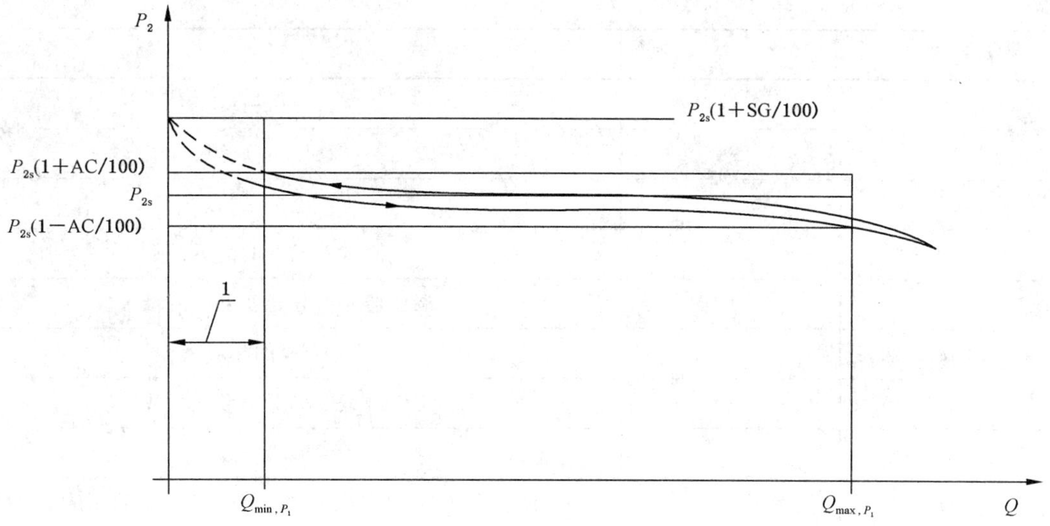

说明：

P_2 ——出口压力；

P_1 ——进口压力；

AC ——稳压精度等级；

SG ——关闭压力等级；

Q ——流量；

Q_{max,P_1}——P_1 下的最大流量；

P_{2s} ——设定压力；

Q_{min,P_1}——P_1 下的最小流量。

图 3 关闭压力区(静态)

3.1.32

关闭压力区等级 class of lock-up pressure zone

最小流量和最大流量的比值的最大允许值乘上 100。

3.1.33

静特性线族的关闭压力区等级 class of lock-up pressure zone of family of performance curves

静特性线族上，最大进口压力下的最小流量和最小进口压力下的最大流量的比值的最大允许值乘上 100。

3.1.34

工作温度范围 operating temperature range

调压器组件及附加装置能正常工作的介质和本体温度范围。

3.2 符号

符号和说明见表 1。

表 1 符号和说明

序号	符号	单位	说明
1	A	%	稳压精度
2	AC	—	稳压精度等级
3	C_g	—	流量系数
4	C_{gi}	—	测试工况下的流量系数
5	C_{gx}	—	调压器在部分开度下的流量系数
6	d	—	试验介质的相对密度
7	K_{1j}	—	测试工况下的形状系数
8	K_1	—	形状系数
9	m	—	流量系数 C_g 试验中亚临界流动状态下的测试工况数
10	n	—	流量系数 C_g 试验中临界流动状态下的测试工况数
11	P	MPa	设计压力
12	P_1	MPa	进口压力
13	P_{1av}	MPa	最大进口压力与最小进口压力的中间值
14	P_{1max}	MPa	最大进口压力
15	P_{1min}	MPa	最小进口压力
16	P_2	MPa	出口压力
17	P_{2c}	MPa	初设出口压力
18	P_{2int}	MPa	P_{2min}、P_{2max} 之间的初设出口压力
19	P_{2max}	MPa	出口压力范围内的最大出口压力
20	P_{2min}	MPa	出口压力范围内的最小出口压力
21	P_{2s}	MPa	设定压力
22	P_a	MPa	大气压力
23	P_b	MPa	关闭压力
24	P_{b2}	MPa	关闭压力试验中第二次测量测得的关闭压力经温度修正后的压力
25	P'_{b2}	MPa	关闭压力试验中第二次测量测得的关闭压力
26	P_{max}	MPa	最大设计压力
27	Q	m^3/h	流量
28	Q_m	m^3/h	调压器进口温度为 t_1 时试验测得的流量
29	Q_{max}	m^3/h	最大流量
30	$Q_{max,P1min}$	m^3/h	进口压力为 P_{1min} 时的最大流量
31	$Q_{max,P1}$	m^3/h	某一进口压力下的最大流量
32	Q_{min}	m^3/h	最小流量
33	$Q_{min,P1}$	m^3/h	某一进口压力下的最小流量

表 1（续）

序号	符号	单位	说明
34	$Q_{min,P1av}$	m^3/h	进口压力为 P_{1av} 时的最小流量
35	$Q_{min,P1min}$	m^3/h	最小进口压力下的最小流量
36	$Q_{min,P1max}$	m^3/h	最大进口压力下的最小流量
37	Q_L	m^3/h	一条特性线的最大试验流量
38	Q_R	m^3/h	试验台能提供的最大流量
39	SG	—	关闭压力等级
40	SZ	—	关闭压力区等级
41	SZ_{P2}	—	静特性线族的关闭压力区等级
42	t_1	℃	调压器前试验介质温度
43	t_{21}	℃	关闭压力试验中第一次测量测得的调压器出口温度
44	t_{22}	℃	关闭压力试验中第二次测量测得的调压器出口温度
45	Δ_+	MPa	出口压力实际值与设定值间正偏差
46	Δ_-	MPa	出口压力实际值与设定值间负偏差
47	ΔP	MPa	调压器尚能保证稳压精度等级的最小进出口压差
48	ΔP_h	MPa	压力回差
49	ΔP_{max}	MPa	膜片所承受的最大压差
50	δ_5	%	钢材的伸长率
51	δP_1	MPa	进口压力范围
52	δP_2	MPa	出口压力范围
53	Q_i	m^3/h	一个承压腔的计算泄漏量
54	ΔP	kPa	修正后的压力降
55	P_1	kPa	第一次测量时承压腔内试验介质的压力
56	P_2	kPa	第二次测量时承压腔内试验介质的压力
57	t_1	℃	第一次测量时承压腔内试验介质的温度
58	t_2	℃	第二次测量时承压腔内试验介质的温度
59	t	h	保压时间
60	P_n	Pa	基准压力
61	V	m^3	承压腔体容积

4 分类与标记

4.1 分类

调压器的分类方法和类别，见表 2。

表 2 调压器的分类方法和类别

序号	分类方法	类别
1	工作原理	直接作用式、间接作用式
2	最大进口压力/MPa	4、2.5、1.6、0.8、0.4、0.2 和 0.01

4.2 标记

4.2.1 产品型号编制

调压器的型号编制应包括下列内容：

a) 调压器的代号 RT；

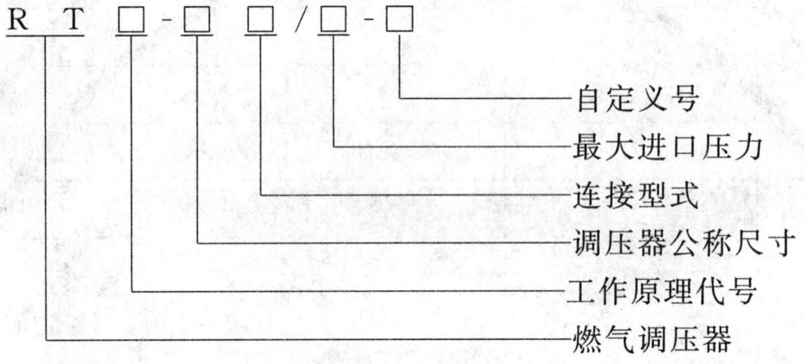

b) 调压器的工作原理代号，见表 3；

表 3 调压器的工作原理代号

直接作用式	间接作用式
Z	J

c) 调压器公称尺寸，标出进口连接的公称尺寸；

d) 最大进口压力 P_{1max}，按 0.01 MPa、0.2 MPa、0.4 MPa、0.8 MPa、1.6 MPa、2.5 MPa 和 4.0 MPa 分 7 级进行选用，标出以 MPa 为单位的压力值；

e) 连接型式，螺纹连接的代号为 L，法兰连接时省略代号；

f) 自定义号。

4.2.2 示例

RTZ-150/0.4-A

表示直接作用式、公称尺寸为 DN150、法兰连接、最大进口压力为 0.4 MPa、自定义号为 A 的调压器。

5 结构与材料

5.1 一般要求

5.1.1 设计压力

5.1.1.1 金属承压件的设计压力

金属承压件包括正常工作时承受压力的金属零部件和膜片或差压密封件失效后承受压力的金属零

部件，其设计压力应符合下列规定：

a) 当金属承压件承受进口压力 P_1 时，其设计压力不应小于最大进口压力的 1.1 倍，且不小于 0.4MPa；
b) 当金属承压件有安全保护装置保护时，若膜片或差压密封件失效后该金属承压件承受的压力（以下简称失效后压力）小于进口压力且大于或等于正常工作压力时，金属承压件的设计压力不应小于最大失效后压力的 1.1 倍，允许采用 5.1.1.1a）规定的设计压力；
c) 失效后压力小于正常工作压力的金属承压件，设计压力不应小于最大正常工作压力的 1.1 倍。允许采用 5.1.1.1a）规定的设计压力。

5.1.1.2 金属隔板的设计压力

金属隔板的设计压力不应小于高压侧最大压力与低压侧最小压力之差的 1.1 倍，但阀体内金属隔板的设计压力应符合 5.1.1.1a）的规定。

5.1.1.3 膜片的设计压力

膜片的设计压力应符合下列要求：

a) 当膜片所承受的最大压差 $\Delta P_{max}<0.015$ MPa 时，膜片设计压力不应小于 0.02 MPa；
b) 当 0.015 MPa $\leqslant \Delta P_{max} \leqslant 0.5$ MPa 时，膜片设计压力不应小于 $1.33\Delta P_{max}$；
c) 当 $\Delta P_{max}>0.5$ MPa 时，膜片设计压力不应小于 $1.1\Delta P_{max}$，且不小于 0.665 MPa。

5.1.2 工作温度范围

调压器工作温度范围有－10 ℃～60 ℃和－20 ℃～60 ℃两种，－20 ℃～60 ℃时应特别注明。

5.1.3 区域、楼栋和表前调压器的额定出口压力

5.1.3.1 区域、楼栋和表前调压器的额定出口压力宜按表 4 规定选取。

表 4 区域、楼栋和表前调压器的额定出口压力

单位为千帕

序号	工作介质	区域	楼栋	表前
1	人工煤气	1.76	1.40	1.16
2	天然气	3.00	2.40	2.16
注：管道液化石油气的区域、楼栋和表前调压器的额定出口压力分别为 3.80 kPa、3.04 kPa 和 2.96 kPa。				

5.1.3.2 用户有特殊要求时可根据用户要求采用表 4 以外的出口压力。

5.2 结构要求

5.2.1 进、出口连接型式

5.2.1.1 调压器与其上、下游管道的连接应符合下列规定：

a) 法兰：其连接尺寸及密封面型式应符合 GB/T 9112、HG/T 20592 或 HG/T 20615 的要求；
b) 管螺纹：仅可用于公称尺寸小于或等于 DN50 的调压器，并应符合 GB/T 7306.1、GB/T 7306.2 或 GB/T 12716 的规定。

5.2.1.2 法兰的公称压力不应小于调压器壳体的设计压力，并在以下系列值中选用：

(0.6)、(1.0)、1.6、2.0、2.5、4.0、5.0 MPa

不带括号的优先选用。

5.2.1.3 调压器的进、出口法兰应采用相同的公称压力。

5.2.2 其他配置

5.2.2.1 间接作用式调压器的驱动力应由调压器进口燃气提供，其取压接头宜设置在调压器上。该燃气引出管上宜设有过滤装置。

5.2.2.2 调压器调压信号的取压位置及信号管的尺寸应能提供稳定的压力信号。

5.2.2.3 呼吸管或呼吸装置应有防止异物进入的措施。

5.2.2.4 内装的安全装置与调压器的工作应相互独立。

5.2.2.5 调压器内装紧急切断阀时，紧急切断阀的解锁动力应由调压器出口燃气压力提供。紧急切断阀应手动开启，除由调压器出口压力控制自动解锁外，还宜设置手动控制的解锁装置。

5.2.3 公称尺寸和结构长度

5.2.3.1 调压器进口连接的公称尺寸宜在下列数值中选用：

15、20、25、32、40、50、65、80、100、150、200、250、300

5.2.3.2 调压器出口连接的公称尺寸宜在以下数值中选用：

15、20、25、32、40、50、65、80、100、150、200、250、300、350、400、450、500

5.2.3.3 进口、出口公称尺寸相同的法兰连接的调压器，其结构长度宜采用表5所示值，也可采用表6所示值。

表5 法兰连接的调压器结构长度

单位为毫米

公称尺寸 DN	法兰公称压力 PN/MPa 0.6/1.0/1.6/2.0	法兰公称压力 PN/MPa 2.5/4.0/5.0	结构长度公差
	结构长度		
25	184	197	±1.5
40	222	235	
50	254	267	
65	267	292	
80	298	318	
100	352	368	±2.5
150	451	473	
200	543	568	
250	674	708	
300	736	774	±3.5

表 6　法兰连接的调压器备选结构长度

单位为毫米

公称尺寸 DN	法兰公称压力 PN/MPa 0.6/1.0/1.6/2.0/2.5/4.0/5.0	结构长度公差
	结构长度	
25	160	±1.5
40	200	
50	230	
65	290	
80	310	
100	350	±2.5
150	480	
200	600	
250	730	±3.5
300	850	

5.2.3.4　内螺纹连接的调压器结构长度宜符合表 7 的规定。

表 7　内螺纹连接的调压器结构长度

单位为毫米

公称尺寸 DN	结构长度		结构长度公差
	短系列	长系列	
15	65	90	+1.0 −1.5
20	75	100	
25	90	120	
32	105	140	+1.0 −2.0
40	120	170	
50	140	200	

5.3　材料要求

5.3.1　一般要求

5.3.1.1　制造调压器零部件的材料对城镇燃气、加臭剂和燃气中允许的杂质应具有抗腐蚀的能力。

5.3.1.2　用于制造调压器零部件的材料，应附有生产单位的质量证明。调压器制造单位应按质量证明对材料进行验收，必要时应进行复验。

5.3.2　金属材料

5.3.2.1　用于制造调压器零部件的金属材料应满足下列要求：

a）所有承压件及金属隔板应根据使用条件选用表 8 所列的材料，但不包括紧固件及管接头；

表 8 承压件材料的使用条件

材料	材料性质 $\delta_{5\min}$ [1)	使用条件		
		最大设计压力 P_{max}	$(P \times DN^{2)})_{max}$	最大公称尺寸 $DN^{2)}_{max}$
	%	MPa	MPa · mm	mm
轧钢、锻钢	16	—[3)	—	—
铸钢	15	—	—	—
球墨铸铁	7	2.0	150	—
	15	2.0	500	—
可锻铸铁	6	2.0	100	100
灰铸铁	[4)	0.4	—	100
锻造铝合金	4	2.0	—	50
	7	—	—	50
铸造铝合金	1.5	1.0	25	150
	4	2.0	160	—

1) 伸长率 δ_5 应符合所选材料相关标准的规定。
2) 调压器公称尺寸，对指挥器壳体此项指其进口连接的公称尺寸。
3) 表示无此项限定条件。
4) 最小拉伸强度为 200 MPa，仅用于工作温度范围为－10 ℃～60 ℃的调压器。

b） 承压件的紧固件所用钢材的伸长率 δ_5 不应小于 9%；
c） 管接头所用钢材的伸长率 δ_5 不应小于 8%；
d） 其他非承压件的选材可不受表 8 限制。

5.3.2.2 最低工作温度低于－10 ℃但高于或等于－20 ℃，且调压器设计压力大于或等于 2.5 MPa 时，调压器阀体、阀盖、驱动器壳体和法兰盖等所用的金属材料，除符合 5.3.2.1 的要求外还应满足下列要求：

a） 碳钢、低合金钢应进行夏比 V 型缺口冲击试验，试验温度为－20 ℃，其三个试样的平均冲击功应大于或等于 27 J，允许一个试样的试验结果小于平均值，但不应小于 20 J。冲击试验方法及要求应符合 GB/T 229 的规定；
b） 奥氏体不锈钢可不作冲击试验；
c） 锻造及铸造铝合金的抗拉强度不高于 350 MPa 时，可不作冲击试验。

5.3.2.3 调压器的结构材料（锻件、铸件、型材等），其化学成分、热处理、无损检验和力学性能等均应符合相关标准的规定。

5.3.2.4 制造调压器承压件的材料为碳钢时，应选用优质碳素结构钢。

5.3.2.5 弹簧应采用碳素钢、合金钢或不锈钢的弹簧钢丝制造，成品检验应符合 GB/T 1239.2、GB/T 23934 和 JB/T 7944 的规定。精度等级不应低于Ⅱ级。

5.3.2.6 信号管（引压管）和过程管宜采用不锈钢管，设计压力小于或等于 0.4 MPa 时，可采用铜管，并应符合 GB/T 1527 的规定。调压器为内置取压时，可采用对工作介质有抗腐蚀能力的其他材料。

5.3.2.7 调压器零件材料应根据工作条件、制造工艺、质量要求和经济合理性等因素选择。在满足 5.3.1 和 5.3.2 的条件下，应选用表 9 所列材料或同等及以上的其他材料。

表 9 常用金属材料

材料	牌号	标准号
铸造铝合金	ZL104、YL102	GB/T 1173 GB/T 15115
灰铸铁	HT200、HT250	GB/T 12226
锻造铝合金	2A70	GB/T 3191
球墨铸铁	QT400-15、QT400-18、QT500-7	GB/T 12227
	QT400-18L	GB/T 1348
铸钢	WCA、WCB、WCC、LCB	GB/T 12229
锻钢和轧钢	20、25、35、40、45、30Mn25	GB/T 699
	Q345-D	GB/T 1591
可锻铸铁	KT300-06、KT330-08、KTH350-10	GB/T 9440
不锈钢	2Cr13、3Cr13、0Cr18Ni9、00Cr18Ni10	GB/T 1220

5.3.3 非金属材料

5.3.3.1 膜片及其他橡胶件，应采用对工作介质有抗腐蚀能力的橡胶材料，膜片可用合成纤维增强。

5.3.3.2 膜片、阀垫、O 形橡胶密封圈等橡胶件的材料物理机械性能及耐城镇燃气性能应符合附录 A 要求。

5.3.3.3 O 形橡胶密封圈的设计、制造和验收应符合 GB/T 3452.1 和 GB/T 3452.2 的规定。

5.3.3.4 阀垫、膜片及其他橡胶件的表面应平滑，无气泡、缺胶和脱层等缺陷。

5.3.3.5 橡胶件的使用寿命可参照附录 B 的规定。

5.3.3.6 塑料制件的材料性能应符合国家现行相关标准规定。

6 要求

6.1 外观

6.1.1 调压器表面应进行防腐处理，防腐层应均匀，色泽一致，无起皮、龟裂、气泡等缺陷。

6.1.2 调压器与附加装置及指挥器间的连接管应平滑，无压瘪、碰伤等损伤。

6.1.3 调压器阀体表面应根据介质流动方向标识永久性箭头，标牌、使用说明书和包装应分别符合 9.1.1、9.2 和 10.1 的要求。

6.2 承压件液压强度

6.2.1 承压件应按设计压力 P 的 1.5 倍且不低于 $P+0.2$ MPa 进行液压强度试验，试验结果应符合下列要求：

a) 试验期间无渗漏；

b) 卸载后，试件上任意两点间的残留变形不大于以下数值中的较大者：

——0.2%乘以该两点间距离；

——0.1 mm。

6.2.2 金属隔板应进行液压强度试验，试验压力按6.2.1的规定，应无渗漏和异常变形。

6.3 膜片成品检验

6.3.1 膜片耐压试验

试验压力为设计压力(见本标准5.1.1.3)的1.5倍，保压期间不应漏气。

6.3.2 膜片耐城镇燃气性能应符合附录A的规定。

6.3.3 膜片的成品在－20 ℃下保温1 h后，其柔性不应降低。

6.4 外密封

调压器经承压件液压强度试验合格后应进行外密封试验。

承压件和所有连接处应按各自设计压力的1.1倍且不低于0.02 MPa进行外密封试验，并应符合以下两种情况之一为合格：

a) 按本标准7.5.5方法试验时，应无可见泄漏；

b) 按本标准7.5.6方法试验时，总泄漏量不应超过表10规定的值。

表10 最大泄漏量

单位为立方米每小时

公称尺寸DN	换算为基准状态的最大泄漏量	
	外密封	内密封
15～25	4×10^{-5}	1.5×10^{-5}
40～80	6×10^{-5}	2.5×10^{-5}
100～150	1×10^{-4}	4×10^{-5}
200～250	1.5×10^{-4}	6×10^{-5}
300	2×10^{-4}	1×10^{-4}

6.5 静特性

6.5.1 静特性的型式检验应符合6.5.2～6.5.5的要求，抽样检验和出厂检验应符合6.5.2.1、6.5.4.1和6.5.5a)的要求。

6.5.2 稳压精度等级AC

6.5.2.1 稳压精度A应按式(1)计算：

$$A=\frac{\frac{|\Delta_+|_{\max}+|\Delta_-|_{\max}}{2}}{P_{2s}}\times100\% \qquad \cdots\cdots(1)$$

式中：

Δ_+ ——出口压力实际值与设定值的正偏差，单位为兆帕(MPa)；

Δ_- ——出口压力实际值与设定值的负偏差，单位为兆帕(MPa)；

P_{2s} ——设定压力，单位为兆帕(MPa)。

6.5.2.2 调压器应符合制造单位明示的稳压精度等级AC及相应的最小流量$Q_{\min}$和最大流量$Q_{\max}$，其稳压精度等级AC应符合表11的规定。

表 11 稳压精度等级

稳压精度等级	最大允许相对正、负偏差
AC1	±1%
AC2.5	±2.5%
AC5	±5%
AC10	±10%
AC15	±15%

6.5.2.3 压力回差 ΔP_h 应包含在稳压精度范围内，并应按式(2)计算：

$$\Delta P_h \leqslant \frac{AC}{100} \times P_{2s} \quad \cdots\cdots(2)$$

式中：

ΔP_h——压力回差，单位为兆帕(MPa)；

AC ——稳压精度等级；

P_{2s} ——设定压力，单位为兆帕(MPa)。

6.5.3 静态

调压器的静态是反映在进口压力 P_1 和流量 Q 均处于稳定不变时调压器的工作状态。此时，在调压器稳压精度等级 AC 满足 6.5.2 的前提下，出口压力因调节元件的微颤引起的振荡幅值应小于或等于下列两值中的较大值：

a) $\frac{20\% \times AC \times P_{2s}}{100}$；

b) 0.1 kPa 。

6.5.4 关闭性能

6.5.4.1 调压器关闭压力等级 SG 应符合表 12 的规定。

表 12 关闭压力等级

关闭压力等级	最大允许相对增量
SG2.5	2.5%
SG5	5%
SG10	10%
SG15	15%
SG20	20%
SG25	25%

6.5.4.2 调压器关闭压力区等级 SZ 应符合表 13 的规定。

表 13　关闭压力区等级

关闭压力区等级	$Q_{min,P1}/Q_{max,P1}$ 极限值
SZ2.5	2.5%
SZ5	5%
SZ10	10%
SZ20	20%

6.5.4.3　调压器静特性线族关闭压力区等级 SZ_{P_2} 应符合表 14 的规定。

表 14　静特性线族关闭压力区等级

关闭压力区等级	$Q_{min,P1max}/Q_{max,P1min}$ 极限值
SZ_{P_2} 2.5	2.5%
SZ_{P_2} 5	5%
SZ_{P_2} 10	10%
SZ_{P_2} 20	20%

6.5.5　内密封

6.5.5.1　型式检验

在最大进口压力下作静特性试验时，在调压器关闭 5 min 后测量两次出口压力，两次测量间隔应保证当泄漏量为表 10 所示值时测压仪表能判读压力变化，根据两次测得的出口压力计算泄漏量不应大于表 10 的所列值（考虑到测量精度及温度修正）。

6.5.5.2　出厂检验和抽样检验

在最大进口压力下作静特性试验时，在调压器关闭 2 min 后测量两次出口压力，两次测量间隔应保证当泄漏量为表 10 所示值时测压仪表能判读压力变化，根据两次测得的出口压力计算泄漏量不应大于表 10 的所列值（考虑到测量精度及温度修正）。

6.6　流量系数 C_g

6.6.1　调压器的流量系数 C_g 不应低于制造单位标称值的 90%。

6.6.2　使用流量系数 C_g 的流量计算公式参见附录 C。

6.6.3　本条款不适用于两级调压器。

6.7　极限温度下的适应性

6.7.1　外密封

极限温度下调压器的外密封应符合 6.4 的要求。

6.7.2　关闭压力 P_b

调压器在极限温度下，进口压力分别在最大和最小值而设定压力 P_{2s} 在最小值时，关闭压力应符合下列要求：

a) 工作温度范围为−10 ℃～60 ℃时，−10 ℃和 60 ℃下关闭压力应符合式(3)：

$$P_b \leqslant P_{2s}\left(1+\frac{SG}{100}\right) \quad \cdots\cdots(3)$$

b) 工作温度范围为−20 ℃～60 ℃时，−10 ℃和 60 ℃下关闭压力应满足 6.7.2a)的要求；−20 ℃ 下关闭压力应符合式(4)：

$$P_b \leqslant P_{2s}\left(1+\frac{2SG}{100}\right) \quad \cdots\cdots(4)$$

式中：

P_b ——关闭压力，单位为兆帕(MPa)；

P_{2s} ——设定压力，单位为兆帕(MPa)；

SG——关闭压力等级；

P_{2s}和 SG 为室温下试验所得值。

6.7.3 启闭灵活性

极限温度下调压器在全行程范围内应能灵活启闭。

6.8 耐久性

调压器在室温条件下经过 30 000 次行程大于 50%全行程(不包括关闭和全开位置)的启闭动作后，调压器的外密封应符合 6.4 的要求；稳压精度应符合 6.5.2 的要求；关闭性能应符合 6.5.4 的要求。

7 试验方法

7.1 一般规定

7.1.1 实验室温度

实验室的温度应为 5 ℃～35 ℃，试验过程中室温波动应小于±5 ℃；

7.1.2 试验介质

7.1.2.1 承压件液压强度的试验用介质：温度高于 5 ℃的洁净水(可加入防锈剂)。

7.1.2.2 其他试验用介质：洁净的、露点低于−20 ℃的空气。调压器进口介质温度不应高于 35 ℃，其出口不应低于 5 ℃(极限温度下的适应性试验除外)。

7.1.3 试验设备

7.1.3.1 静特性的型式试验和流量系数试验用的试验系统原理应符合图 4a)～d)所示之任一系统原理图。调压器前管道的公称尺寸不应小于调压器的公称尺寸；调压器后管道的公称尺寸不应小于调压器出口的公称尺寸。当管道内压力大于或等于 0.05 MPa 时，介质流速不应大于 50 m/s；当管道内压力小于 0.05 MPa 时，介质流速不应大于 25 m/s。关闭压力试验时，调压器下游管道长度按图 4 规定的最小值选取。下游应无附加的容积。

7.1.3.2 静特性的抽样检验和出厂检验用的试验台系统原理可参考图 4a)～d)所示之任一系统原理图。调压器下游管道长度不应大于图 4 规定的最小值，下游应无附加的容积。

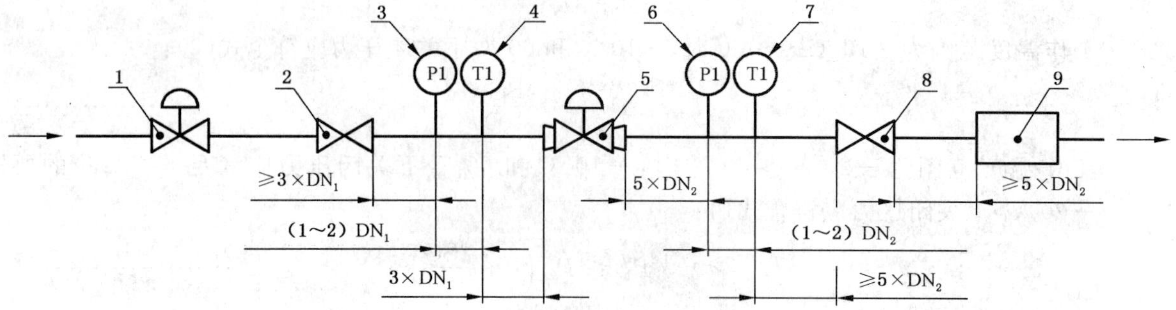

a） 试验系统示意图 a

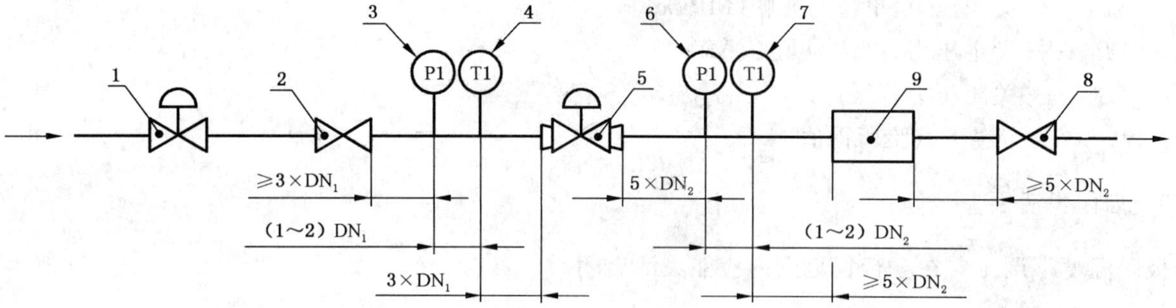

b） 试验系统示意图 b

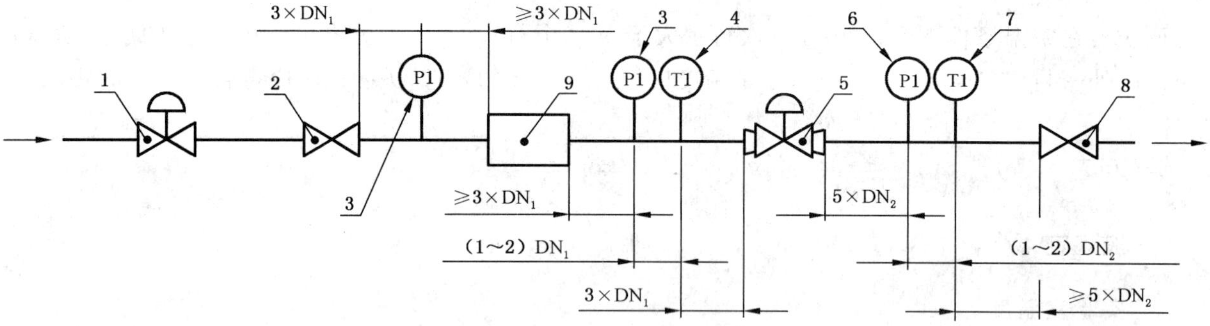

c） 试验系统示意图 c

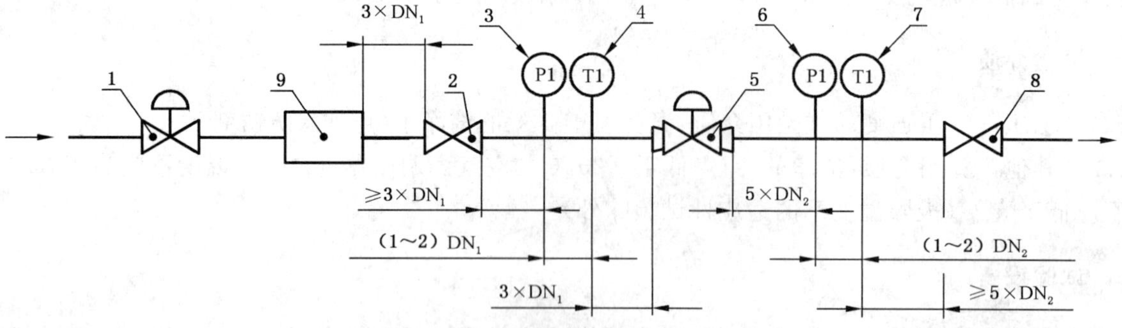

d） 试验系统示意图 d

说明：

1——调压器；
2——进口截断阀；
3——进口压力表；
4——进口温度计；
5——被试调压器；
6——出口压力表；
7——出口温度计；
8——流量调节阀；
9——流量计。

注：DN_1＝与所试调压器相接的上游管道的公称尺寸；DN_2＝与所试调压器相接的下游管道的公称尺寸。

图 4 试验系统示意图

7.1.4 测量精度

7.1.4.1 外密封试验用压力表的选用要求：

a) 压力表的量程不应低于 1.5 倍且不应高于 3 倍的试验压力；

b) 压力表的精度不应低于 0.4 级，应检定合格并在有效期内。

7.1.4.2 承压件液压强度和膜片耐压试验用压力表的选用应符合下列要求：

a) 压力表的量程不应低于 1.5 倍且不应高于 3 倍的试验压力；

b) 压力表的精度不应低于 1.6 级，应检定合格并在有效期内。

7.1.4.3 静特性和流量系数试验用仪器、仪表应符合表 15 的规定。

表 15 静特性和流量系数试验用仪器、仪表

检测项目	仪表名称	规格	精度要求
进、出口压力	压力表	根据试验压力范围确定	0.4 级
	压力传感器		0.1 级
	水柱压力计		10 Pa
大气压力	大气压力计	81 kPa～107 kPa	10 Pa
流量	流量计(带修正仪)	根据试验流量范围确定	1.5%
介质温度	温度计、温度传感器	0 ℃～50 ℃	0.5 ℃

7.2 外观

用目测法检查，应符合 6.1 的要求。

7.3 承压件液压强度

7.3.1 试验时应向承压件腔室缓慢增压至所规定的各腔室的试验压力。

7.3.2 试验过程中试验件应能向各方向变形，不应受到可能影响试验结果的外力。

7.3.3 紧固件施加的力应和正常使用状态下所受的力一致。

7.3.4 由膜片隔开的腔应在膜片两侧同时施加相同的压力。

7.3.5 进行金属隔板试验时，在隔板的高压侧施加试验压力，低压侧压力为零。

7.3.6 出厂试验不作残留变形评定。

7.3.7 保压时间不应小于 3 min，试验结果应符合 6.2 的要求。

7.4 膜片成品检测

7.4.1 膜片耐压试验

膜片应和膜盘(或相应的工装)组合在一起在试验工装内进行试验，试验工装应使膜片处于最大有效面积的位置，且膜片露出膜盘(或相应的工装)和工装部分的运动不应受试验工装限制。试验时应向膜片的高压侧缓慢增压至所规定的试验压力，保压时间不应小于 10 min，试验结果应符合 6.3.1 的要求。

7.4.2 膜片耐城镇燃气性能试验

膜片应按 GB/T 1690 规定的方法进行耐燃气性能试验，试验结果应符合 6.3.2 的要求。

7.4.3 膜片耐低温试验

将膜片放入－20 ℃的低温箱中保温 1 h 后，膜片应符合 6.3.3 的要求。

7.5 外密封

调压器经承压件液压强度试验合格后进行外密封试验。外密封试验时，调压器及其附加装置应组装为一体进行。

7.5.1 试验时应向承压件承压腔室缓慢增压至所规定的各腔室的试验压力（对膜片应采取保护措施）。

7.5.2 对于试验时处于关闭状态的调压器应同时向壳体进、出口充气增压。

7.5.3 试验过程中试验件应能向各方向变形，不应受可能影响试验结果的外力。

7.5.4 紧固件施加的力应和正常使用状态下所受的力一致。

7.5.5 用检漏液或浸入水中检查时，将试验件缓慢增压至所规定的试验压力进行保压，试验压力在试验持续时间内应保持不变，型式检验中保压时间不小于 15 min，出厂检验中保压时间不小于 1 min，试验结果应符合 6.4a)的要求。

7.5.6 用压降法时，将试验件缓慢增压至所规定的试验压力进行保压，保压期间进行两次测量，两次测量间隔应保证当总泄漏量为表 10 所示值时测压仪表能判读压降，按式(5)和式(6)计算各承压腔的泄漏量，总泄漏量应符合 6.4b)的要求。

$$Q_i = \frac{(273+15)}{(273+t_1)} \times \frac{\Delta PV}{(P_a+P_n)t} \quad \cdots\cdots(5)$$

$$\Delta P = (P_1+P_a) - (P_2+P'_a) \times \frac{273+t_1}{273+t_2} \quad \cdots\cdots(6)$$

式中：

Q_i ——一个承压腔的计算泄漏量，单位为立方米每小时（m^3/h）；

t ——两次测量的间隔时间，单位为小时（h）；

P_n ——基准压力，单位为帕（Pa）；

V ——承压腔体容积，单位为立方米（m^3）；

ΔP ——修正后的压力降，单位为帕（Pa）；

P_1、P_2——第一次、第二次测量时承压腔内试验介质的压力，单位为帕（Pa）；

P_a、P'_a——第一次、第二次测量时大气的压力，单位为帕（Pa）；

t_1、t_2 ——第一次、第二次测量时承压腔内试验介质的温度，单位为摄氏度（℃）。

7.6 静特性

带有内装安全装置的调压器，应与安全装置一起进行试验；调压器在制造单位规定的所有安装状态下的性能应符合本标准规定。静特性的型式检验按 7.6.1 进行，抽样检验按 7.6.2 进行，出厂检验按 7.6.3 进行。

7.6.1 静特性的型式检测

7.6.1.1 静特性的型式检验所需试验参数如下：

a) 由制造单位明示进口压力范围 δP_1 和出口压力范围 δP_2 内的性能指标：AC、SG，每一出口压力下的 SZ_{P_2}，每一进口压力和出口压力下的 SZ 和 Q_{min}、Q_{max}，应满足 $Q_{min}/Q_{max} \leqslant SZ/100$ 和 Q_{min}，P_{1max}/Q_{max}，$P_{1min} \leqslant SZ_{P_2}/100$。AC、SG 和 SZ（$SZ_{P_2}$）应分别符合表 11、表 12 和表 13 的要求。

b) 在调压器进口压力范围 δP_1 内取三点，在出口压力范围 δP_2 内取三点进行静特性测定。每一出口压力在三个进口压力下作测定，即作出一族三条静特性线。初设出口压力 P_{2c} 和进口压力 P_1 的取值应符合下列要求：

1) 初设出口压力 P_{2c} 分别为：P_{2min}、P_{2max} 和 $P_{2int}=P_{2min}+\dfrac{P_{2max}-P_{2min}}{3}$。

2) 进口压力 P_1 的取值分别为：P_{1min}、P_{1max} 和 $P_{1av}=P_{1min}+\dfrac{P_{1max}-P_{1min}}{2}$。

3) 当按上述规定确定的进口压力 P_{1min} 小于该族的 $P_{2c}+\Delta P$ 时应选：$P_{1min}=P_{2c}+\Delta P$。

ΔP——调压器尚能保证稳压精度等级的最小进出口压差，由制造单位明示。

7.6.1.2 静特性型式检验试验步骤如下：

a) 首先在进口压力等于 P_{1av}、流量为(1.15～1.2)Q_{min}，P_{1av} 的工况下，将调压器出口压力调整至初设出口压力 P_{2int}(图 5 所示初始点)；或采用制造单位明示的初始状态设定方法；

b) 完成初设后进行如下操作，测定一条静特性线：

1) 利用流量调节阀改变流量，先逐步增加至最大试验流量 Q_L，然后逐步降低至零，最后再增加至初始点。按下述方法确定 Q_L：

Q_L ——一条特性线的最大试验流量；

Q_R ——试验台能提供的最大流量；

试验台应满足：

$Q_R>Q_{max,P1min}$，

若对某条特性线，$Q_{max,P1}\geqslant Q_R$，则应试验至 $Q_L=Q_R$；

若对某条特性线，$Q_{max,P1}<Q_R$，则应试验至 $Q_R\geqslant Q_L\geqslant Q_{max,P1}$。

2) 在 $Q=0$ 至 Q_L 间至少分布 11 个测量点，分别为：

初始点、5 个流量增加点、4 个流量降低点、1 个零流量点，如图 5 所示。4 个流量降低点中流量最小的一点应小于制造单位明示的相应的 $Q_{min,P1}$；

3) 流量调节阀的操作应缓慢；

4) $Q=0$ 时的调压器出口压力应在调压器关闭后 5 min 和 30 min 时分别测量两次；

5) 试验过程中应注意发现不稳定区(若存在)；

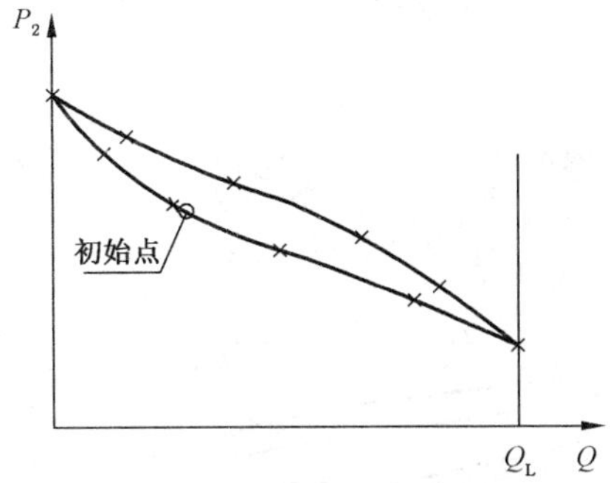

图 5 测点分布示意图

c) 将进口压力分别调整至 P_{1min} 及 P_{1max}，重复 b)的操作。如此可得 P_{2int} 下的一族静特性线；

d) 在进口压力为 P_{1max} 时，当流量回至初始点后，利用流量调节阀再次将流量缓慢地降低至零，并在调压器关闭 5 min 后测量两次出口压力，两次测量间隔时间应保证当泄漏量为表 10 所示值时测压仪表能判读压力变化；

e) 再在各自的 P_{1av} 及流量为(1.15～1.2)$Q_{min,P1av}$ 的工况下，将调压器出口压力调整至初设出口压

力 P_{2max} 及 P_{2min}；或按制造单位声明的初始状态设定方法操作。重复 b)、c)和 d)的操作；如此重复操作可得上述初设出口压力 P_{2c} 和进口压力 P_1 下的三族静特性线；

f) 在各族静特性线的测试过程中不应变更调压器的调整状态；

g) 实际试验所测得的流量 Q_m 应按式(7)换算至调压器在进口温度为 15 ℃的情况下试验得到的流量 Q；

$$Q = Q_m \sqrt{\frac{d \times (273 + t_1)}{273 + 15}} \qquad \cdots\cdots (7)$$

式中：

Q ——流量，单位为立方米每小时(m^3/h)；

Q_m——调压器进口温度为 t_1 时试验测得的流量，单位为立方米每小时(m^3/h)；

d ——试验介质的相对密度，对于空气，$d=1$；

t_1 ——调压器前试验介质温度，单位为摄氏度(℃)。

h) 第二次测得的关闭压力 P_{b2}' 应作温度修正，按式(8)计算可得到修正后的关闭压力 P_{b2}，与第一次测得的关闭压力 P_{b1} 作比较。

$$P_{b2} = \frac{t_{21} + 273}{t_{22} + 273}(P_{b2}' + P_a) - P_a \qquad \cdots\cdots (8)$$

式中：

P_{b2} ——第二次测量测得的关闭压力经温度修正后的压力，单位为兆帕(MPa)；

P_{b2}'——第二次测量测得的关闭压力，单位为兆帕(MPa)；

t_{21} ——第一次测量测得的调压器出口温度，单位为摄氏度(℃)；

t_{22} ——第二次测量测得的调压器出口温度，单位为摄氏度(℃)；

P_a ——大气压力，单位为兆帕(MPa)。

关闭压力 P_b 取 P_{b1} 和 P_{b2} 中的最大值。

7.6.1.3 结果判定

对每个 P_{2c} 分别将其静特性线族画在 $Q-P_2$ 坐标图上(如图 6 所示)，并按如下方法对每族静特性线进行判定：

a) 在各图上以各静特性线的 Q_{max}(或 Q_L)和 Q_{min} 作垂直线分别与相应的静特性线相交得交点，以交点间静特性线上的最高点和最低点分别作虚线 1 和虚线 2，并以虚线 1 和虚线 2 纵坐标的中间值作虚线 3；

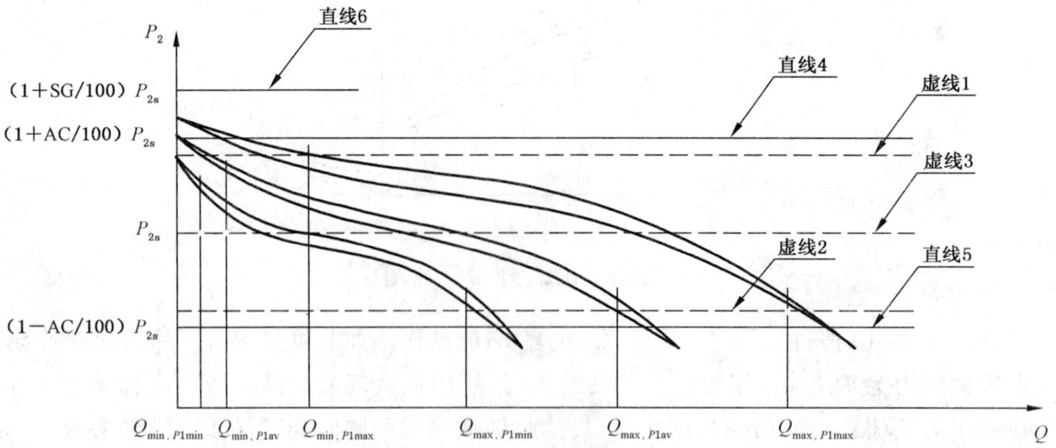

图 6 静特性参数判定示意图

b) 以虚线 3 的纵坐标为 P_{2s}，再作三条平行线：直线 4、直线 5 和直线 6，其纵坐标分别为：$\left(1+\frac{AC}{100}\right)\times P_{2s}$、$\left(1-\frac{AC}{100}\right)\times P_{2s}$ 和 $\left(1+\frac{SG}{100}\right)\times P_{2s}$；

c) 各 Q_{max}（或 Q_L）和 Q_{min} 间的静特性线段均应在直线 4 和直线 5 包含的范围内；

d) 各关闭压力 P_b 均不应大于 $\left(1+\frac{SG}{100}\right)\times P_{2s}$；

e) Q_{max}（或 Q_L）和 Q_{min} 之间压力回差 ΔP_h 的最大值应符合 6.5.2.2 的要求；

f) 在各 Q_{max}（或 Q_L）和 Q_{min} 内的静特性线段上，调压器应处于静态工作状态，并应符合 6.5.3 的要求；

g) 静特性线族关闭压力区等级 SZ_{P2} 应符合 6.5.4.3 的要求；

h) 用 7.6.1.2d）中两次测得的出口压力计算泄漏量，应符合 6.5.5a）的要求。

7.6.1.4 当试验台能提供的最大流量不能满足调压器系列中所有公称尺寸的调压器的试验要求时，在符合下列规定条件下，可按制造单位提供的替代方法进行试验：

a) 调压器系列中试验台位能满足试验要求的部分调压器不应按替代方法进行试验；

b) 对特定公称尺寸调压器，将替代方法的结果与在 7.1 规定的试验台上作的全部工况下的试验结果作对比，证实所用替代方法是可靠的；

c) 替代方法仅限用于同一调压器系列中的较大公称尺寸的调压器上。

7.6.2 静特性的抽样检验

7.6.2.1 应在进口压力范围 δP_1 的两个极限值下对出口压力范围 δP_2 的两个极限值作此项试验，当 $P_{1min}<P_{2max}+\Delta P$ 时，应选 $P_{1min}=P_{2max}+\Delta P$。

7.6.2.2 试验步骤如下（见图 7，图 7 中仅画出了 a）～f）的步骤）：

a) 在 $Q=0$ 的情况下，使 $P_1=P_{1min}$，然后增加流量至 $Q>Q_{min,P1min}$，将调压器出口压力调至 P_{2max}；

b) 降低流量至调压器关闭，降低的时间不应小于调压器的响应时间，在关闭后两次记录关闭压力 $P_{b(P1min,P2max)}$，两次记录的时间间隔不应小于 30 s（第一次记录时间为调压器关闭 5 s 后）；

c) 增加流量至 $Q>Q_{min,P1min}$，记录此时的 P_2；

d) 调整进口压力至 P_{1max}，增加流量至 $Q>Q_{min,P1max}$，记录此时的 P_2；

e) 降低流量至调压器关闭，降低的时间不应小于调压器的响应时间，在关闭后两次记录关闭压力 $P_{b(P1max,P2max)}$，两次记录的时间同 b）；

f) 增加流量至 $Q>Q_{min,P1max}$，记录此时的 P_2；

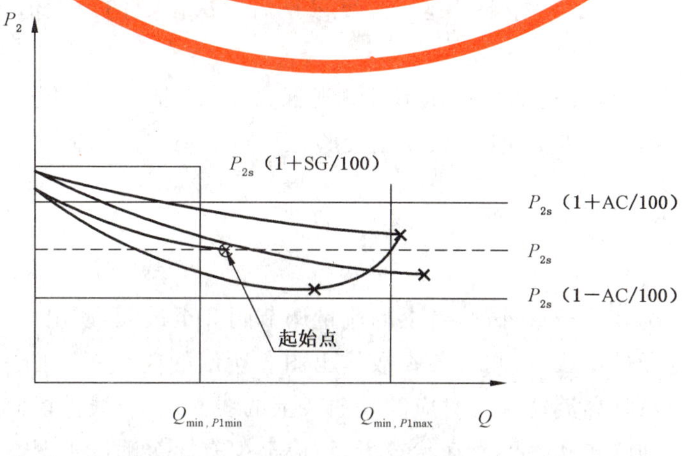

图 7 静特性抽样检验示意图

g) 降低流量至调压器关闭，降低的时间不应小于调压器的响应时间，在关闭 2 min 后测量两次出口压力，两次测量间隔时间应保证当泄漏量为表 10 所示值时测压仪表能判读压力变化；

h) 使 $P_1=P_{1\min}$，在 $Q>Q_{\min,P1\min}$ 情况下，将调压器调至 $P_{2\min}$；

i) 缓慢降低流量至调压器关闭，降低的时间不应小于调压器的响应时间，在关闭后两次记录关闭压力 $P_b(P_{1\min},P_{2\min})$，两次记录的时间同 b)；

j) 增加流量至 $Q>Q_{\min,P1\min}$，记录此时的 P_2；

k) 调整进口压力至 $P_{1\max}$，增加流量至 $Q>Q_{\min,P1\max}$，记录此时的 P_2；

l) 降低流量至调压器关闭，降低的时间不应小于调压器的响应时间，在关闭后两次记录关闭压力 $P_b(P_{1\max},P_{2\min})$，两次记录的时间同 b)；

m) 增加流量至 $Q>Q_{\min,P1\max}$，记录此时的 P_2；

n) 降低流量至调压器关闭，降低的时间不应小于调压器的响应时间，在关闭 2 min 后测量两次出口压力，两次测量间隔时间应保证当泄漏量为表 10 所示值时测压仪表能判读压力变化。

7.6.2.3 关闭压力[见 7.6.2.2b)、e)、i)、l)]等于上述经温度修正后两次读数的最大值，由此算得的 SG 应符合 6.5.4.1 的要求。而由 $P_{2\max}$[见 7.6.2.2a)]及其后的两次流量增加所得的出口压力值[见 7.6.2.2c)、f)]以及 $P_{2\min}$[见 7.6.2.2h)]及其后的两次流量增加所得的出口压力值[见 7.6.2.2 j)、m)]得出的稳压精度等级 AC 应符合 6.5.2.1 的要求。

7.6.2.4 用 7.6.2.2g)和 n)中两次测得的出口压力分别计算泄漏量，应符合 6.5.5b)的要求。

7.6.2.5 当试验台不能提供所需流量时，可使用经验证可靠的替代试验方法。

7.6.3 静特性的出厂检测

7.6.3.1 应在进口压力范围 δP_1 的两个极限值下对出口压力范围 δP_2 的两个极限值(当 $P_{2\min}>0.6\times P_{2\max}$ 时，可仅按 P_{2s} 进行试验)作此项试验。当 $P_{1\min}<P_{2\max}+\Delta P$ 时，应选 $P_{1\min}=P_{2\max}+\Delta P$。

7.6.3.2 试验步骤如下(仅描述一个出口压力下的试验步骤)：

a) 在 $Q=0$ 的情况下，使 $P_1=P_{1\min}$，然后增加流量至 $Q>Q_{\min,P1\min}$，将调压器调至所需出口压力(或按厂家的其他设定方法)；

b) 调整进口压力至 $P_{1\max}$，增加流量至 $Q>Q_{\min,P1\max}$，记录此时的 P_2，应在稳压精度范围内；

c) 降低流量至调压器关闭，降低的时间不应小于调压器的响应时间，在关闭 2 min 后测量两次出口压力，两次测量间隔时间应保证当泄漏量为表 10 所示值时测压仪表能判读压力变化。

7.6.3.3 关闭压力[见 7.6.3.2c)]等于上述经温度修正后两次读数的最大值，由此算得的 SG 应符合 6.5.4.1 的要求。

7.6.3.4 用 7.6.3.2c)中两次测得的出口压力计算泄漏量，应符合 6.5.5b)的要求。

7.6.3.5 当试验台不能提供所需流量时，可使用经验证可靠的替代试验方法。

7.7 流量系数 C_g

7.7.1 试验步骤

7.7.1.1 将调压器处于全开状态，把试验台上的流量调节阀开至最大，使出口压力尽量低。

7.7.1.2 逐渐增加调压器进口压力，测量各参数作出图 8 所示的曲线图。图中，亚临界流动状态对应的是曲线图上的非线性段；临界流动状态对应的是曲线上的线性段，非线性段和线性段的交界点即为临界点。试验时，亚临界流动状态和临界流动状态下，均应至少有 3 个测试工况。

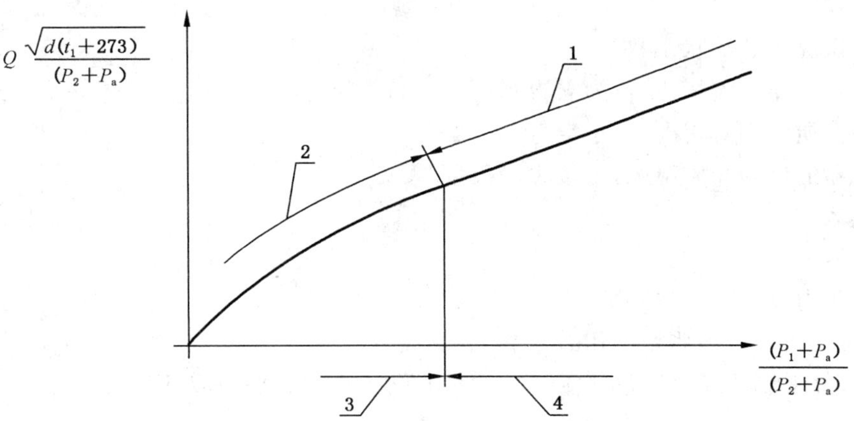

说明：

1——线性段；

2——非线性段；

3——亚临界流动状态；

4——临界流动状态。

图 8 调节元件位置固定时调压器的流动状态

7.7.1.3 根据临界流动状态下的试验数据确定流量系数。

各测试工况下的流量系数 C_{gi} 按式(9)计算得到：

$$C_{gi}=\frac{Q\sqrt{d\times(t_1+273)}}{69.7(P_1+P_a)}=\frac{Q\dfrac{\sqrt{d\times(t_1+273)}}{(P_2+P_a)}}{69.7\dfrac{(P_1+P_a)}{(P_2+P_a)}} \quad\cdots\cdots(9)$$

式中：

C_{gi}——测试工况下的流量系数；

Q——通过调压器的流量，单位为立方米每小时(m^3/h)；

d——试验介质的相对密度，对于空气，$d=1$；

t_1——调压器前试验介质温度，单位为摄氏度(℃)；

P_1——进口压力，单位为兆帕(MPa)；

P_2——出口压力，单位为兆帕(MPa)；

P_a——大气压力，单位为兆帕(MPa)。

流量系数等于临界流动状态时各测试工况下流量系数的平均值，即式(10)。

$$C_g=\sum_{i=1}^{n}\frac{C_{gi}}{n} \quad\cdots\cdots(10)$$

式中：

C_g——流量系数；

C_{gi}——测试工况下的流量系数；

n——临界流动状态下的测试工况数。

7.7.1.4 根据亚临界流动状态下的试验数据确定形状系数。

各测试工况下的形状系数按式(11)计算得到：

$$K_{1j}=\frac{\left\{\arcsin\left[\dfrac{Q\sqrt{d\times(t_1+273)}}{69.7C_g(P_1+P_a)}\right]\right\}_{deg}}{\sqrt{\dfrac{P_1-P_2}{P_1+P_a}}} \quad\cdots\cdots(11)$$

式中：

K_{1j}——测试工况下的形状系数；

Q ——通过调压器的流量，单位为立方米每小时(m^3/h)；

d ——试验介质的相对密度，对于空气，$d=1$；

t_1 ——调压器前试验介质温度，单位为摄氏度(℃)；

C_g ——流量系数；

P_1 ——进口压力，单位为兆帕(MPa)；

P_2 ——出口压力，单位为兆帕(MPa)；

P_a ——大气压力，单位为兆帕(MPa)。

形状系数 K_1 为亚临界流动状态时各测试工况下形状系数的平均值，即式(12)。

$$K_1=\sum_{j=1}^{m}\frac{K_{1j}}{m} \qquad \cdots\cdots(12)$$

式中：

K_1——形状系数；

K_{1j}——测试工况下的形状系数；

m ——亚临界流动状态下的测试工况数。

7.7.2 试验结果评定

所得流量系数应符合6.6的要求。

7.7.3 当试验台能提供的最大流量不能满足试验要求时，可用附录C的试验方法或其他经验证可靠的替代方法。

7.7.4 按附录D计算在不同调压器开度和进、出口压力下的流量。

7.8 极限温度下的适应性

7.8.1 在极限温度下，按7.5所示方法进行外密封试验，应符合6.7.1的要求。

7.8.2 将调压器安装在恒温室内，根据7.6.3的试验方法检查调压器在极限温度(检查前试验介质应具有相应的温度)、进口压力分别在最大及最小值、出口压力在最小值时的关闭压力等级，应符合6.7.2的要求。

7.8.3 零流量下使调压器运动件运动检查全行程范围内的运动灵活性，应符合6.7.3的要求。

7.9 耐久性

调压器在室温条件下，进行30 000次的行程大于50%全行程(不包括关闭和全开位置)和频率大于5次/min的启闭动作后，依次进行如下试验，并应符合6.8的要求。

a) 按7.5所示方法进行外密封检查；

b) 分别在调压器进口压力范围 δP_1 内取2点和出口压力范围 δP_2 内取2点按7.6.1所示方法进行静特性试验。初设出口压力 P_{2c} 和进口压力 P_1 的取值应符合下列要求：

——初设出口压力 P_{2c} 分别为：P_{2min} 和 P_{2max}。

——进口压力 P_1 的取值分别为：P_{1min} 和 P_{1max}。

——当按上述规定确定的进口压力 P_{1min} 小于该族的 $P_{2c}+\Delta P$ 时，P_{1min} 应按 $P_{2c}+\Delta P$ 选用。ΔP 为调压器尚能保证稳压精度等级的最小进出口压差，由制造单位明示。

8 检验规则

调压器检验分型式检验、抽样检验及出厂检验。

8.1 检验项目

检验项目见表 16。

表 16 检验项目

序号	项目名称		要求	试验方法	型式检验	抽样检验	出厂检验	不合格分类
1	外观		6.1	7.2	△[1]	△	△	B
2	承压件液压强度[2]		6.2	7.3	△	△	△	A
3	膜片成品检验	膜片耐压试验	6.3.1	7.4.1	△			A
4		膜片耐城镇燃气性能试验	6.3.2	7.4.2	△			B
5		膜片耐低温试验	6.3.3	7.4.3	△			B
6	外密封		6.4	7.5	△	△	△	A
7	静特性	稳压精度等级 AC	6.5.2.1		△	△	△	B
8		压力回差	6.5.2.2		△			B
9		静态	6.5.3		△			B
10		关闭压力等级 SG	6.5.4.1	7.6.1 7.6.2 7.6.3	△	△	△	A
11		关闭压力区等级 SZ	6.5.4.2		△			B
12		静特性线族关闭压力区等级 SZ_{P_2}	6.5.4.3		△			B
13		内密封	6.5.5		△	△	△	A
14	流量系数 C_g		6.6	7.7	△			B
15	极限温度下的适应性		6.7	7.8	△			B
16	耐久性		6.8	7.9	△			B

1) 带"△"为需要作检验的项目。

2) 承压件液压强度允许在零部件检验中进行。

8.1.1 型式检验

8.1.1.1 有下列情况之一时，应进行型式检验：

a) 新产品试制定型鉴定；

b) 转厂生产的试制定型鉴定；

c) 正式生产后，如结构、材料、工艺有较大改变可能影响产品性能时；

d) 产品停产两年后恢复生产时；

e) 出厂检验或抽样检验结果与上次型式检验有较大差异时；

f) 国家质量监督机构提出进行型式检验要求时。

8.1.1.2 型式检验项目按表 16 的规定执行。

8.1.2 抽样检验

8.1.2.1 按如下规则进行抽样：

a) 对于公称尺寸小于或等于 DN40 且最大进口压力小于或等于 0.4 MPa 的调压器，每生产

100 台抽样检验 1 台；

b） 对于公称尺寸大于或等于 DN150 的调压器，每生产 10 台抽样检验 1 台；

c） 其余规格的调压器，每生产 30 台抽样检验 1 台。

8.1.2.2 抽样检验项目按表 16 的规定执行。

8.1.3 出厂检验

每台产品在出厂之前均应进行出厂检验。出厂检验项目按表 16 的规定执行。

8.2 判定规则

8.2.1 型式检验

型式检验中各项指标均符合要求时，则判该次型式检验合格。

8.2.2 抽样检验

抽样检验中如发现有任何一项不符合要求，则判该次抽样检验为不合格。此时，应以抽样检验代替出厂检验，直至制造单位质检部门同意恢复出厂检验规则为止。

8.2.3 出厂检验

出厂检验中如发现有任何一项不符合要求，则该台调压器为不合格。

9 标志、标签、使用说明书

9.1 标志、标签

9.1.1 调压器

调压器上应在明显部位设置标牌。标牌应符合 GB/T 13306 的规定，其内容至少应包括：

a） 产品型号和名称；

b） 许可证编号；

c） 公称尺寸；

d） 进口连接法兰公称压力；

e） 工作介质；

f） 流量系数；

g） 进口压力范围；

h） 设定压力；

i） 制造厂名称和商标；

j） 生产日期；

k） 产品编号。

燃气流动方向应在阀体上用箭头永久性标注。

9.1.2 包装箱

包装箱上应有包装储运图示标志和运输包装收发货标志，应按 GB/T 191 和 GB/T 6388 的规定编制。

9.2 使用说明书

使用说明书的编写应符合 GB/T 9969 的规定，并应具备下列项目：

a） 调压器的工作原理；

b） 技术参数，除铭牌标注的参数外，至少还应包括：

  1） 出口压力范围；

  2） 工作温度范围；

  3） 稳压精度等级 AC；

  4） 关闭压力等级 SG；

  5） 各承压件的设计压力；

  6） 各进、出口压力下对应的关闭压力区等级 SZ、与其对应的最大流量 Q_{max} 及 Q_{min}；

  7） 各出口压力下对应的静特性线族的关闭压力区等级 SZ_{P_2}；

c） 使用与安装说明；

d） 常见故障及排除方法。

10 包装、运输、储存

10.1 包装

调压器的包装应符合 GB/T 13384 的规定，包装箱内应随机附有下列文件：

a） 调压器的使用说明书；

b） 产品质量合格证明书；

c） 装箱清单。

10.2 运输

调压器整体包装后，应适合陆路、水路及空中运输与装卸要求。运输过程中，应防止剧烈振动、雨淋及化学物品的侵蚀，严禁抛掷碰撞等。

10.3 储存

调压器应包装后储存。

调压器及其部件应储存在通风、干燥、防雨、无腐蚀介质的库房内，并应离地、离墙 15 cm 以上。

附 录 A
(规范性附录)
橡胶材料物理机械性能

A.1 橡胶材料物理机械性能,见表 A.1。

表 A.1 橡胶材料物理机械性能

项 目		单位	指标
拉伸强度(最小)		MPa	7.0
扯断伸长度(最小)		%	300
压缩永久变形(常温)		%	20
国际硬度或邵尔 A		IRHD 或度	由制造单位确定
回弹性(最小)		%	30
屈挠龟裂(最小)		万次	2
热空气老化 70 ℃×72 h 强度变化(最大)		%	−15
脆性温度(最大)		℃	−30
标准室温下液体[a] 浸泡 72 h,取出后 5 min 内	体积变化(最大)	%	±15
	重量变化(最大)	%	±15
在干燥空气中放置 24 h	体积变化(最大)	%	±10
	重量变化(最大)	%	±10

[a] 对工作介质为人工煤气的调压器,用液体 B 浸泡,液体 B 为 70%(体积比)三甲基戊烷(异辛烷)与 30%(体积比)甲苯混合液;对工作介质为天然气、管道液化石油气和液化石油气混空气的调压器,用正戊烷浸泡。

附　录　B
（资料性附录）
调压器橡胶件的使用寿命

B.1　橡胶件保质期从其生产日期开始计算。

B.2　库房保质期

B.2.1　橡胶件库存条件

B.2.1.1　橡胶件应存放于密闭的、不透明的、充满氮气的容器内保管；

B.2.1.2　库房内应避免太阳光直照，温度不应高于 30 ℃，湿度不应大于 70%。

B.2.2　库存期不宜大于 12 个月。

B.3　橡胶件的周转期

B.3.1　橡胶件随调压器制造、装配、试验等，周转过程不应超过 3 个月；

B.3.2　调压器在库房存放期间，应避免太阳光直照，其进、出口应封闭。保管期不应超过 3 年。

B.4　橡胶件使用期不宜超过 3 年。

附 录 C
（资料性附录）
大流量调压器流量系数测定的替代方法

如果试验台可用的容积流量不足以供大流量调压器按7.5所述方法作试验用，则可采用下列程序：

a) 先在与可用容积流量相应的部分开度情况下按7.5确定相应的流量系数；

b) 确定该部分开度情况下的形状系数 K_1；

c) 对更大的开度在亚临界流动状态下作试验，用上述 K_1 及式(C.1)计算 C_{gx}，至少对三个开度作出上述试验和计算，作出图C.1所示的函数曲线；

d) 外延图C.1中曲线，求出100%开度下的 C_g 值。

当流量足够时不使用外延，只按上面第三条所述在全开情况下进行试验。

C_g 和 K_1 的偏差不应大于10%。

$$C_{gx}=\frac{Q\sqrt{d(t_1+273)}}{69.7(P_1+P_a)\sin\left(K_1\sqrt{\frac{P_1-P_2}{P_1+P_a}}\right)_{deg}} \qquad \cdots\cdots\cdots\cdots (C.1)$$

式中：

d ——试验介质的相对密度，对于空气，$d=1$；

t_1 ——调压器前试验介质温度，℃。

P_1 ——进口压力，MPa；

P_2 ——出口压力，MPa；

P_a ——大气压力，MPa。

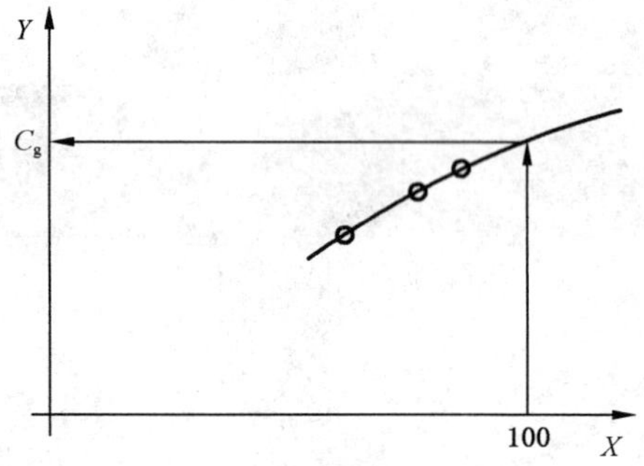

说明：

X ——行程(%)；

Y ——C_{gx}；

o ——测得值。

图C.1 C_g-X曲线

附 录 D
（资料性附录）
流量特性

D.1 不同开度的流量系数和调节元件位置间关系通常用图表示（见图 D.1）。

D.2 部分开度下的流量系数通常表示为全开时流量系数的百分比，而调节元件位置则以最大行程（由机械限位器限制）的百分比表示。图 D.1 给出三种不同类型调压器的流量特性示例。

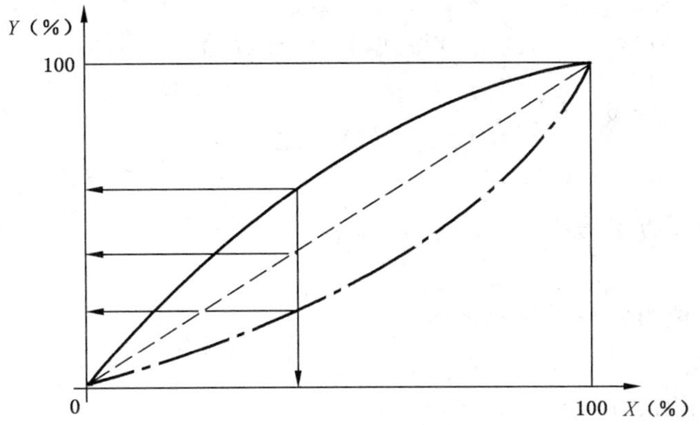

说明：

X ——行程百分比；

Y ——$\frac{C_{gx}}{C_g}\times 100\%$。

图 D.1 流量特性

D.3 调压器全开时的流量

D.3.1 临界流动状态

临界流动状态的条件为式（D.1）：

$$\frac{P_1+P_a}{P_2+P_a}\geqslant\frac{K_1^2}{K_1^2-8\ 100} \qquad \cdots\cdots(D.1)$$

式中：

P_1——进口压力，单位为兆帕（MPa）；

P_2——出口压力，单位为兆帕（MPa）；

P_a——大气压力，单位为兆帕（MPa）；

K_1——形状系数。

此时，在基准状态下，经过调压器的流量 Q 按式（D.2）计算：

$$Q=\frac{6.97\times(P_1+P_a)\times 10}{\sqrt{d(t_1+273)}}C_g=\frac{69.7\times(P_1+P_a)}{\sqrt{d(t_1+273)}}C_g \qquad \cdots\cdots(D.2)$$

式中：

Q ——流量，单位为立方米每小时（m^3/h）；

P_1——进口压力，单位为兆帕（MPa）；

P_a——大气压力，单位为兆帕（MPa）；

C_g——流量系数；

d ——试验介质的相对密度，对于空气，$d=1$；

t_1 ——调压器前试验介质温度，单位为摄氏度（℃）。

D.3.2 亚临界流动状态

亚临界流动状态的条件为式(D.3)：

$$\frac{P_1+P_a}{P_2+P_a}<\frac{K_1^2}{K_1^2-8\ 100} \quad \cdots\cdots(\text{D.3})$$

式中：

P_1——进口压力，单位为兆帕(MPa)；

P_2——出口压力，单位为兆帕(MPa)；

P_a——大气压力，单位为兆帕(MPa)；

K_1——形状系数。

此时，在基准状态下，经过调压器的流量按式(D.4)计算为：

$$Q=69.7C_g\frac{(P_1+P_a)}{\sqrt{d(t_1+273)}}\sin\left[K_1\sqrt{\frac{(P_1-P_2)}{(P_1+P_a)}}\right]_{\text{deg}} \quad \cdots\cdots(\text{D.4})$$

式中：

Q——流量，单位为立方米每小时(m^3/h)；

C_g——流量系数；

P_1——进口压力，单位为兆帕(MPa)；

P_a——大气压力，单位为兆帕(MPa)；

d——试验介质的相对密度，对于空气，$d=1$；

t_1——调压器前试验介质温度，单位为摄氏度(℃)。

K_1——形状系数；

P_2——出口压力，单位为兆帕(MPa)；

D.4 部分开度下的调压器流量

部分开度下的调压器流量也分别按式D.1和式D.2计算，但式中的流量系数应为按式(D.5)计算的与行程相应的流量系数C_{gx}。

$$C_{gx}=YC_g \quad \cdots\cdots(\text{D.5})$$

式中：

C_{gx}——调压器在部分开度下的流量系数；

C_g——流量系数；

Y由图D.1形式的试验曲线求出。

ICS 91.140
P 47

中华人民共和国国家标准

GB 27791—2011

城镇燃气调压箱

City gas pressure regulating installation

2011-12-30 发布　　2012-11-01 实施

中华人民共和国国家质量监督检验检疫总局
中国国家标准化管理委员会　发布

前　言

本标准的第6.3条和第6.4条为强制性的，其余为推荐性的。

本标准按照GB/T 1.1—2009给出的规则起草。

本标准由中华人民共和国住房和城乡建设部提出。

本标准由住房和城乡建设部城镇燃气标准技术归口单位归口。

本标准起草单位：中国市政工程华北设计研究总院、特瑞斯信力（常州）燃气设备有限公司、上海飞奥燃气设备有限公司、合肥市久环给排水燃气设备有限公司、费希尔久安输配设备（成都）有限公司、重庆市山城燃气设备有限公司、乐山川天燃气输配设备有限公司、陕西宏远燃气设备有限责任公司、河北瑞星调压器有限公司、重庆前卫克罗姆表业有限责任公司、浙江苍南仪表厂、重庆界石仪表有限公司、天津新科成套仪表有限公司、克莱斯德（北京）燃气设备有限公司、北京鑫广进燃气设备研究所、国家燃气用具质量监督检验中心。

本标准主要起草人：王启、郑劬、翟军、潘良、常保成、邱敏、赵小波、袁勇、孙宗浩、裴文彩、徐术、林天齐、穆宁、孙建勋、乔斌、李松、赵自军。

城镇燃气调压箱

1 范围

本标准规定了城镇燃气输配系统用燃气调压箱(以下简称“调压箱”)的术语和定义、型号编制、结构要求、技术要求、试验方法、检验规则、质量证明文件、标志、包装、运输和贮存。

本标准适用于进口压力不大于4.0 MPa,工作温度范围不超出−20 ℃～60 ℃的调压箱。

本标准不适用于地下调压箱。

注:本标准中的压力凡未注明的,均指表压。

2 规范性引用文件

下列文件对于本文件的应用是必不可少的。凡是注日期的引用文件,仅注日期的版本适用于本文件。凡是不注日期的引用文件,其最新版本(包括所有的修改单)适用于本文件。

GB 150 钢制压力容器

GB 151 管壳式换热器

GB/T 8163 输送流体用无缝钢管(GB/T 8163—2008,EN 10216-1:2004,NEQ)

GB/T 9112 钢制管法兰 类型与参数

GB/T 12459 钢制对焊无缝管件(GB/T 12459—2005,ASTM B16.9:2001,MOD)

GB/T 13401 钢板制对焊管件(GB/T 13401—2005,ASTM B16.9:2001,MOD)

GB/T 13402 大直径碳钢管法兰

GB/T 17185 钢制法兰管件(GB/T 17185—1997,ANSI B16.5:1981,NEQ)

GB/T 20801.4 压力管道规范 工业管道 第4部分:制作与安装(GB/T 20801.4—2006,ISO 15649:2001,NEQ)

GB/T 20801.5 压力管道规范 工业管道 第5部分:检验与试验(GB/T 20801.5—2006,ISO 15649:2001,NEQ)

GB 50028 城镇燃气设计规范

GB 50058 爆炸和火灾危险环境电力装置设计规范

GB 50235 工业金属管道工程施工及验收规范

GB 50236 现场设备、工业管道焊接工程施工及验收规范

HG/T 20592 钢制管法兰(PN系列)

HG/T 20615 钢制管法兰(Class系列)

HG/T 20623 大直径钢制管法兰(Class系列)

JB/T 4709 钢制压力容器焊接规程

JB/T 4711 压力容器涂敷与运输包装

JB 4726 压力容器用碳素钢和低合金钢锻件

JB/T 4730(所有部分) 承压设备无损检测

JB/T 4746 钢制压力容器用封头

SY/T 0510 钢制对焊管件

SY/T 0516 绝缘接头与绝缘法兰技术规范

SY/T 5257　钢制弯管

TSG D0001　压力管道安全技术监察规程—工业管道

TSG R0004　固定式压力容器安全技术监察规程

3　术语和定义

下列术语和定义适用于本文件。

3.1

城镇燃气调压箱　city gas pressure regulating installation

由调压器及其附属设备和管道组成件等组成，将较高城镇燃气的压力降至所需的较低压力的调压装置。

3.2

基准状态　reference condition

温度为 15 ℃、绝对压力为 101.325 kPa 时的气体状态。

3.3

公称流量　nominal flow rate

在基准状态下，调压箱在最低进口压力、设定出口压力情况下可通过城镇燃气的最大流量，单位为 m^3/h。

注：对于多路同时供气的调压箱，公称流量应为多路联合供气的公称流量。设定出口压力指主路工作调压器的设定出口压力。

3.4

设计压力　design pressure

在相应的设计温度条件下，用以确定管道计算壁厚及其他元件尺寸的压力值，单位为 MPa。

3.5

旁通　bypass

由于特殊需要而设置的并联于供气管道的辅助气体通路。

3.6

管道组成件　piping components

用于连接或装配成管道的元件，包括管子、管件、法兰、垫片、紧固件、阀门以及管道特殊件等。

3.7

安全装置　safety device

确保调压箱的出口压力不超过安全限度的装置，包括切断装置、放散装置、监控调压器等。

4　型号编制

4.1　型号编制方法如下：

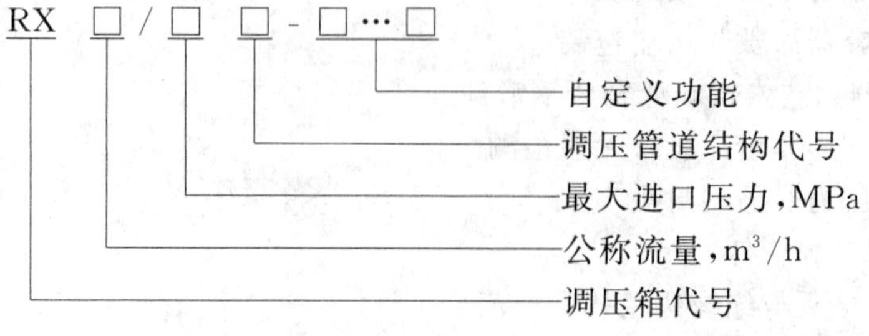

4.2 各部分内容说明为：

a) 调压箱代号 RX；

b) 公称流量，单位 m^3/h。其值为设计流量的前两位流量值，多余数字舍去，如果不足原数字位数的，则用零补足。对于有多路总出口的调压箱，公称流量采用将各路总出口的公称流量以“+”连接来表示；

如：调压装置的设计流量为 1.65 m^3/h，则型号标识的公称流量为 1.6 m^3/h；

c) 调压装置的设计流量为 4 567 m^3/h，则型号标识的公称流量为 4 500 m^3/h；

最大进口压力，以其数值表示，优先选用 0.01 MPa、0.2 MPa、0.4 MPa、0.8 MPa、1.6 MPa、2.5 MPa、4.0 MPa 这 7 个规格；调压管道结构代号，见表 1。

表 1 调压管道结构代号

调压管道结构代号	A	B	C	D	E
调压管道结构	1+0	1+1	2+0	2+1	其他
注：调压管道结构中，“+”前一位数为调压路数，“+”后一位数为调压旁通数。					

e) 自定义功能，生产商根据实际情况自定义的功能，用大写字母表示，不限位数。

4.3 示例如下

示例 1：RX300/0.4B

表示公称流量为 300 m^3/h，最大进口压力为 0.4 MPa，调压管道结构为“1+1”的调压箱。

示例 2：RX600+300/1.6E-M

表示有两路出口(其中一路出口的公称流量为 600 m^3/h，另一路出口的公称流量为 300 m^3/h)，最大进口压力为 1.6 MPa，调压管道结构为其他，自定义功能为“M”的调压箱。

5 结构要求

5.1 一般要求

5.1.1 调压箱与外部管道的连接界面为：

a) 焊接连接的第一道环向接头坡口端面；

b) 螺纹连接的第一个螺纹接头端面；

c) 法兰连接的第一个法兰密封面；

d) 专用连接件或管件连接的第一个密封面。

5.1.2 设备和管道的布置应做到结构合理、布线规范、检修方便、便于操作和观测，管道阻力损失小。

5.1.3 底座和支撑结构应有足够的强度、刚度和稳定性。应设置便于吊装和运输的吊耳或吊装孔及便于安装固定的地脚螺栓孔。

5.1.4 调压箱应考虑对工作温度的适应性，并应符合下列规定：

a) 对于环境温度超出工作温度范围的，应采取有效的措施使调压箱内设备的温度维持在规定的范围内；

b) 当燃气温度低于 0 ℃或其露点温度时，应采取防止冰冻和结露的措施。

5.1.5 调压箱的基本工艺配置应包括下列各项：

a) 调压箱应有过滤装置、调压元件、防止出口压力过高的安全装置和每条调压支路进出口的截断阀门；

b) 设备必要的支撑和围护，如箱体、支座等；

c) 阀门、仪表等相关配套设备；

d) 非与外部管道连接的独立放散系统的放散管及其顶部的防雨、防火装置等。

5.1.6 过滤装置的过滤精度不宜低于 50 μm；在公称流量下，其初始压损不应超过 10 kPa 及最高进口压力的 1%中的较大值。

5.1.7 下游设备对调压箱存在回流冲击危险时，应在调压箱的出口端安装单向阀。

5.1.8 调压箱内使用的调压器、放散装置、切断装置应符合相关标准要求。

5.1.9 调压箱内使用的压力容器应符合 GB 150、GB 151 和 TSG R0004 的规定。

5.1.10 调压箱内使用的电器应符合 GB 50058 的规定。

5.1.11 调压箱用的管道元件材料应依据其设计压力、工作温度、工作介质及材料性能等选用，并应符合 TSG D0001 的规定。

5.1.12 用于调压箱的材料，其规格与性能应符合国家现行标准的规定，包括化学成分、物理和力学特性、制造工艺方法、热处理、检验及其他方面的规定。

5.1.13 调压箱使用的材料应有生产商的合格证及质量证明文件，并应按相应的质量控制程序对其进行必要的检验。

5.2 箱体

5.2.1 调压箱箱体的通风及地上调压箱的箱体爆炸泄压口的设置应分别符合 GB 50028 的规定。

5.2.2 箱体上的开口处应采取适当措施，防止调压箱内部设备受损坏(如鼠咬等)。

5.2.3 箱体应通过钥匙从外侧开门。门应向外开，且应能在开启状态下将门固定住。

5.2.4 调压箱箱体应使用防火材料制造。箱体表面应进行必要的防腐处理，不锈钢等不易受腐蚀的材料制造的箱体可不做处理。

5.3 管道组成件

5.3.1 管材

5.3.1.1 燃气管道选用的钢管应符合 GB/T 8163 的规定，或符合不低于上述标准要求的其他钢管。

5.3.1.2 调压箱信号管宜采用不锈钢管，工作压力小于 0.4 MPa 时可采用紫铜管。信号管的管壁厚度应符合强度要求，最小厚度不应小于 0.5 mm。

5.3.2 管件

5.3.2.1 管件(包括弯头、三通、四通、异径管、管帽、封头等)的设计和选用应符合 GB/T 12459、GB/T 13401、GB/T 17185、SY/T 0510、SY/T 5257 及 JB/T 4746 等相关标准的规定。

5.3.2.2 非标的钢制异径接头、凸形封头和平封头设计，可参照 GB 150 的有关规定。

5.3.2.3 管件中所用的锻件，应符合 JB 4726 的有关规定。管件不应采用螺旋焊缝钢管和铸铁材料制作。

5.3.3 调压箱所用阀门宜选用公称压力级别不低于 1.0 MPa 的产品，最低公称压力级别不应低于 0.6 MPa。

5.3.4 法兰、垫片和紧固件

5.3.4.1 法兰宜选用公称压力级别不低于 1.0 MPa 的产品，最低公称压力级别不应低于 0.6 MPa。

5.3.4.2 管法兰的选用应符合 GB/T 9112、GB/T 13402、HG/T 20592、HG/T 20615 或 HG/T 20623 等相关标准的规定。法兰应和管道有良好的焊接性能。

5.3.4.3 法兰、垫片和紧固件应根据介质性质和特性配套选用。

5.4 调压箱使用的焊材应符合 GB 50236 或 JB/T 4709 的规定。焊接应符合 GB/T 20801.4 或 GB 50236 的规定。

5.5 调压箱的涂装应符合 GB 50235 或 JB/T 4711 的规定。

5.6 调压箱内非金属元件的使用年限参照相关标准要求。

6 技术要求

6.1 外观及外形尺寸

6.1.1 调压箱外形尺寸应符合图样及技术文件的要求。

6.1.2 调压箱表面不应有明显的损伤和缺陷。涂层应光滑，色泽一致，不应有流痕、划痕，不应有漏涂、脱落、起泡等现象。

6.1.3 焊缝表面形状、尺寸及外观要求应符合 GB/T 20801.5 或 GB 50236 的规定。

6.2 无损检测

6.2.1 焊接接头无损检测

调压箱应仅对管道承压件的焊接接头进行无损检测。无损检测一般分为全部(100%)和局部(大于等于10%)两种。检测方法包括射线、超声、磁粉、渗透等检测，企业应根据设计图样的规定选择检测方法和检测长度。

6.2.2 无损检测要求

应按 JB/T 4730 对焊接接头进行射线、超声、磁粉和渗透等检测。

6.2.2.1 射线检测如下：

a) 设备或承压元件进行 100%焊接接头检测时，不低于Ⅱ级为合格；

b) 设备或承压元件进行 10%焊接接头检测时，不低于 Ⅲ 级为合格。

6.2.2.2 超声检测如下：

a) 设备或承压元件进行 100%焊接接头检测时，Ⅰ级为合格；

b) 设备或承压元件进行 10%焊接接头检测时，不低于Ⅱ级为合格。

6.2.2.3 磁粉和渗透检测Ⅰ级为合格。

6.3 强度试验

承压件应进行强度试验，应无渗漏，无可见变形，试验过程中无异常响声。用水作为试压介质时，试验压力应为 1.5 倍设计压力且不应低于 0.6 MPa；用压缩空气或惰性气体为试压介质时，试验压力应为 1.15 倍设计压力且不应低于 0.6 MPa。

6.4 气密性试验

调压箱应进行整体气密性试验，调压器前后管道的气密性试验应分别进行。调压器前的试验压力应为设计压力。调压器后的试验压力应为防止出口压力过高的安全装置的动作压力的 1.1 倍，且不应低于 20 kPa。气密性试验应无泄漏，试验过程中温度如有波动，则压力经温度修正后不应变化。

6.5 出口压力设定值

调压器出口压力的设定值应满足用户使用要求，设定误差不应大于设定值的±5%。两路及两路以上调压、带监控调压器等的调压箱，各调压器的出口压力应合理设置。

6.6 放散装置启动压力设定值

放散装置启动压力的设定值应满足用户使用要求，设定误差不应大于设定值的±5%。

6.7 切断装置启动压力设定值

切断装置启动压力的设定值应满足用户使用要求，设定误差不应大于设定值的±5%。

6.8 公称流量

调压箱公称流量的实测值不应小于铭牌标识的公称流量。

6.9 关闭压力

调压箱关闭压力的实测值不应大于标称的关闭压力。对于有多路的调压箱，各路关闭压力的实测值应分别不大于相应路标称的关闭压力。

6.10 绝缘性能

调压箱使用的绝缘法兰或绝缘接头应符合 SY/T 0516 的规定，其常态绝缘电阻应大于 10 MΩ。

7 试验方法

7.1 试验用仪表

7.1.1 试验用仪表应经过检定合格，并在有效期内。

7.1.2 强度试验用压力表的精度不应低于 1.6 级，压力表的量程根据试验压力选择。

7.1.3 气密性试验用压力表的精度不应低于 0.4 级，压力表的量程应根据试验压力选择。流量特性试验用压力测量仪表的测量精度不应低于被检调压器稳压精度的四分之一。

7.1.4 大气压测量仪表的分辨率不应大于 10 Pa。

7.1.5 流量测量仪表的测量精度不应低于 1.5%。

7.1.6 温度测量仪表的分辨率不应大于 0.5 ℃。

7.2 外观及外形尺寸检测

7.2.1 用直尺、卷尺等工具对调压箱外形尺寸进行检查，应符合 6.1.1 的要求。

7.2.2 采用目测对调压箱进行外观质量检查，应符合 6.1.2 的要求。

7.2.3 采用目测及焊缝检验尺等对焊缝表面形状尺寸及外观进行检查，应符合 6.1.3 的要求。

7.3 无损检测

7.3.1 无损检测的具体操作方法见 JB/T 4730 的相应规定。

7.3.2 被检焊接接头的检测位置应由质检部门检验人员随机抽取。

7.3.3 调压箱管道承压部件的焊接接头分为 A、B、C、D 四类，如图 1 所示。

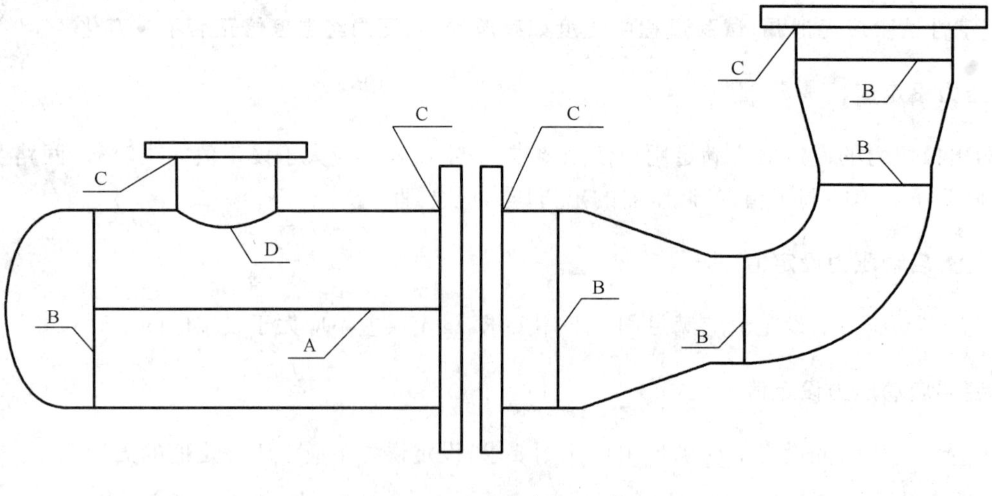

图 1 调压箱管道承压部件的焊接接头分类

a) 圆筒部分的纵向对接接头为A类焊接接头。

b) 管与管对接的接头、管件大小头与管子对接的接头、管帽或封头与管子对接的接头、长颈法兰与接管连接的对接接头,均属B类焊接接头。

c) 法兰与管子或接管连接的内外接头属于C类焊接接头。

d) 主管与管子、管子与缘、接管与缘、补强圈与管壳、仪表接头与管壳的焊接接头,均属D类焊接接头。

7.3.4 射线和超声波检测

7.3.4.1 调压箱的A、B类焊接接头应进行射线或超声波检测。当采用超声检测时,检测设备应带超声检测记录仪。

7.3.4.2 调压箱的下列A、B类焊接接头应进行100%射线或超声波检测:

a) 采用钢板圈制的筒节纵向A类对接接头;

b) 设计压力大于或等于2.5 MPa的接头;

c) 图样注明须进行100%检测的接头。

7.3.4.3 除7.3.4.2规定外,调压箱焊接接头的射线或超声无损检测应符合下列规定:

a) 排污管路和放散管路的最后一道阀门以外的焊接接头,及设计压力小于0.8 MPa且管道公称尺寸不大于DN50时,可不进行无损检测。

b) 对B类焊接接头进行局部的射线或超声波无损检测,检测长度应不少于焊接接头总长的10%。

c) 以下部位应全部检测,其检测长度可计入局部检测长度之内:

1) 焊接接头的交叉部位;

2) 凡被补强圈、支座、垫板等覆盖的焊接接头;

3) 以开孔中心为圆心,1.5倍开孔直径为半径的圆中所包含的焊接接头。

7.3.4.4 凡符合下列条件之一的焊接接头,按图样规定的方法,应对其进行磁粉或渗透检测:

a) 凡属7.3.4.2b)中的C、D类焊接接头;

b) 开孔直径与主管直径之比大于1/2的D类焊接接头。

7.3.5 焊接接头采用射线检测,应符合6.2.2.1的要求。

7.3.6 焊接接头采用超声检测,应符合6.2.2.2的要求。

7.3.7 焊接接头采用磁粉和渗透检测,应符合6.2.2.3的要求。

7.4 强度试验

7.4.1 构成调压装置的所有压力组件应进行强度试验。开孔补强圈应在强度试验前通入0.4 MPa～0.5 MPa的压缩空气检查焊接接头质量。

7.4.2 试验条件为:

a) 用水作为试压介质时,应在总装前用水进行强度试验。应使用无腐蚀性的洁净水,水温应在5 ℃以上,否则应采取防冻措施。试验完成后,应将液体排尽,并用压缩空气将内部吹干。

b) 当设计压力小于或等于0.6 MPa时,在经公司安全管理部门审批、并采取安全防护措施的情况下,允许采用气体作为强度试验介质,此时介质的试验温度不应低于15 ℃。

7.4.3 试验步骤如下:

a) 当介质为水时,试验时压力应缓慢上升,达到规定试验压力后,保压时间不应少于30 min。然后将压力降至设计压力,对承压件的所有焊接接头和连接部位进行检查,应符合6.3的要求。如有渗漏,修补后重新试验。

b) 当介质为压缩空气或惰性气体时,试验时压力缓慢上升,至规定试验压力的10%,保压5 min～10 min,对所有焊缝和连接部位进行初次检查。无泄漏时,可继续升压至规定试验压力的50%;有泄漏时,应返工后重新试验。如无异常现象,其后按规定试验压力的10%逐级升压,直至试验压力，保压时间不应少于 30 min。然后将压力降至设计压力，对承压件的所有焊接接头和连接部位进行检查，应符合 6.3 的要求。有渗漏时，应修补后重新试验。

7.5 气密性试验

7.5.1 经强度试验合格后，调压箱整体进行气密性试验。

7.5.2 试验条件：调压箱整体用压缩空气或惰性气体进行气密性试验时，气体的温度不应低于 5 ℃，保压过程中温度波动不应超过±5 ℃。

7.5.3 试验步骤为：

试验时分别向调压器前后管道内增压(调压箱的调压器应处于关闭状态，并对调压器采取保护措施)，压力应缓慢上升，达到规定试验压力后，用检漏液对所有焊接接头和连接部位进行泄漏检查。经检查无泄漏，再保压不少于 60 min，压力应符合 6.4 的要求。

7.6 出口压力设定值

7.6.1 如生产商无法提供依据调压器相关标准进行的调压器检验报告，调压器应依据调压器相关标准进行性能检验。

7.6.2 调压箱出口压力设定值的检验应在设备强度试验和气密性试验合格后进行。

7.6.3 在最低进口压力下，用 10% 的公称流量且不大于 1 000 m^3/h 的流量，检查调压箱出口压力设定值，应符合 6.5 的要求。

7.7 放散装置启动压力设定值

升高放散装置进口端的压力，直至放散装置启动，记录放散装置启动压力，反复三次，应符合 6.6 的要求。

7.8 切断装置启动压力设定值

升高切断装置取压信号腔的压力，直至切断装置启动，记录切断装置启动压力，反复三次，应符合 6.7 的要求。

7.9 公称流量

7.9.1 在最小进口压力、调压箱设定状态不变的情况下，依次打开试验装置上、下游的阀门，用出口流量调节阀逐步增大流量，直至调压箱出口压力稳定在其声明的稳压精度下限，此时流量计量仪表的示值经温度、压力修正后，应符合 6.8 的要求。

7.9.2 采用非城镇燃气作为试验介质进行流量试验时，实际所测得的流量应按式(1)换算成基准状态下的城镇燃气的流量：

$$Q = Q_m \times \frac{p_m}{p} \times \frac{15+273}{t_m+273} \times \frac{Z}{Z_m} \times \sqrt{\frac{d_m}{d}} \qquad \cdots\cdots(1)$$

式中：

Q ——基准状态下城镇燃气的公称流量，单位为立方米每小时(m^3/h)；

Q_m——试验介质的工况流量，单位为立方米每小时(m^3/h)；

p ——基准状态下城镇燃气的绝对压力，为 0.101 325 MPa；

p_m——试验介质的绝对压力，单位为兆帕(MPa)；

t_m ——试验介质的温度，单位为摄氏度(℃)；

Z ——基准状态下城镇燃气的压缩因子；

Z_m——试验介质的压缩因子；

d ——城镇燃气的相对密度；

d_m——试验介质的相对密度，对于空气，$d_m=1$。

7.10 关闭压力

在最大进口压力下缓慢关闭试验装置的下游阀门，调压器的关闭压力应符合6.9的要求。

7.11 绝缘性能

绝缘法兰或接头常态绝缘电阻用兆欧表实测，应符合6.10的要求。

8 检验规则

检验分为出厂检验和型式检验。

8.1 出厂检验

8.1.1 由质检部门对产品进行检验，检验合格并签发产品质量合格证后方可出厂。

8.1.2 出厂检验项目应包括表2规定的项目及技术文件要求的其他检验项目。

表2 调压箱性能检验项目

序号	检验项目	型式检验	出厂检验	技术要求条款	试验方法条款
1	外观及外形尺寸	√	√	6.1	7.2
2	无损检测	√	√	6.2	7.3
3	强度试验	√	√	6.3	7.4
4	气密性试验	√	√	6.4	7.5
5	出口压力设定值	√	√	6.5	7.6
6	放散装置启动压力设定值	√	√	6.6	7.7
7	切断装置启动压力设定值	√	√	6.7	7.8
8	公称流量	√		6.8	7.9
9	关闭压力	√	√	6.9	7.10
10	绝缘性能	√	√	6.10	7.11

8.1.3 出厂检验的所有项目应合格，不合格项目可经返工后进行复检，若仍不合格，则该调压箱判定为不合格。

8.2 型式检验

8.2.1 有以下情况之一时，应进行型式检验：

——定型产品试制完成定型时；

——正常生产时，如工艺、材料、设备发生变化，可能影响产品性能时；

——停产半年重新恢复生产时；

——正常生产时，每年进行一次；

——国家质量技术监督机构提出进行型式检验要求时。

8.2.2 检验项目应包括本标准规定的所有性能要求。

8.2.3 判定

型式检验中,各项指标均符合要求时,则判该次型式检验合格。

9 质量证明文件、标志、包装、运输和贮存

9.1 产品出厂质量证明文件包括以下三部分:

9.1.1 产品合格证。

9.1.2 产品使用说明书。内容至少包括:

a) 调压箱安装说明;

b) 操作运行说明;

c) 维修与保养;

d) 主要设备说明书(调压器、切断阀、过滤器、放散阀、截断阀等)。

9.1.3 质量证明书。内容至少包括:

a) 产品设计的主要参数;

b) 承压部件用原材质、管件的规格、执行标准;

c) 调压箱外观几何尺寸检验结果;

d) 主要元器件配置一览表;

e) 无损检测焊接接头标识示意图(无需无损检测除外);

f) 无损检测报告及射线评片记录表(无需无损检测除外);

g) 强度试验与气密性试验结果;

h) 调压器、放散阀、切断阀的调试结果;

i) 调压器的检验、检测报告。

9.2 标志

9.2.1 铭牌

铭牌应固定于明显的位置,其内容至少包括:

a) 制造单位名称;

b) 产品名称;

c) 产品型号;

d) 进口压力(范围);

e) 出口压力设定值(有多路不同出口压力的,应分别填写);

f) 关闭压力或关闭压力等级(有多路不同出口压力的,应分别填写);

g) 公称流量;

h) 燃气种类;

i) 设备重量;

j) 产品编号;

k) 生产日期。

9.2.2 其他标识

在设备的明显部分还应有:商标、QS或TS标志、全国工业产品生产许可证或特种设备制造许可证(压力管道)编号、安全标志、起吊标志、设备进出口标志及其他安全警告及提示标志,如防火标志、公用或其他紧急情况时使用的电话号码标志等。

9.3 包装、运输

9.3.1 包装应根据使用要求、尺寸结构、重量大小、路程远近、运输方法(铁路、公路、水路和航空)等特点选用相应的结构和方法。还应有足够的强度保证运输的安全。

9.3.2 应对法兰、螺纹接口、待焊的接管等采取相应的保护措施,防止运输过程中的损坏。

9.3.3 调压箱宜整体出厂,如因运输条件限制分段出厂时,制造厂应提供重新装配的程序和相应的现场检验方法。

9.3.4 单独交付的内件、零部件、配件、备品备件及专用工具等宜单独包装或装箱,并采取必要的保护措施,包装外应做相应的文字标识。

9.3.5 质量证明书、说明书等出厂资料应分类装订成册,并装妥密封,应防水、防潮、防散失。出厂资料随货物一并发运时,应单独放置,并做明显标志。

9.3.6 调压箱的包装和运输方式应保证调压箱在运输和装卸过程中不变形、不受污染和损伤。

9.3.7 运输过程中的调压箱应带有明显的发货标志和运输包装图示标志。

9.4 贮存

成品设备使用前宜存放于室内,长期不投入使用的设备,应以氮气置换 3～4 次并充压至调压箱的额定出口压力,但不超过 5 kPa,封闭进、出口防止内表面锈蚀。

ICS 23.040.80
Q 69

中华人民共和国国家标准

GB/T 27792—2011

层压复合垫片材料分类

Classification for laminated composite gasket materials

2011-12-30 发布

2012-08-01 实施

中华人民共和国国家质量监督检验检疫总局
中国国家标准化管理委员会 发布

前　言

本标准按照 GB/T 1.1—2009 给出的规则起草。

本标准对应于美国材料与试验协会标准 ASTM F868-02(2009 确认)《层压复合垫片材料标准分类》,主要技术内容与其基本一致。不同的是两个标准范围描述不一样;本标准没有叙述目的意义和分类原则,引用文件改为与 ASTM 标准有对应关系的中国标准,给出了格式化的代码表示方式,在试验方法中增加了"蠕变松弛率试验的样品厚度为层压复合垫片的原始厚度"的注。

本标准由中国建筑材料联合会提出。

本标准由全国非金属矿产品及制品标准化技术委员会(SAC/TC 406)归口。

本标准起草单位:舟山市海山密封材料有限公司、梁山车友汽车配件制造有限公司、咸阳非金属矿研究设计院有限公司、浙江国泰密封材料股份有限公司、中国标准化研究院。

本标准主要起草人:尚兴春、施中堂、沈小萍、张忠东、吴益民、刘涛。

层压复合垫片材料分类

1 范围

本标准给出了工业用层压复合垫片材料(LCGM)的分类方法。本方法中材料的性能不是必须的,也不是全部,所以本标准只作为描述和选择层压复合垫片材料的基础。

本标准适用于层压复合垫片材料。

本标准不适用于包覆型垫片,也不适用于垫片涂层。

2 规范性引用文件

下列文件对于本文件的应用是必不可少的。凡是注日期的引用文件,仅注日期的版本适用于本文件。凡是不注日期的引用文件,其最新版本(包括所有的修改单)适用于本文件。

GB/T 5213 冷轧低碳钢板及钢带

GB/T 20671.1 非金属垫片材料分类体系及试验方法 第1部分:非金属垫片材料分类体系

GB/T 20671.3 非金属垫片材料分类体系及试验方法 第3部分:垫片材料耐液性试验方法

GB/T 20671.5 非金属垫片材料分类体系及试验方法 第5部分:垫片材料蠕变松弛率试验方法

GB/T 20671.10 非金属垫片材料分类体系及试验方法 第10部分:垫片材料导热系数测定方法

3 术语和定义

下列术语和定义适用于本文件。

3.1

板 board

片状或带状(厚度一般大于1.52 mm)硬质非金属材料。

3.2

层压复合垫片材料(LCGM) laminated composite gasket material

垫片结构是由两种或多种不同的材料叠层复合在一起。各层材料可能是无机的或有机的,用各种粘接剂或浸渍剂粘合在一起。

4 分类方法

4.1 为了使层压复合垫片材料的用途、构成、结合方式以及特定的物理和力学性能的描述简约化,方便使用者和生产者,本标准规定用代码来表示。

4.2 每个代码应包括描述用途、构成、结合方法的一组数字和字母,加后缀标识,如表1所示。

4.3 每个代码可以包括一个或多个后缀字母-数字,用以描述层压复合垫片材料的性能,如表2所示。

表 1 基础分类

第一个数字 （典型用途）	字母群组合 （组分材料）	第二个数字 （结合方式）	后缀标识
0. 不规定 1. 发动机化油器用垫片 2. 发动机进气管用垫片 3. 发动机排气管用垫片 4. 发动机汽缸盖用垫片 5. 发动机变速箱用垫片 6. 管路系统用垫片 7. 压缩机用垫片 9. 按照说明	N. 不规定 B. 板 M. 金属 F. GB/T 20671.1 规定的材料 R. 橡胶 P. 塑料 T. 纺织物 S. 按照说明	0. 不规定 1. 冲刺 2. 化学粘接 3. 冲刺加化学粘接 4. 护圈 5. 同种材料重叠复合 6. 粘接并硫化 9. 按照说明	任何特定的试验要求 字母表示试验类型 数码表示数值
注：本分类的设想是用两个数字加字母群组成开放代码。字母群里的字母顺序代表所给的复合垫片材料的各层。			

4.4 代码格式如下：

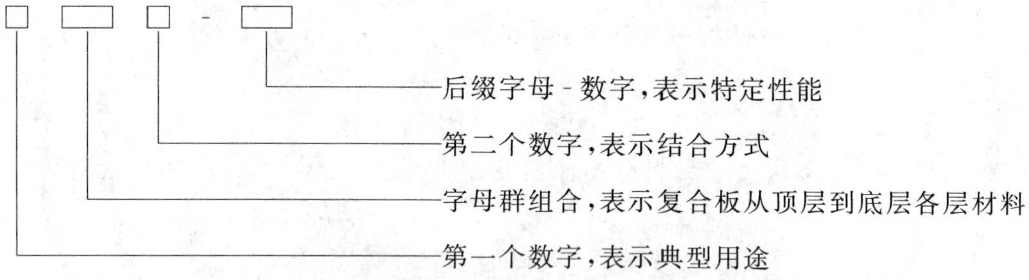

示例：

一般用于发动机汽缸盖垫片的材料，共为三层复合，顶层和底层是符合 GB/T 20671.1 的非金属材料（其材料的型号类别和主要性能代码是 F112440），第二层是符合 GB/T 5213 的金属板，三层材料的结合方式是冲刺结合，特定性能是蠕变松弛率按照试验方法 GB/T 20671.5 测定不超过 25%，则代码表示为：4FMF1-H4；F=F112440，M=GB/T 5213。

5 物理和机械性能

5.1 用本标准标记的层压复合垫片材料应具有表 1 所示的典型用途、组分材料和结合方式的数字和字母，以及由表 2 所示的字母-数字表示的附加性能。

5.2 用本标准标记的层压复合垫片材料应符合垫片图纸或合同规定的厚度。复合层的单独组分厚度可以在图纸上规定，如果做出了规定，该数值就应能被测量。

6 取样方法

6.1 样品应从成品垫片或合适尺寸的板材中抽取，选取更切实可行的方式。如果采用成品垫片，应报告样品的尺寸和方法的任何差异。

6.2 应制取足够的试样，保证每个试验最少测定三次。以测定结果的平均值作为试验结果。

表 2 增补的物理机械特性

后缀符号	增补的特性
A9	密封性:按供需双方商定的方法测试并判定
C9	压缩特性:按供需双方商定的方法测试并判定
D9	防粘特性:按供需双方商定的方法测试并判定
E00 到 E99	浸 ASTM 燃料油 B 后的重量和厚度变化: 按照试验方法 GB/T 20671.3 测定。E 后有两个数码,增重率应不超过第一个数码表示的规定值,增厚率应不超过第二个数码表示的规定值。 增重百分率 增厚百分率 (第一个数码) (第二个数码) E0 ____=不规定 E ____ 0=不规定 E1 ____=10 E ____ 1=0～5 E2 ____=15 E ____ 2=0～10 E3 ____=20 E ____ 3=0～15 E4 ____=30 E ____ 4=5～20 E5 ____=40 E ____ 5=10～25 E6 ____=50 E ____ 6=15～35 E7 ____=60 E ____ 7=25～45 E8 ____=100 E ____ 8=30～60 E9 ____=按照说明[a] E ____ 9=按照说明[a]
G00 到 G99	浸渍 IRM903 油后的重量和厚度变化: 应按照试验方法 GB/T 20671.3 测定。G 后有两个数码,增重率应不超过第一个数码表示的规定值,增厚率应不超过第二个数码表示的规定值。 增重百分率 增厚百分率 (第一个数码) (第二个数码) G0 ____=不规定 G ____ 0=不规定 G1 ____=10,最大 G ____ 1=0～15 G2 ____=15,最大 G ____ 2=5～20 G3 ____=20,最大 G ____ 3=10～25 G4 ____=30,最大 G ____ 4=15～30 G5 ____=40,最大 G ____ 5=20～40 G6 ____=60,最大 G ____ 6=30～50 G7 ____=80,最大 G ____ 7=40～60 G8 ____=100,最大 G ____ 8=50～70 G9 ____=按照说明[a] G ____ 9=按照说明[a]
H1 到 H9	蠕变松弛率:按照试验方法 GB/T 20671.5 试验方法 B 测定,试验结束后的蠕变松弛率应不超过 B 后数码表示的量。 H1=10% H2=15% H3=20% H4=25% H5=30% H6=40% H7=50% H9=按照说明[a]
K0 到 K9	导热特性:按照 GB/T 20671.10 测定,导热系数 k[单位为 W/(m·K)]的数值应落在 K 符号后数码表示的范围内。 K1=0～0.09 K4=0.22～0.31 K7=0.43～0.53 K2=0.07～0.17 K5=0.29～0.38 K8=0.50～0.60 K3=0.14～0.24 K6=0.36～0.45 K9=按照说明[a]

表 2（续）

后缀符号	增补的特性
L9	复合粘结特性:按供需双方商定的方法测试并判定
X9	抗挤压特性：按供需双方商定的方法测试并判定
Y9	按图纸说明涂敷
Z0 到 Z9	按图纸说明的任何其他性能
[a] 在工程图上或另外的补充文件中描述。	

7 试样调节方法

所有试验开始前,样品应按下述方法进行调节：

a） 当层压复合垫片材料的非金属层都是 GB/T 20671.1 规定的同一“型号”时,按 GB/T 20671.1 规定的该型号的调节方法调节。

b） 当层压复合垫片材料的各层是 GB/T 20671.1 规定的不同“型号”时,该样品应在温度为 21 ℃～30 ℃、相对湿度为 50%～55%的调湿室或含有空气的密闭容器内调节 22 h。

c） 当供需双方协商一致时,可以采用其他调节方式调节样品。

8 试验方法

适当时,试验方法按表 2 在后缀符号后指明。结果应按所采用的试验方法的规定报告。

注：蠕变松弛率试验的样品厚度为层压复合垫片的原始厚度。

ICS 23.100.60
Q 69

中华人民共和国国家标准

GB/T 27793—2011

抄取法无石棉纤维垫片材料

Beater addition non-asbestos gasket materials

2011-12-30 发布　　2012-08-01 实施

中华人民共和国国家质量监督检验检疫总局
中国国家标准化管理委员会　发布

前　言

本标准按照GB/T 1.1—2009给出的规则起草。

本标准由中国建筑材料联合会提出。

本标准由全国非金属矿产品及制品标准化技术委员会(SAC/TC 406)归口。

本标准起草单位:成都天府垫片科技有限公司、舟山市海山密封材料有限公司、烟台石川密封垫板有限公司、南阳天一密封股份有限公司、梁山车友汽车配件制造有限公司、姜堰市金鸡密封保温制品有限公司、咸阳非金属矿研究设计院有限公司、中国标准化研究院。

本标准主要起草人:焦红斌、李泽西、杨建忠、施中堂、姜守松、陈宇翔、张忠东、朱宝余、刘振家、侯彩红、刘涛。

抄取法无石棉纤维垫片材料

1 范围

本标准规定了抄取法无石棉纤维垫片材料的分类和标记、要求、试验方法、检验规则、标志、包装、运输、贮存。

本标准适用于以不含有石棉成分的纤维为主要增强材料，以乳胶为粘接剂再添加其他填料，经制浆、抄取而制成的用于制作垫片的板材或卷材。用这种材料制成的密封垫片也可参照采用。

2 规范性引用文件

下列文件对于本文件的应用是必不可少的。凡是注日期的引用文件，仅注日期的版本适用于本文件。凡是不注日期的引用文件，其最新版本(包括所有的修改单)适用于本文件。

GB/T 191 包装储运图示标志

GB/T 6682 分析实验室用水规格和试验方法

GB/T 8170 数值修约规则与极限数值的表示和判定

GB/T 20671.1 非金属垫片分类体系及试验方法 第1部分：非金属垫片材料分类体系

GB/T 20671.2 非金属垫片分类体系及试验方法 第2部分：垫片材料压缩率回弹率试验方法

GB/T 20671.3 非金属垫片分类体系及试验方法 第3部分：垫片材料耐液性试验方法

GB/T 20671.5 非金属垫片分类体系及试验方法 第5部分：垫片材料蠕变松弛率试验方法

GB/T 20671.7 非金属垫片分类体系及试验方法 第7部分：非金属垫片材料拉伸强度试验方法

GB/T 20671.8 非金属垫片分类体系及试验方法 第8部分：非金属垫片材料柔软性试验方法

GB/T 22308 密封垫板材料密度试验方法

GB/T 23263 制品中石棉含量测定方法

3 分类和标记

3.1 分类

抄取法无石棉纤维垫片材料按主要用途分为普通型(代号 CPT)、耐油型(代号 CNY)、膨润型(代号 CPR)、耐热型(代号 CNR)四类。其他类型的抄取法无石棉纤维垫片材料由供需双方协商。

3.2 标记

抄取法无石棉纤维垫片材料产品可按下述两种标记方法的任一种方法进行标记：

a) 按产品类别代号标记

示例：

类别为耐油型抄取法无石棉纤维垫片材料，标记为：

抄取法无石棉纤维垫片材料 GB/T 27793-CNY

b) 按 GB/T 20671.1 规定的方法进行标记

示例：

类别为耐油型抄取法无石棉纤维垫片材料，主要增强纤维为无机纤维，次要增强纤维是玻璃纤维，粘结剂是

丁腈橡胶,标记为:

GB/T 20671-ASTM F104(F729940-B5E33L521M5TZ)

本标准所列的类别产品对应 GB/T 20671.1 规定的编码在附录 A 给出。

4 要求

4.1 材料要求

抄取法无石棉纤维垫片材料中不得含有石棉。

4.2 外观质量

抄取法无石棉纤维垫片材料表面应光滑、平整,不得有影响使用的皱折、划痕等缺陷,边缘应整齐。

4.3 尺寸偏差

4.3.1 板材的长度和宽度,其允许偏差为 0 mm～20 mm;边缘应整齐,各角应为直角,两条对角线的长度差不超过对角线长度的 1%。

4.3.2 卷材的长、宽度,宽度允许偏差为 0 mm～20 mm。卷材边缘应整齐。

4.3.3 厚度偏差应符合表 1 规定。如果用户有特殊要求时,按用户要求执行。

表 1 抄取法无石棉纤维垫片材料厚度允许偏差

单位为毫米

厚度范围	允许偏差	同一张板材或卷材厚度差
0.70 以下	±0.05	≤0.05
0.71～1.00	±0.08	≤0.08
1.01～1.50	±0.13	≤0.13
1.51 以上	±0.20	≤0.20

4.4 物理力学性能

抄取法无石棉纤维垫片材料的物理力学性能应符合表 2 规定。其他性能指标由供需双方协商。

表 2 抄取法无石棉纤维垫片材料物理力学性能

项 目		CPT	CNY	CPR	CNR
密度/(g/cm^3)		供需双方协商确定			
横向拉伸强度/MPa	≥	7.0	10.5	7.0	1.8
老化系数/%	≥	—	—	—	0.9
压缩率/%		10.0～20.0	5.0～20.0	15.0～30.0	25.0～40.0
回弹率/%	≥	40.0	45.0	35.0	15.0
烧失量(800 ℃,1 h)/%	≤	—	—	—	35.00
蠕变松弛率/%	≤	40.0	30.0	40.0	40.0
常温挠曲系数	≤	12		5	12

表 2（续）

项　　目		CPT	CNY	CPR	CNR
浸渍 IRM903 油或 3 号油后性能，149 ℃±2 ℃，5 h	增重率/%　≤	40.0	30.0	—	55.0
	增厚率/%	≤20.0	≤20.0	30.0～50.0	≤20
	横向拉伸强度/MPa　≥	—	6.0	—	—
浸渍 ASTM 燃料油 B 后性能，21 ℃～30 ℃，5 h	增重率/%　≤	30.0	20.0	—	45.0
	增厚率/%	5.0～20.0	0～15.0	15.0～35.0	0～15.0
浸渍蒸馏水＋乙二醇（50∶50）后性能，130 ℃±2 ℃，22 h	增重率/%　≤	供需双方协商确定			
	增厚率/%				

5　试验方法

5.1　试样调节

抄取法无石棉纤维垫片材料所有物理力学性能测试用样品均应放在 100 ℃±2 ℃的电热干燥箱内调节 1 h，然后移至装有无水氯化钙的干燥器中冷却至 21 ℃～30 ℃，再开始试验。

5.2　石棉含量的测定

按 GB/T 23263 进行。

5.3　外观检查

外观质量采用目测方法检查。

5.4　尺寸的测定

5.4.1　长度和宽度用分度值为 1 mm 的直尺或卷尺测量。

5.4.2　厚度测量按 GB/T 20671.1 的 7 型材料的规定执行。分别在板材或卷材的长度和宽度方向距边缘 10 mm～20 mm 的范围内，两边和中间各测量三点。共测量六个点。同一张板材或卷材六个测量点最大值和最小值的差值作为厚度差的报告值。

5.5　密度的测定

按 GB/T 22308 进行。

5.6　横向拉伸强度的测定

按 GB/T 20671.7 方法 A 进行。

5.7　老化系数的测定

在进行 5.6 横向拉伸强度测定的同时，制备相同的试样三条。将这三条试样置于温度为 150 ℃±2 ℃ 的老化试验箱内，试样间距不得小于 10 mm，保持 24 h 后取出，在干燥器中放置 30 min，按 5.6 进行横向拉伸强度测定。

老化系数按式(1)计算。

$$老化系数=\frac{p_1}{p_0} \quad \cdots\cdots(1)$$

式中：

p_1——三个试样老化后的横向拉伸强度平均值，单位为兆帕(MPa)；

p_0——三个试样未老化时的横向拉伸强度平均值，单位为兆帕(MPa)。

5.8 压缩率、回弹率的测定

按 GB/T 20671.2 的程序 J 进行。

5.9 烧失量的测定

5.9.1 仪器设备

5.9.1.1 天平：感量不大于 0.001 g。

5.9.1.2 电热干燥箱：0 ℃～200 ℃，精确度±2 ℃。

5.9.1.3 高温炉：可控制温度在 800 ℃±20 ℃。

5.9.1.4 瓷坩埚：50 mL。

5.9.1.5 干燥器。

5.9.2 试验步骤

5.9.2.1 取 3 g～5 g 试样三份，放入已恒重的瓷坩埚中并准确称量(精确至 0.001 g)。

5.9.2.2 将装有试样的坩埚置于温度为 800 ℃±20 ℃高温炉中，在此温度下保持 1 h。

5.9.2.3 取出坩埚，置于干燥器中冷却 30 min。

5.9.2.4 称量灼烧后的坩埚和试样质量。

5.9.3 结果计算

烧失量按式(2)计算。

$$烧失量(\%)=\frac{m_1-m_2}{m_1-m_3}\times 100 \quad \cdots\cdots(2)$$

式中：

m_1——灼烧前坩埚和试样的总质量，单位为克(g)；

m_2——灼烧后坩埚和试样的总质量，单位为克(g)；

m_3——坩埚的质量，单位为克(g)。

以三个试样的算术平均值为试验结果，并按 GB/T 8170 修约至两位小数。

5.10 蠕变松弛率的测定

按 GB/T 20671.5 的试验方法 B 进行。

5.11 常温挠曲系数的测定

按 GB/T 20671.8 进行。试验温度为 21 ℃～30 ℃。

5.12 浸渍 IRM903 油试验

按 GB/T 20671.3 的 7 型材料的规定进行。

5.13 浸渍 ASTM 燃料油 B 试验

按 GB/T 20671.3 的 7 型材料的规定进行。

5.14 浸渍蒸馏水＋乙二醇(50∶50)试验

5.14.1 仪器和试剂

5.14.1.1 乙二醇:分析纯。
5.14.1.2 蒸馏水:符合 GB/T 6682 规定要求。
5.14.1.3 烧杯:250 mL。
5.14.1.4 表面皿。
5.14.1.5 量筒:100 mL。
5.14.1.6 定性滤纸。
5.14.1.7 天平:感量不大于 0.001 g。
5.14.1.8 测厚仪;压头直径 6.4 mm±0.13 mm,试样上的压强 80.3 kPa±6.9 kPa。
5.14.1.9 电热干燥箱:0 ℃～200 ℃,精确度±2 ℃。
5.14.1.10 干燥器。

5.14.2 试验步骤

5.14.2.1 制取 40 mm×40 mm 的试样,按 5.1 进行调节。
5.14.2.2 准确称量试样(精确至 0.001 g),作为浸渍前的质量;再在试样的四角和中心测量五点厚度,作为浸渍前的厚度。
5.14.2.3 用量筒量取乙二醇和蒸馏水各 100 mL,倒入烧杯中混匀。
5.14.2.4 将试样放入盛有乙二醇和水的烧杯中,盖上表面皿,将烧杯置于 130 ℃±2 ℃电热干燥箱内,保持 22 h。
5.14.2.5 取出试样并立即浸入新配制的温度为 21 ℃～30 ℃的乙二醇和水(50∶50)溶液中,放置 30 min。
5.14.2.6 取出试样并立即用定性滤纸吸去试样表面多余的液体。吸去多余液体时要小心操作,不能挤压试样。
5.14.2.7 再次按 5.14.2.2 称量试样浸渍液体后的质量,在原测量点测量试样浸渍液体后的厚度。

5.14.3 结果计算

5.14.3.1 增重率按式(3)计算。

$$增重率(\%)=\frac{m_4-m_5}{m_5}\times 100 \qquad \cdots\cdots(3)$$

式中:

m_4——试样浸液后的质量,单位为克(g);

m_5——试样浸液前的质量,单位为克(g)。

5.14.3.2 增厚率按式(4)计算。

$$增厚率(\%)=\frac{h_1-h_2}{h_2}\times 100 \qquad \cdots\cdots(4)$$

式中:

h_1——试样浸液后的厚度,单位为毫米(mm);

h_2——试样浸液前的厚度,单位为毫米(mm)。

以试样所测量五点增厚率的算术平均值为每片试样的增厚率,并按 GB/T 8170 修约至一位小数。

5.14.3.3 增重率和增厚率均以三个试样的算术平均值为试验结果,并按 GB/T 8170 修约至一位小数。

6 检验规则

6.1 检验分类

6.1.1 出厂检验

抄取法无石棉纤维垫片材料的出厂检验项目为:外观质量、尺寸偏差、密度、横向拉伸强度、压缩率、回弹率。

6.1.2 型式检验

抄取法无石棉纤维垫片材料的型式检验项目为第4章规定的所有项目。

有下列情况之一时,应进行型式检验:

——产品正式投产或定型时;

——正常生产时,每半年进行一次;

——原材料、工艺等发生较大变化,可能影响产品性能时;

——出厂检验结果与上次型式检验结果有较大差异时;

——产品停产6个月以上恢复生产时;

——国家质量监督机构或用户提出型式检验要求时。

6.2 组批原则

以同一批原材料、同一工艺生产的同厚度抄取法无石棉纤维垫片材料2 000 kg为一批,不足2 000 kg仍按一批计。

6.3 抽样方法

抄取法无石棉纤维垫片材料的外观和尺寸检查采用随机抽样。不同批量所需的样本大小和合格批、不合格批的判定数应符合表3规定。

表 3 单位:张

批量	样本大小	合格判定数	不合格判定数
2～8	2	0	1
9～15	3	0	1
16～25	5	1	2
26～50	8	1	2
51～90	13	2	3
91～150	20	3	4
151～280	32	5	6
281～500	50	7	8

抄取法无石棉纤维垫片材料的物理力学性能检验用样品从外观和尺寸检查合格的样品中随机抽取三张(样品长宽尺寸较小、样量不够时可酌情多抽),每张制备各个检验项目用试样一份。

6.4 判定规则

抄取法无石棉纤维垫片材料的外观和长度尺寸偏差按表 3 检查判定。物理力学性能任何一项不符合第 4 章的要求时，应加倍对该项进行复验，以复验结果为准。

厚度的测定仍按表 3 抽样检查，若有任何一个厚度测量点的厚度值或同一张板材或卷材的厚度值不符合表 1 规定时，判定该项目不符合本标准要求。

质量指标全部符合本标准的要求时，判定该批产品合格，若有任何一项不符合本标准的要求时，判定该批产品不合格。

7 标志、包装、运输、贮存

7.1 标志

7.1.1 每张或每卷抄取法无石棉纤维垫片材料上应印刷制造厂名称和/或注册商标。印刷应清楚。

7.1.2 每个包装单元内应附有产品合格证明。内容包括：产品标记、公称厚度、物理力学性能指标及检验结果、检验日期、检验员或检验部门名章、制造厂名称。

7.1.3 每个包装单元的外包装上应印刷制造厂名称、地址、电话、公称厚度、长宽尺寸、重量、制造日期和/或批号等内容。外包装图示标志应符合 GB/T 191 规定。

7.2 包装

7.2.1 抄取法无石棉纤维垫片材料应以衬有防潮纸或塑料纸的箱装或捆装。

7.2.2 每箱(捆)抄取法无石棉纤维垫片材料不应超过两个取样口，只应有不小于 500 mm×500 mm 的零散产品一张。

7.3 运输

运输中应防雨、防潮、防晒、防破损。

7.4 贮存

7.4.1 抄取法无石棉纤维垫片材料贮存时，应放置在温度为 0 ℃～30 ℃的具有防雨防潮设施的仓库内，不应日光直接照射，远离热源。

7.4.2 抄取法无石棉纤维垫片材料的贮存有效期从制造日起为 18 个月。

附　录　A
（资料性附录）
本标准所列类别的产品对应 GB/T 20671.1 的编码

本标准所列类别的产品	对应 GB/T 20671.1 的编码
普通型	F723950-B6E44L ________ M4TZ
耐油型	F729940-B5E33L ________ M5TZ
膨润型	F729600-B6E06L ________ M4TZ
耐热型	F726990-B6E93L ________ M2TZ

注：L ________ 后面的三位数码由制造商根据所使用的增强纤维和粘接剂，按照 GB/T 20671.1 的规定如实填写。

ICS 91.100.30
Q 14

中华人民共和国国家标准

GB/T 27794—2011

电力电缆用承插式混凝土导管

Socket type concrete conduits for electric cable

2011-12-30 发布　　　　2012-08-01 实施

中华人民共和国国家质量监督检验检疫总局
中国国家标准化管理委员会　发布

前　言

本标准按照 GB/T 1.1—2009 给出的规则起草。

本标准由中国建筑材料联合会提出。

本标准由全国水泥制品标准化技术委员会(SAC/TC 197)归口。

本标准负责起草单位:苏州混凝土水泥制品研究院有限公司、广州市建筑机械施工有限公司。

本标准参加起草单位:浙江巨龙管业股份有限公司。

本标准主要起草人:谈永泉、丁昌银、倪志权、俞锋、何炳泉、胡恒、刘远祥。

电力电缆用承插式混凝土导管

1 范围

本标准规定了电力电缆用承插式混凝土导管(以下简称导管)的分类、标记和规格尺寸、原材料及施工辅助材料要求、技术要求、试验方法、检验规则、标志、贮存、包装和运输、出厂证明书等。

本标准适用于采用工厂制造、现场安装、用橡胶圈柔性密封、连杆连接的电力电缆用的混凝土预制导管。通讯或其他电缆的保护管可参照本标准。

2 规范性引用文件

下列文件对于本文件的应用是必不可少的。凡是注日期的引用文件,仅注日期的版本适用于本文件,凡是不注日期的引用文件,其最新版本(包括所有的修改单)适用于本文件。

GB 175 通用硅酸盐水泥

GB/T 700 碳素结构钢

GB 8076 混凝土外加剂

GB/T 14684 建筑用砂

GB/T 14685 建筑用卵石、碎石

GB/T 50081—2002 普通混凝土力学性能试验方法标准

GB/T 50107 混凝土强度检验评定标准

GB 50119 混凝土外加剂应用技术规范

GB 50164 混凝土质量控制标准

GB 50204—2002 混凝土结构工程施工质量验收规范

JGJ 55 普通混凝土配合比设计规程

JGJ 63 混凝土用水标准

3 分类、标记和规格尺寸

3.1 分类

导管按孔数分为2孔管、4孔管、6孔管三种。按孔径分为125 mm、150 mm两种。

3.2 标记

导管代号DH。导管以代号、孔径×公称长度、孔数及标准编号顺序进行标记。

示例:孔径为150 mm、公称长度为1 000 mm、孔数为4孔的导管标记为:

DH 150×1 000—4 GB/T 27794—2011

3.3 规格尺寸

导管的规格尺寸应符合图1和表1的规定。

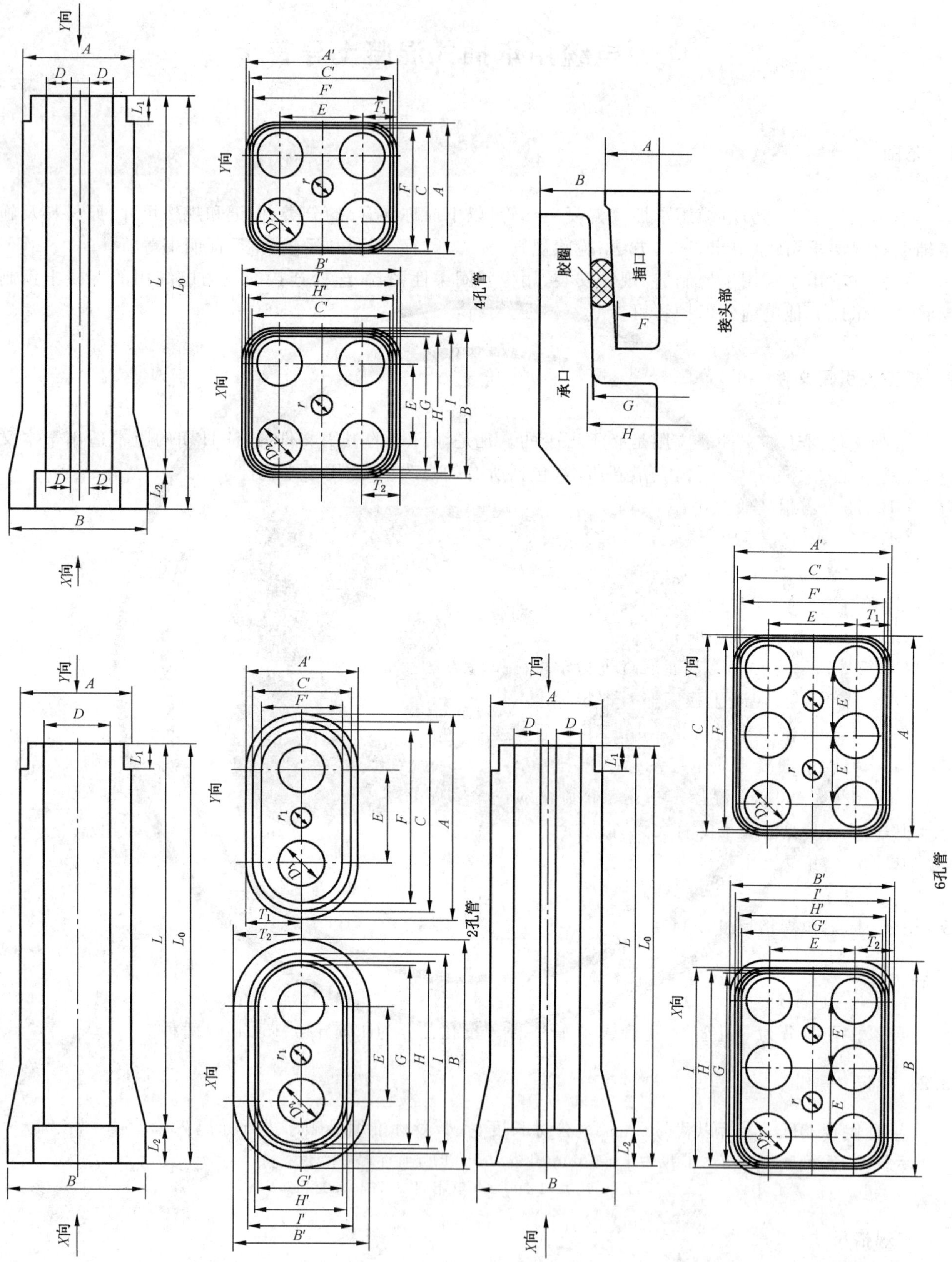

图 1　导管产品示意图

表 1 导管的规格尺寸

单位为毫米

类别		2孔管		4孔管		6孔管	
孔径		125	150	125	150	125	150
L		1 000					
L_0		1 050					
L_1		38					
L_2		50					
插口部	D_1	125	150	125	150	125	150
	E	176	200	150	176	150	176
	T_1	90	102	90	102	90	102
	A	356	404	330	380	480	556
	A'	180	204	330	380	330	380
	C	344	392	318	368	468	544
	C'	168	192	318	368	318	368
	F	338	386	312	362	462	538
	F'	162	186	312	362	312	362
承口部	D_2	125	150	125	150	125	150
	E	176	200	150	176	150	176
	T_2	124	136	124	136	124	136
	B	424	472	398	448	548	624
	B'_1	248	272	398	448	398	448
	G	356	404	330	380	480	556
	G'	180	204	330	380	330	380
	H	362	410	336	386	486	562
	H'	186	210	336	386	336	386
	I	368	416	342	392	492	568
	I'	192	216	342	392	342	392

4 原材料及施工辅助材料要求

4.1 生产导管应采用强度等级不低于 42.5 的通用硅酸盐水泥，其性能应符合 GB 175 的规定。

4.2 细集料应符合 GB/T 14684 的规定。

4.3 粗集料宜采用碎石或卵石，其性能应符合 GB/T 14685 的规定，其中石子最大颗粒粒径不应超过两个相邻圆孔之间净距离的 3/4，同时应符合 GB 50204—2002 的有关规定。

4.4 混凝土拌合和养护用水应符合 JGJ 63 的规定。

4.5 混凝土外加剂应符合 GB 8076 的规定。混凝土外加剂的应用应符合 GB 50119 的规定。

4.6 若使用掺合料，掺合料不得对制品性能产生有害影响，掺合料应符合相关产品标准的规定，使用前必须进行试验验证。

4.7 导管密封用胶圈的技术性能参见附录A。

4.8 导管用连杆的技术性能参见附录B。

5 技术要求

5.1 混凝土强度

5.1.1 混凝土强度等级：混凝土设计强度等级不得低于C40。混凝土的配合比设计应符合JGJ 55的规定，混凝土抗压强度的检验应符合GB/T 50081—2002的规定，混凝土的质量控制应符合GB 50164的要求。

5.1.2 脱模时，与导管同条件养护的混凝土抗压强度不应低于混凝土设计强度的50%。出厂时混凝土抗压强度不应低于混凝土设计强度的100%。

5.1.3 标准养护条件下28 d混凝土抗压强度检验评定应满足GB/T 50107的要求。

5.2 外观质量

外观质量应符合表2的规定。

表2 外观质量要求

项　目	外观要求
起皮、粘皮、麻面	孔内壁表面局部起皮深度不超过4 mm，各孔累计面积不超过内表面积的1/100，预制导管外表面局部粘皮与麻面的深度不超过5 mm，累计面积不超过外表面积的1/20，可以修补。修补后的孔内壁表面和预制导管外表面应光滑平整。孔内壁表面不应有凸出或凸起物
承插口凹槽、麻面与插口合缝错缝	承插口工作面局部凹槽与麻面的深度不超过3 mm。宽度不超过10 mm。单根长度不超过50 mm。插口合缝处的错缝长度不超过50 mm，可以修补。修补后工作面应光滑平整
端部局部磕损	局部磕损沿管轴长度未达到承插口工作面，面积不超过50 cm^2，可以修补。修补后尺寸和外观应达到标准要求
蜂窝	不允许
塌落	不允许
表面裂缝	不允许
注：水纹、龟裂不在表面裂缝之内。	

5.3 尺寸偏差

导管的尺寸偏差应符合表3的规定。

表 3 导管的尺寸偏差

单位为毫米

项目	允许偏差
L_0	±6
L_1	±2
L_2	±2
D_1、D_2	±3
E	±2
C、C'	±1
F、F'	$^{+2}_{-1}$
G、G'	±1
H、H'	±1
承插口端面与管轴的垂直度	±2

5.4 力学性能

导管的力学性能应符合表 4 的规定。

表 4 导管的力学性能

序号	项目	指标		
		2 孔导管	4 孔导管	6 孔导管
1	管体破坏弯矩/(kN·m)	≥8	≥10	≥18
2	管体外压破坏荷载/kN	≥100	≥150	≥200
3	接头部剪切破坏荷载/kN	≥15	≥30	≥40

5.5 接头密封性能

导管在 0.10 MPa 水压下保持 15 min，接头处不应渗水、漏水。

6 试验方法

6.1 混凝土强度

6.1.1 混凝土拌合物应在搅拌站或喂料工序中随机取样，制作立方体试件，3 个试件为一组。

6.1.2 每天拌制的同配合比的混凝土，取样不应少于一次。每次至少成型三组。一组试件与导管同条件养护脱模后再进行标准养护，其他试件与导管同条件养护。

6.1.3 经标准养护的试件用于检验评定混凝土强度等级，其他同条件养护的试件，用于测定脱模强度和出厂强度。

6.1.4 立方体试件的抗压强度应按 GB/T 50081—2002 规定的试验方法进行测定。

6.1.5 混凝土 28 d 抗压强度检验评定按 GB/T 50107 进行评定。

6.2 外观质量与尺寸偏差

6.2.1 起皮、粘皮、麻面的面积、凹槽的宽度和长度、合缝处错缝、局部磕损用分度值为 1 mm 的钢卷尺或钢直尺测量；深度用深度游标卡尺测量。目测有无蜂窝、塌落和表面裂缝现象，面积用钢卷尺进行测量后计算，裂缝宽度用读数显微镜进行测量。

6.2.2 导管的 L_0、L_1、L_2、C、C'、F、F'、G、G'、H、H' 用精确度为 1 mm 的钢直尺测量。

6.2.3 导管的 D_1、D_2 用内径千分尺测量，在导管两端垂直对称位置各测两处，取两次测量值的算术平均值。

6.2.4 导管承插口端面与管轴的垂直度用直角尺与分度为 0.5 mm 的钢直尺测量，测量位置在承口和插口端面的中部，沿与管轴垂直的两个方向各测一次。分别取两次测量值的算术平均值。

6.2.5 导管的 E 用游标卡尺进行测量，沿与管轴垂直的两个端面两个方向各测一次。取四次测量值的算术平均值。

6.3 管体破坏弯矩

导管的管体破坏弯矩试验采用简支法，试验装置见图 2。可采用千斤顶或其他方式集中加荷，采用测力传感器进行测力。着力点用宽约 100 mm、长度不小于管体宽度的工字钢，工字钢下垫厚约 30 mm 的硬质木板，木板与管体间垫一块厚约 3 mm 的毛毡或纸板。试验时，以 20 kN/min 的加荷速度均匀加荷，直至管体破坏。导管的管体破坏弯矩按式(1)进行计算：

单位为毫米

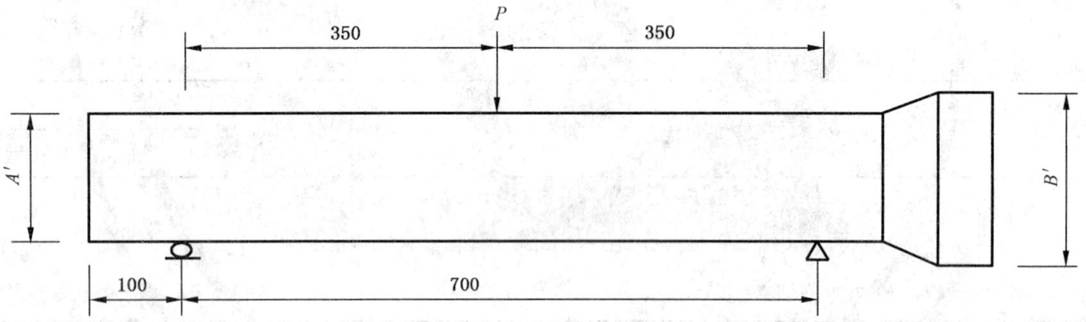

图 2 抗弯试验示意图

$$M=\frac{(P+0.5W)\times L}{4} \qquad \cdots\cdots(1)$$

式中：

M ——管体破坏弯矩，单位为千牛米(kN·m)；

P ——破坏荷载，单位为千牛(kN)；

W ——导管自重，单位为千牛(kN)；

L ——支座间距，0.7 m。

6.4 管体外压破坏荷载

管体外压破坏试验装置见图 3，试验时，导管管体上下各放置一块厚约 30 mm 的硬质木板，木板与导管管体之间各垫一块厚约 3 mm 的毛毡或纸板，毛毡或纸板的各边边长应比木板长(5～10)mm，木板尺寸见表 5。加荷方式为均布加荷，可在四柱压力试验机上进行试验并读取荷载值。试验时，以 20 kN/min 的加荷速度均匀加荷，直至管体破坏。

单位为毫米

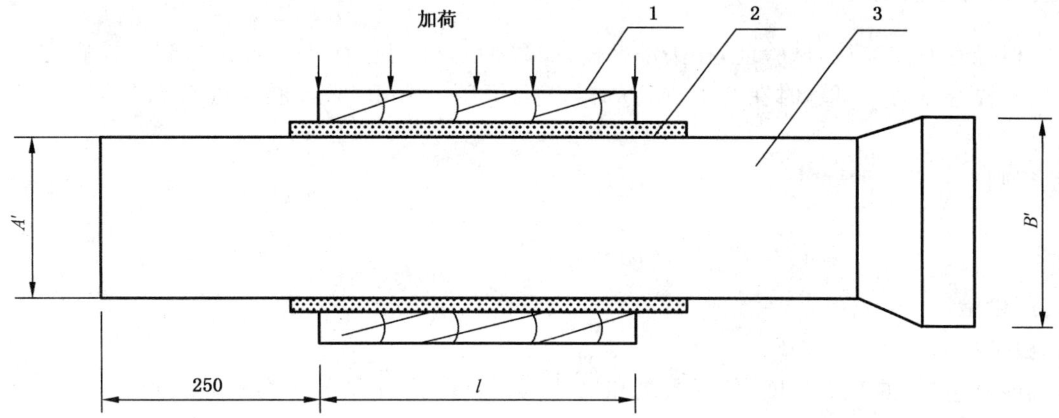

说明：
1——木板；
2——毛毡或纸板；
3——导管。

图 3　管体外压破坏试验示意图

表 5　木板尺寸

单位为毫米

孔径	2 孔管		4 孔管		6 孔管	
	l	l'	l	l'	l	l'
125	230	>176	270	>150	270	>300
150	300	>200	340	>176	340	>352
注：l、l'分别为木板的长度和宽度。						

6.5　接头部剪切破坏荷载

接头部剪切破坏试验装置见图 4。试验前导管接头内橡胶圈应到位，并用连杆将导管拉紧到位。可采用千斤顶或其他方式集中加荷，采用测力传感器进行测力。试验时，加荷点应位于两根导管接头部的正上方，以 2 kN/min 的加荷速度匀速加荷，直至接头部破坏。

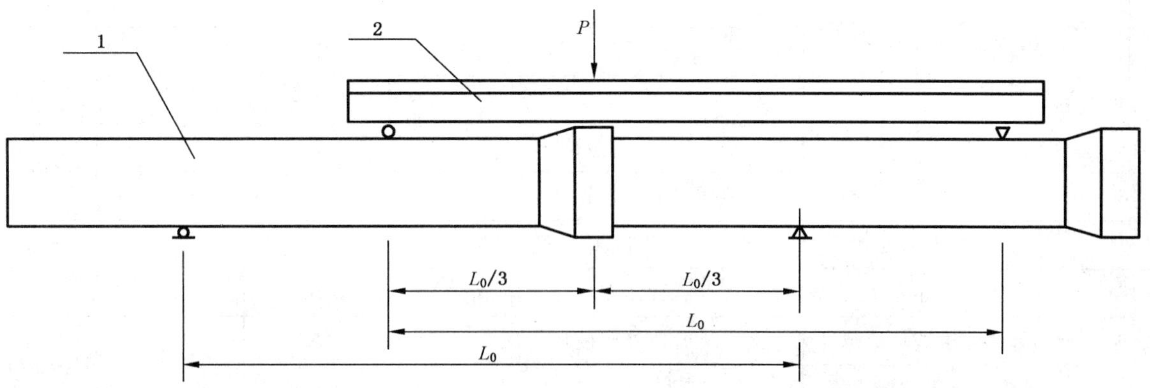

说明：
1——导管；
2——加荷梁。

图 4　剪切破坏试验示意图

6.6 接头密封性能试验

将两根导管对准连接，试验前，接头部橡胶圈应到位，并用连杆将导管拉紧到位。宜在 1 min 内均匀升至规定检验压力。试验时在 0.10 MPa 水压下，恒压 15 min，观察接头处有无渗漏水现象。

7 检验规则

7.1 导管的检验分出厂检验与型式检验两种。

7.2 出厂检验

7.2.1 检验项目

检验项目包括：混凝土强度、外观质量和尺寸偏差。检验项目分 A 类和 B 类指标，A 类为主要质量指标，B 类为次要质量指标。见表 6。

表 6 检验项目及类别

序号	质量指标	检验项目	类别	出厂检验项目	型式检验项目
1	外观质量	起皮、粘皮、麻面	B	√	√
2		承插口凹槽、麻面与插口合缝错缝	B	√	√
3		端部局部磕损	B	√	√
4		蜂窝	A	√	√
5		塌落	A	√	√
6		表面裂缝	A	√	√
7	尺寸偏差	L_0	B	√	√
8		L_1	B	√	√
9		L_2	B	√	√
10		D_1、D_2	B	√	√
11		E	B	√	√
12		C、C'	B	√	√
13		F、F'	B	√	√
14		G、G'	B	√	√
15		H、H'	B	√	√
16		承插口端面与管轴的垂直度	B	√	√
17	混凝土强度	混凝土强度	A	√	√
18	管体破坏弯矩	管体破坏弯矩	A	×	√
19	管体外压破坏荷载	管体外压破坏荷载	A	×	√
20	接头部剪切破坏荷载	接头部剪切破坏荷载	A	×	√
21	接头密封性能	接头密封性能	A	×	√

注：√——必检项目；×——不检项目。

7.2.2 **批量**

出厂产品以相同规格、相同原材料、相同工艺的导管为一个批量，每批产品的数量不得超过 3 000 根，但当 3 个月内生产总数不足 3 000 根时，也可作为一个批量检验。

7.2.3 **抽样**

7.2.3.1 **混凝土强度**

检查受检批产品生产记录，若产品当月生产，可查上一个月产品生产记录。

7.2.3.2 **外观质量和尺寸偏差**

从受检批中采用随机抽样的方法抽取 10 根导管，逐根进行外观质量和尺寸偏差检验。

7.2.4 **判定规则**

7.2.4.1 **混凝土强度**

试验频次符合标准规定，28 d 混凝土抗压强度按 GB/T 50107 评定合格。

7.2.4.2 **外观质量和尺寸偏差**

10 根受检管子中，A 类项目必须全部合格；每项 B 类项目的超差不超过 2 根为单项合格，B 类项目的超差不超过 2 项，则判定该批产品的外观质量和尺寸偏差合格。

7.2.5 **总判定**

混凝土强度、外观质量和尺寸偏差均符合标准要求时，则判该批产品为合格。

7.3 **型式检验**

7.3.1 检验项目

检验项目包括：混凝土强度、外观质量和尺寸偏差、管体破坏弯矩、管体外压破坏荷载、接头部剪切破坏荷载、接头密封性能。

7.3.2 在下列情况下，应进行型式试验：

a) 新产品或老产品转厂生产的试制定型鉴定；

b) 正常生产后，如材料、工艺有较大改变，可能影响产品性能时；

c) 当不同规格的导管生产量达到 15 000 根时，或在 6 个月内生产总数不足 15 000 根时；

d) 产品长期停产后，恢复生产时；

e) 出厂检验结果与上一次型式检验结果有较大差异时；

f) 国家或地方质量监督机构提出进行型式检验要求时。

7.3.3 抽样。

7.3.3.1 混凝土强度

同 7.2.3.1。

7.3.3.2 外观质量和尺寸偏差

同 7.2.3.2。

7.3.3.3 管体破坏弯矩、管体外压破坏荷载、接头部剪切破坏荷载

从混凝土强度、外观质量和尺寸偏差检验合格的导管中，抽取 8 根导管，其中 2 根检验管体破坏弯矩，2 根检验管体外压破坏荷载，4 根导管分二组对接后进行接头部剪切破坏荷载。

7.3.3.4 接头密封性能

从混凝土强度、外观质量和尺寸偏差检验合格的导管中，抽取 2 根导管进行对接后进行接头密封性能检验。

7.3.4 **判定规则**

7.3.4.1 混凝土强度

同 7.2.4.1。

7.3.4.2 外观质量和尺寸偏差

同 7.2.4.2。

7.3.4.3 管体破坏弯矩、管体外压破坏荷载、接头部剪切破坏荷载

管体破坏弯矩、管体外压破坏荷载、接头部剪切破坏荷载试验结果均符合标准要求，则判定该批导管相应项目合格。以上三个项目有且仅有一项目中仅有一根（接头部剪切破坏荷载试验为一组）不符合标准要求时，则允许从同批导管中随机抽取加倍数量的导管对该不合格项目进行复试。复试结果应全部符合标准要求，否则判定相应项目不合格。

7.3.4.4 接头密封性能

接头密封性能试验时，若接头处无渗水、漏水，则判定接头密封性能合格。不符合标准要求，不再加倍抽样复试。

7.3.5 **总判定**

混凝土强度、外观质量和尺寸偏差、接头密封性能、管体破坏弯矩、管体外压破坏荷载、接头部剪切破坏荷载均符合标准要求（管体破坏弯矩、管体外压破坏荷载、接头部剪切破坏荷载允许有一项复检合格）时，则判该批产品合格。

8 标志、贮存、包装和运输

8.1 标志

除另有规定外，导管上应有如下标志，标志应清晰明显地印在导管管身外表面的中部：

a） 产品标记；

b） “下有电缆”的字样；

c） 产品执行标准；

d） 制造厂厂名或商标；

e） 制造日期。

8.2 贮存

8.2.1 产品应按类型、规格及生产日期分别堆放。

8.2.2 产品的堆放场地应平整，可采用立式或卧式堆放。立式堆放时，堆放层数为1层。并应垫以草垫或厚度不小于5 mm的砂层。卧式推放时，承口部位应交叉放置，堆放层数应不超过表7规定。产品层与层之间应用垫木隔开，每层垫木的的支承点应在同一平面，各层垫木位置应在同一垂直线上。

表7 堆放层数

孔数	2孔	4孔	6孔
堆放层数	4	3	3
注：2孔或6孔导管卧式堆放时，其横截面中的长边应与地面平行。			

8.3 包装

产品的承插口处应用草绳、草片、草包等包装，以防碰撞损坏。

8.4 运输

8.4.1 产品起吊及装卸时，应轻起轻放，严禁抛掷、碰撞、滚落。

8.4.2 产品运输时，应固定牢靠，可采用立式或卧式堆放。立式堆放时，堆放层数为1层。产品下应垫以草垫，产品间应用草包等隔离；卧式堆放时，堆放层数应不超过表7规定，层间应垫以草包。

9 出厂证明书

导管出厂时，应随带企业统一编号的出厂证明书，其内容应包括：

a） 企业名称或商标、厂址、电话；
b） 产品标记；
c） 生产日期、出厂日期；
d） 执行标准；
e） 混凝土抗压强度检验结果；
f） 外观质量和尺寸偏差检验结果；
g） 制造厂质量检查部门签章。

附 录 A
（资料性附录）
密封用O型实心胶圈技术要求

本附录适用于导管用密封胶圈。

A.1 胶圈形状

密封用O型实心胶圈(以下简称胶圈)的截面应呈圆形。表面应光滑、无凹痕、砂眼、气孔和其他缺陷。

A.2 胶圈材料

胶圈用橡胶配方中天然橡胶的含量不少于总体积的60%，其余部分为粉状填料，但不应是橡胶用品、再生橡胶及有害物质。

A.3 胶圈性能

胶圈性能应满足如下要求：

a) 硬度(邵氏)45度～55度；

b) 拉断强度大于16 MPa；

c) 拉断伸长率大于500%；

d) 拉伸永久变形小于20%；

e) 截面直径12 mm。

A.4 胶圈公差

胶圈公差应满足如下要求：

a) 环径公差为±3 mm；

b) 截面直径公差为±0.5 mm。

附　录　B
（资料性附录）
连接用连杆技术要求

本附录适用于导管连接用连杆，包括螺杆、螺母和垫圈。

B.1　材料

连接用螺杆、螺母和垫圈用 Q235A 圆钢加工时，应符合 GB/T 700 中有关规定。

B.2　尺寸与公差

B.2.1　连接螺杆尺寸与公差见图 B.1。

单位为毫米

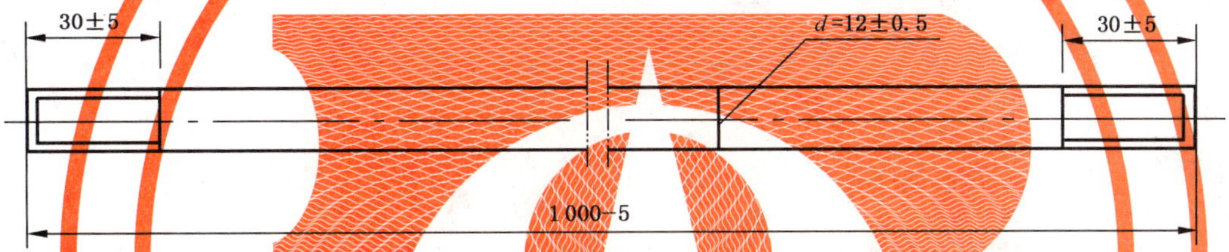

图 B.1　连接螺杆尺寸与公差

B.2.2　连接螺母尺寸与公差见图 B.2。

单位为毫米

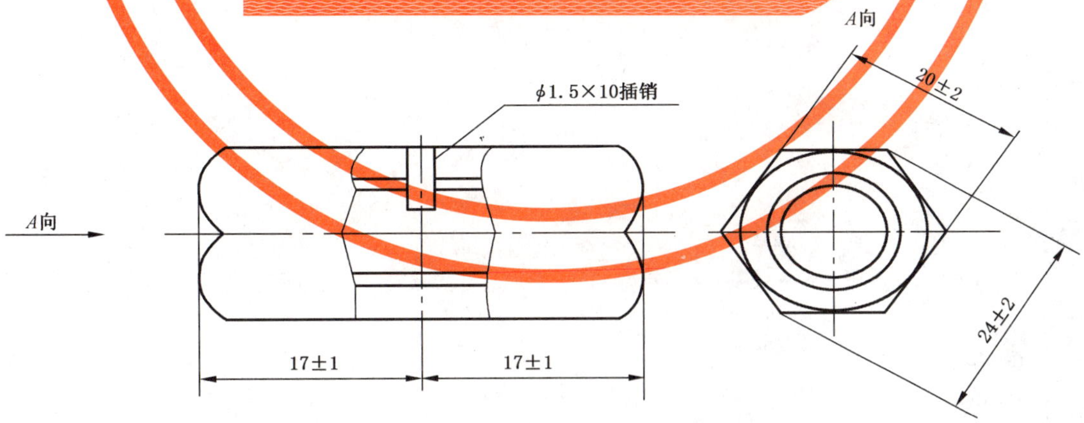

图 B.2　连接螺母尺寸与公差

B.3　技术性能

连接螺杆与连接螺母的连接拉力不应小于 1 500 N。

参 考 文 献

[1] GB/T 700 碳素结构钢

ICS 23.100.60
Q 69

中华人民共和国国家标准

GB/T 27795—2011

非金属垫片腐蚀性试验方法

Test method for corrosion testing of non-metallic gaskets

2011-12-30 发布 2012-08-01 实施

中华人民共和国国家质量监督检验检疫总局
中国国家标准化管理委员会 发布

前　言

本标准按照 GB/T 1.1—2009 给出的规则起草。

本标准对应于 ASTM F363-99a(2004 确认)《垫片腐蚀性试验方法》，与其技术内容基本一致。本标准与 ASTM F363-99a(2004 确认)相比作了如下局部修改：

——将第 1 章的图放在了第 4 章"试验装置"中；将第 1 章和第 3 章合并；

——按照我国习惯第 2 章增加了引导语；用我国标准 GB/T 9126—2008 代替了 ASME B16.21；将 ASTM F112 作为参考文献放在了标准的最后；

——将第 5 章作为警告语放在标准最前面；

——删除了第 10 章"关键词"。

本标准由中国建筑材料联合会提出。

本标准由全国非金属矿产品及制品标准化技术委员会(SAC/TC 406)归口。

本标准起草单位：浙江国泰密封材料股份有限公司、华尔卡(上海)贸易有限公司、咸阳非金属矿研究设计院有限公司、中国标准化研究院、舟山市海山密封材料有限公司、梁山车友汽车配件制造有限公司。

本标准主要起草人：侯立兵、吴益民、孙锦龙、冯梅、刘涛、施中堂、张忠东、尚兴春、侯彩红。

非金属垫片腐蚀性试验方法

警告：由于该试验单元无排气口，不应使用在试验温度下不稳定的腐蚀性液体。应限制加热器功率，以免温度失控时发生高温危险。试验者应该意识到一定试验条件下，这些注意事项是远远不够的。在一定条件下，使用者可以采取额外的安全预防措施。

1 范围

本标准规定了非金属垫片（以下简称垫片）在不同的温度和压力下的腐蚀性环境中的试验方法。如果法兰非常的平整（行业允许的），试验单元可以使用搪玻璃材料，以用于除氢氟酸外的其他腐蚀性化学品的试验。温度范围可以从低温到 260 ℃，压力范围可以从全真空到试验单元可承受的压力。

本标准用来比较在模拟实用的操作条件下的各种类型的垫片。投入化学工序之前先测试垫片的这些性能。设计的试验单元提供了耐腐蚀的最大范围，以便得到有意义的结果。

注：供需双方同意时本试验可作为常规试验。

2 规范性引用文件

下列文件对于本文件的应用是必不可少的。凡是注日期的引用文件，仅注日期的版本适用于本文件。凡是不注日期的引用文件，其最新版本（包括所有的修改单）适用于本文件。

GB/T 9126—2008 管法兰用非金属平垫片 尺寸

3 试验装置

设计在 260 ℃下内压力最高可达 1 034 kPa 的试验单元，如图 1 所示。

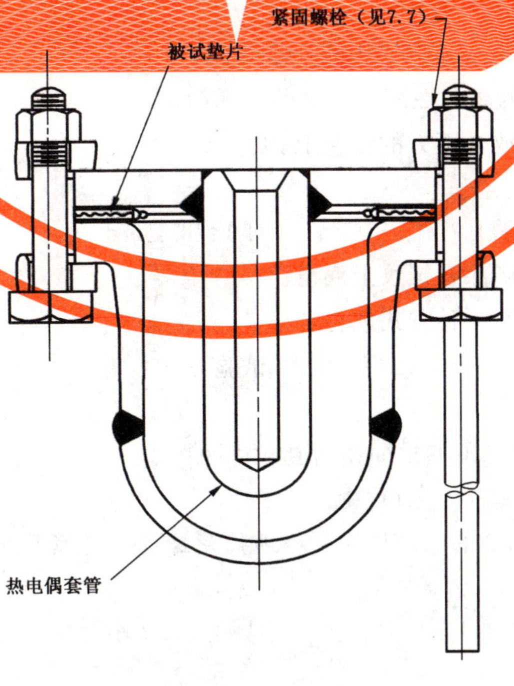

图 1 试验单元

3.1 腐蚀性试验单元

该单元包括一个合适的热电偶套管，将其放置离中心较近的位置以便得到正确的温度读数。垫片基座的尺寸应能容纳一个标准的 DN100 的垫片。

3.2 加热源

一个 3A(660 W，220 V)的电加热器，应能满足在垂直位置把试验单元加热到 232 ℃。如果试验单元水平进行试验，固定装置应具备合适的环境舱或能达到规定温度的电炉。

3.3 必要的控制设备

用温控仪调整控制温度，精度±3 ℃。

3.4 温度计

分度值为 0.5 ℃。

4 试样

4.1 试样尺寸应符合 GB/T 9126—2008 中的 NPS4 的要求。试验垫片的厚度为实际厚度，所以应在报告中指明。

4.2 本试验用于货架库存垫片，所以不需要对试样进行预处理。老化或正常库存条件对成分的影响可忽略。

5 试验程序

5.1 将试验单元放入固定夹具中并施加扭矩拧紧螺栓。

5.2 小心注入 500 mL 所选的腐蚀性液体于试验单元内。

5.3 正确地将试验垫片样品放入下方的法兰上。

5.4 用螺栓、螺母和垫圈装上盖子。

注：将垫圈和螺母的接触面轻轻地打磨使试验结果的可变性减至最小。

5.5 将二硫化钼干油膜或油脂涂在螺纹上润滑。

5.6 试验扭矩值可以通过下面三种方式获得：

a) 包覆垫片密封性夹具(参见 ASTM F112 试验方法)，需要增加 25%来确保安全；

b) 垫片制造商的建议；

c) 通过确定一个可接受的泄漏率使用与其相应的扭矩。

注：增加的安全系数不得超过螺栓的允许负载。

5.7 根据所需要的扭矩，按图 2 的顺序依次平稳地拧紧螺栓。拧紧每个螺栓的扭矩应按 20 N·m 的级差递增。

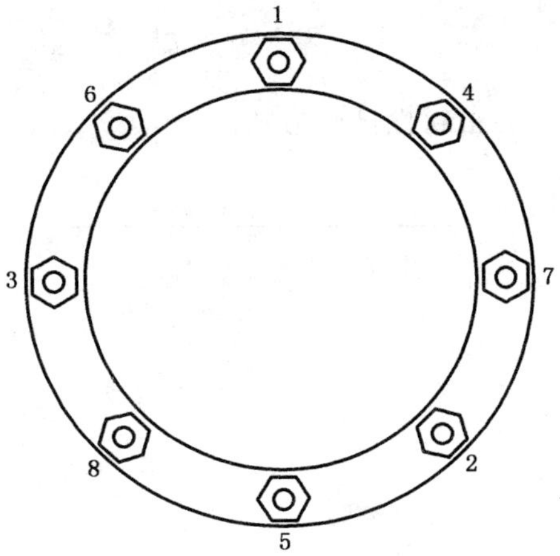

注：应平稳地按图示顺序拧紧螺栓。

图 2 螺栓紧固顺序

5.8 如果想得到气相和液相的试验结果，将拧紧螺栓装配好的试验单元放在电炉或环境舱内的液体旁。

5.9 如果只需要得到气相的试验结果，将试验单元置于垂直状态。用电加热器将试验单元加热到规定的温度，并根据指示灯的显示调整热敏开关。

5.10 放在规定温度下 2 h 后再次拧紧螺栓至最终扭矩。

5.11 继续试验大约 24 h。在此后三天内的每一天关闭热源 8 h。规定的试验周期内剩余的试验时间不需循环，在规定温度下继续进行试验。应确保 2 周的时间以便提供有意义的性能数据。

5.12 待冷却到室温后使用合适的防护装置和安全预防措施拆除试验单元。

5.13 测量试验单元内剩余的液体。

5.14 检查剩余液体有无变色。

5.15 检查垫片有无变色、裂纹、热效应(例如变暗、碳化或硬化)及其他破坏或失效迹象。

5.16 检查在压力和温度下或两者综合作用的物理变形。

6 试验报告

试验报告应包含下列信息：

——垫片的信息；

——试样厚度；

——试验温度；

——腐蚀性溶液的描述；

——仅做气相(垂直)的试验或者气相和液相(旁边)二者兼有；

——试验压力(来自腐蚀试验的温度-压力曲线)；

——施加的螺栓扭矩；

——腐蚀和热效应对垫片的影响，如变暗、破裂、分解；

——溶液的损失。

7 精密度和偏倚

由于试验结果是目测的，所以无法得到精密度和偏倚数据。

参 考 文 献

[1] ASTM F112 包覆垫片的密封性试验方法.

ICS 91.060.10
Q 15

中华人民共和国国家标准

GB/T 27796—2011

建筑用秸秆植物板材

Straw plates used in buildings

2011-12-30 发布　　2012-08-01 实施

中华人民共和国国家质量监督检验检疫总局
中国国家标准化管理委员会　发布

前　言

本标准按 GB/T 1.1—2009 给出的规则起草。

本标准由中国建筑材料联合会提出。

本标准由全国墙体屋面及道路用建筑材料标准化技术委员会(SAC/TC 285)归口。

本标准起草单位:合肥水泥研究设计院、西安墙体材料研究设计院、国家住宅与居住环境工程技术研究中心、广州新绿环阻燃装饰材料有限公司、中山市好城环保建材有限公司、四川星河建材有限公司、中科中加板业(北京)有限公司、湖北中柏科技有限公司、国家建材镁质胶凝材料测试中心。

本标准主要起草人:余学飞、谢萌、段圆圆、王祖润、周炫、付志洪、高宝林、张维善、周兴和、林玲、高艳慧、徐军、童宗荣、刘文清、章诚、万畅达、夏俊雅、杨飞、曹宗平、傅建彪。

建筑用秸秆植物板材

1 范围

本标准规定了建筑用秸秆植物板材(以下简称秸秆板)产品的术语和定义,分类与标记,要求,试验方法,检验规则,标志、运输和贮存。

本标准适用于以硫铝酸盐水泥、改性镁质胶凝材料、通用硅酸盐水泥为胶凝材料,以中低碱玻璃纤维或耐碱玻璃纤维为增强材料,加入粉碎农作物秸秆、稻壳或木屑(植物纤维质量分数应不小于10%)为填料生产的工业与民用建筑的非承重墙板。

2 规范性引用文件

下列文件对于本文件的应用是必不可少的。凡是注日期的引用文件,仅注日期的版本适用于本文件。凡是不注日期的引用文件,其最新版本(包括所有的修改单)适用于本文件。

GB 175 通用硅酸盐水泥

GB 6566 建筑材料放射性核素限量

GB/T 8077 混凝土外加剂匀质性试验方法

GB/T 9978.3 建筑构件耐火试验方法 第3部分:试验方法和试验数据应用注释

GB/T 10295 绝热材料稳态热阻及有关特性的测定 热流计法

GB/T 17431.1 轻集料及其试验方法 第一部分:轻集料

GB/T 18371 连续玻璃纤维纱

GB/T 19889.3 声学 建筑和建筑构件隔声测量 第3部分:建筑构件空气声隔声的实验室测量

GB/T 23451 建筑用轻质隔墙条板

JC/T 449—2008 镁质胶凝材料用原料

JC/T 466 砌墙砖检验规则

JC 714 快硬硫铝酸盐水泥

JC/T 841 耐碱玻璃纤维网布

3 术语和定义

GB/T 23451 规定的术语和定义适用于本文件。

3.1

建筑用秸秆植物板材 straw plates used in buildings

以硫铝酸盐水泥、改性镁质胶凝材料、通用硅酸盐水泥为胶凝材料,以中低碱玻璃纤维或耐碱玻璃纤维为增强材料,加入粉碎农作物秸秆、稻壳或木屑(植物纤维质量分数应不小于10%)为填料生产的工业与民用建筑的非承重墙板。

3.2

植物纤维 plant fibre

粉碎农作物秸秆、稻壳和木屑的总称。

4 分类与标记

4.1 秸秆板按断面构造分为空心墙板、实心墙板两种类别。秸秆板产品分类及代号见表1。

表1 秸秆板产品分类及代号

分类方法	名称	代号
按断面构造分类	空心墙板	K
	实心墙板	S

4.2 秸秆板可采用不同企口和开口形式，但均应满足本标准的规定(见3.1和第5章)。图1为两种秸秆空心墙板外形示意图。

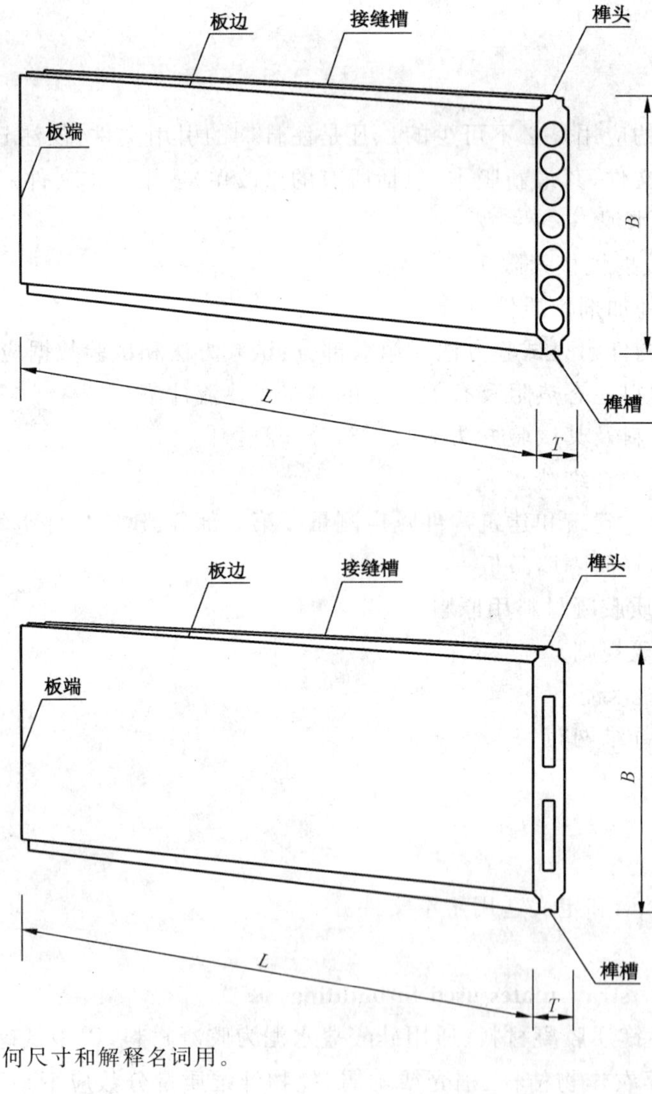

注：此图仅为表达几何尺寸和解释名词用。

L——板长；

B——板宽；

T——板厚。

图1 秸秆空心墙板外形示意图

4.3 规格尺寸

4.3.1 长度尺寸 L 宜≤3.3 m，为层高减去楼板顶部结构件（如梁、楼板）厚度及技术处理空间尺寸，应符合设计要求，由供需双方协商确定。

4.3.2 宽度尺寸 B，主规格为 600 mm。

4.3.3 厚度尺寸 T，主规格为 100 mm、120 mm、180 mm。

4.3.4 其他规格尺寸可由供需双方协商确定，其相关技术指标应符合相近规格产品的要求。

4.4 产品标记

秸秆板产品型号按图 2 标记。

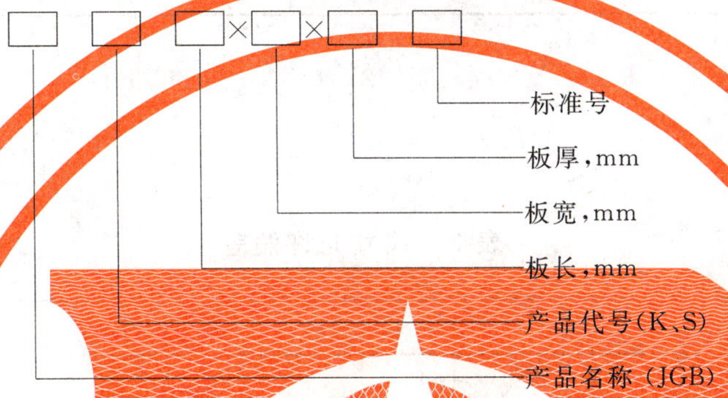

标记示例

板长为 3 000 mm，宽为 600 mm，厚为 100 mm 的空心墙板，标记为：建筑用秸秆植物板材 JGBK 3 000×600×100 GB/T 27796—2011

图 2 标记图示

5 要求

5.1 一般要求

5.1.1 应使用性能稳定的原材料生产墙板。墙板生产企业应逐批验收进厂原材料的合格证，并对主要原材料的性能定期复检。用于生产秸秆板的所有胶凝材料、骨料、增强材料、水、外加剂、掺合料等均应符合相应国家标准、行业标准的有关规定。

5.1.2 镁质胶凝材料应符合 JC/T 449 的规定。

5.1.3 硫铝酸盐水泥应符合 JC 714 的规定。

5.1.4 通用硅酸盐水泥应符合 GB 175 的规定。

5.1.5 玻璃纤维纱应符合 GB/T 18371 的规定，玻璃纤维网布应符合 JC/T 841 的规定。

5.1.6 墙板应有配筋或增强材料。

5.1.7 植物纤维含水率应符合 GB/T 23451 的规定，含泥沙量应符合 GB/T 17431.1 的规定，不能霉变。

5.2 外观质量

外观质量应符合表 2 的规定。

表 2 外观质量

序号	项目	指标
1	板面外露增强材料；飞边毛刺；板面泛霜；板的横向、纵向、厚度方向贯通裂缝	无
2	板面裂缝，长度 50 mm～100 mm，宽度 0.5 mm～1.0 mm	≤2 处/板
3	蜂窝气孔，长径 5 mm～30 mm	≤3 处/板
4	缺棱掉角，宽度×长度 10 mm×25 mm～20 mm×30 mm	≤2 处/板
5	壁厚[a]/mm	≥12
[a] 空心墙板应测壁厚。		

5.3 尺寸允许偏差

尺寸允许偏差应符合表 3 的规定。

表 3 尺寸允许偏差

单位为毫米

序号	项目	允许偏差
1	长度	±5
2	宽度	±2
3	厚度	±1.5
4	板面表面平整	≤2
5	对角线差	≤6
6	侧向弯曲	≤L/1 000

5.4 理化性能

理化性能指标应符合表 4 的有关规定。

表 4 理化性能指标

序号	项目	指标		
		板厚 100 mm	板厚 120 mm	板厚 180 mm
1	抗冲击性能	经 5 次抗冲击试验后，板面无裂纹		
2	抗弯承载(板自重倍数)	≥1.5		
3	软化系数	≥0.80		
4	面密度/(kg/m²)	≤90	≤110	≤130
5	含水率/%	≤10		
6	干燥收缩值/(mm/m)	≤0.6		
7	吊挂力	荷载 1 000 N 静置 24 h，板面无宽度超过 0.5 mm 的裂缝		
8	抗冻性[a]	不得出现可见的裂纹且表面无变化		
9	空气声计权隔声量	≥35	≥40	≥45

表 4（续）

序号	项目	指标		
		板厚 100 mm	板厚 120 mm	板厚 180 mm
10	耐火极限/h	≥1		
11	抗返卤性能	无水珠、无返潮		
12	氯离子含量/%	≤10		
13	导热系数[W/(m·K)]	实心墙板≤0.35		
注：当胶凝材料为改性镁质胶凝材料时检测 3、11、12 项。 [a] 夏热冬暖地区不检此项。				

5.5 放射性核素限量

放射性核素限量应符合 GB 6566 的有关规定。

6 试验方法

6.1 试验条件

试样应置于实验室温度、湿度环境下 2 d。

6.2 外观质量

6.2.1 量具

钢直尺，精度 0.5 mm。刻度放大镜，精度 0.02 mm。

6.2.2 测量方法

对受测墙板，视距 0.5 m 左右，目测有无外露增强材料、飞边毛刺、贯通裂缝、泛霜；用钢直尺测量板面裂缝的长度、蜂窝气孔、缺棱掉角数据，读数精确至 1 mm，用刻度放大镜测量裂缝的宽度，并记录缺陷数量。

6.2.3 壁厚

在受检空心墙板端部用游标卡尺测量三处，分别测量板的上下壁厚及孔间壁厚的最薄处，读数精确至 0.1 mm，如目测空心墙板中间的上下壁厚有明显差别，可沿板宽截开测其壁厚，取最小值为检验结果。

6.3 尺寸允许偏差

6.3.1 量具

钢卷尺精度 1 mm；游标卡尺 0 mm～150 mm；钢直尺精度 0.5 mm；内外卡钳、塞尺 0 mm～10 mm；靠尺 2 m。

6.3.2 测量方法

6.3.2.1 长度

测量3处：

——板边两处：靠近两板边1 00mm范围内，平行于该板边；

——板中一处：过两板端中点，如图3所示。

用钢卷尺拉测，读数精确至1 mm，取3处测量数据的最大值和最小值之差为检测结果。

图3 长度测量位置

6.3.2.2 宽度

测量3处：

——板端两处：靠近两板端的100 mm范围内，平行于该板边；

——板中一处：过两板边中点，如图4所示。

用钢卷尺配合直角尺拉测，读数精确至1 mm，取3处测量数据的最大值和最小值之差为检测结果。

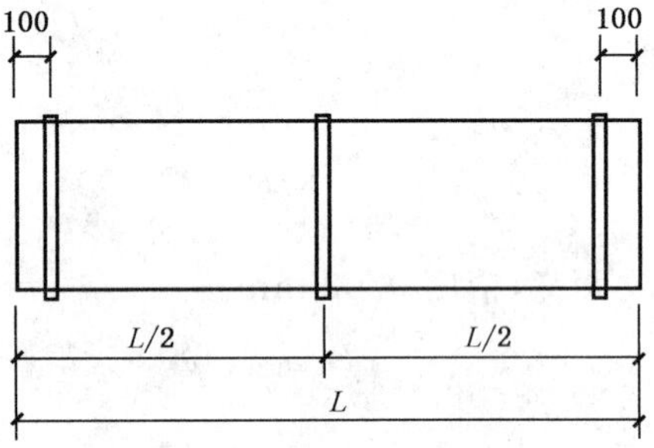

图4 宽度测量位置

6.3.2.3 厚度

在各距板两端100 mm，两边100 mm及横向中线处布置测点，如图5所示共测量6处。用钢直尺、外卡钳和游标卡尺配合测量，读数精确至0.5 mm，记录测量数据。取6处测量数据的最大值和最小值之差为检验结果，修约至1 mm。

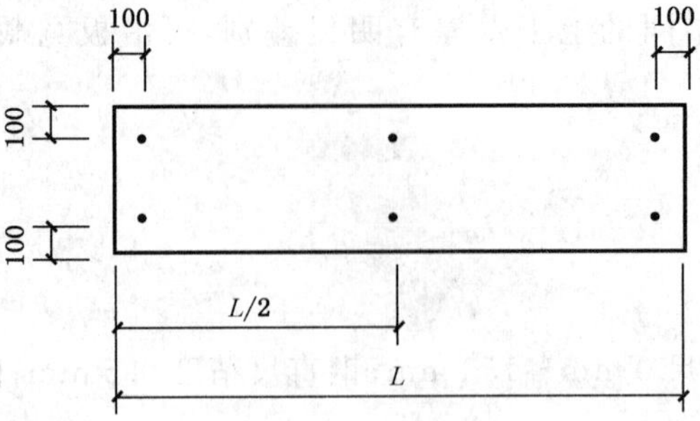

图5 厚度测量位置

6.3.2.4 板面表面平整

测量板面表面平整：

a) 受检墙板两板面各测量3处，共6处。第一处：使靠尺中点位于板面中心，靠尺尺身重合于板面一条对角线；另2处：靠尺位置关于板面中心对称，靠尺一端位于板面另一条对角线端点，靠尺另一端交于对边板边，如图6所示，墙板另一面测量位置与图示位置关于墙板中心对称。

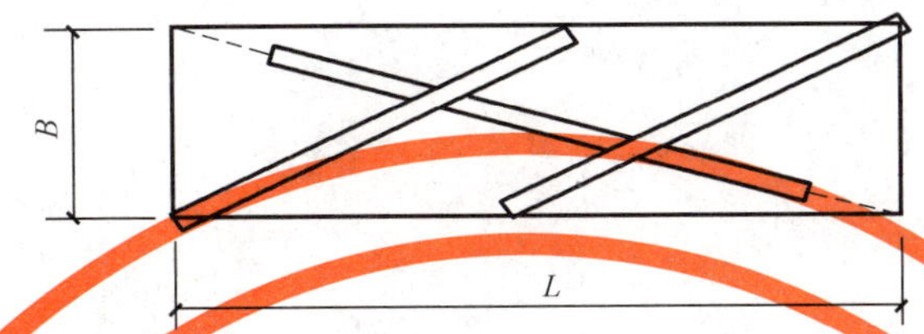

图6 板面表面平整

b) 用2 m靠尺和塞尺测量。记录每处靠尺与板面最大间隙的读数，读数精确至0.5mm。取6处测量数据的最大值为检测结果，修约至1 mm。

6.3.2.5 对角线差

用钢卷尺测量两条对角线的长度，读数精确至1 mm，取两个测量数据的差值为检测结果，修约至1 mm。

6.3.2.6 侧向弯曲

通过板边端点沿板面拉直测线，用钢直尺测量板两侧的侧向弯曲处，取最大值为检测结果。修约至0.5 mm。

6.4 理化性能

6.4.1 抗冲击性能、抗弯承载、软化系数、面密度、含水率、干燥收缩、吊挂力、抗冻性

按GB/T 23451的规定执行。

6.4.2 空气声计权隔声量

按GB/T 19889.3的规定进行。

6.4.3 耐火极限

按GB/T 9978的规定进行。

6.4.4 抗返卤性

当试件是实心板时，在一组试样的3块板上每块各切下1个200 mm×200 mm板，厚度为板厚；当试件是空心板时，在一组试样的3块板上每块各切下1个有完整肋的整孔，厚度为板厚，将切下的板放入相对湿度大于或等于90%，温度30 ℃～35 ℃的恒温恒湿箱中，24 h后取出观察，有无水珠或返潮。

6.4.5 氯离子含量

按 GB/T 8077 的规定进行。

6.4.6 导热系数

按 GB/T 10295 的规定进行。

6.4.7 放射性核素限量

按 GB 6566 的规定进行。

7 检验规则

7.1 检验分类

7.1.1 出厂检验

产品出厂必须进行出厂检验，出厂检验项目为外观质量、尺寸允许偏差全部规定项目以及面密度、抗弯承载、含水率、抗返卤性四项性能指标，试样养护龄期不小于 28 d，产品经检验合格后方可出厂。

7.1.2 型式检验

7.1.2.1 型式检验条件

有下列情况之一时，应进行型式检验：

a) 试制的新产品进行投产鉴定时；

b) 产品的材料、配方、工艺有重大改变，可能影响产品性能时；

c) 连续生产的产品，每年或生产 70 000 m^2 时检测一次（空气隔声、耐火极限每两年检测一次）；

d) 产品停产半年以上再投入生产时；

e) 出厂检验结果与上次型式检验结果有较大差异时；

f) 用户有特殊要求时。

7.1.2.2 检验项目

产品型式检验项目为 5.2、5.3、5.4 和 5.5 中全部规定项目（见表 5）。

表 5 出厂检验项目和型式检验项目

检验分类	检验项目
出厂检验	5.2 和 5.3 中全部规定、5.4 表 4 中序号 2、4、5 和 11 四项规定
型式检验	5.2、5.3、5.4 和 5.5 全部规定

7.2 组批规则

同类别、同规格的墙板为一检验批，不足 151 块，按 151～280 的批量算，详见表 6。

表 6　外观质量和尺寸允许偏差项目检验抽样方案

批量范围 N	样本	样本大小	合格判定数	不合格判定数
		n	A	R
151～280	1	8	0	1
281～500	1	13	2	3
501～1 200	1	20	2	3
1 201～3 200	1	32	4	5
3 201～10 000	1	50	5	6
10 001～35 000	1	80	8	9

7.3　抽样

7.3.1　外观质量和尺寸允许偏差检验项目采用随机抽样法，在每一检验批的产品堆垛中抽取。

7.3.2　其他项目样本从上述外观质量和尺寸允许偏差项目检验合格的产品中随机抽取。

7.3.3　抽样方案按表 7 相应项目进行。

表 7　抽样方案

序　号	项　目	样本数量
1	外观质量/块	50($n_1=n_2=50$)
2	尺寸允许偏差/块	20
3	抗冲击性能/组	1
4	抗弯承载/块	1
5	软化系数/组	1
6	面密度/组	1
7	含水率/组	1
8	干燥收缩值/组	1
9	吊挂力/块	1
10	抗冻性/块	1
11	空气声计权隔声量/件	6
12	耐火极限/件	7
13	抗返卤性能/组	1
14	氯离子含量/组	1
15	导热系数/组	1
16	放射性核素限量/组	1

7.4 判定规则

7.4.1 外观质量和尺寸允许偏差

7.4.1.1 根据样本检验结果，若受检板的外观质量、尺寸允许偏差项目均符合5.2和5.3中相应规定时，则判该板是合格板；若受检板外观质量、尺寸允许偏差项目中有一项或一项以上不符合5.2和5.3中相应规定时，则判该板是不合格板。

7.4.1.2 根据样本检验结果，若在样本中发现不合格板数小于或等于合格判定数(A)，则判该批外观质量与尺寸允许偏差项目合格；若在样本中发现不合格板数大于或等于不合格判定数(R)，则判定该批外观质量与尺寸允许偏差项目不合格。

7.4.2 物理性能

抗冲击性能，抗弯承载，软化系数，面密度，含水率，干燥收缩值，吊挂力，抗冻性，空气声计权隔声量，耐火极限，抗返卤性能，氯离子含量，导热系数分别符合表4的规定，则判该检验项目合格；否则判不合格。

7.4.3 放射性核素限量

应符合5.5的相应规定，判为合格，否则判不合格。

7.4.4 总判定

7.4.4.1 出厂检验的判定

根据试验结果，若出厂检验项目均符合本标准的相应规定，则判该批产品为合格；若其中一个项目检验不符合本标准的相应规定，则判该批产品为不合格。

7.4.4.2 型式检验的判定

根据样本试验结果，若在样本全部项目中发现的不合格项目数为0，则判该批产品合格；若其中一个项目不合格，则判该批产品不合格。

8 标志、运输和贮存

8.1 标志

应在出厂的墙板板面上标明产品名称、生产厂名称、生产日期。出厂产品应带有质量合格证书和警示语标志。

8.1.1 质量合格证书应具下列内容：

1） 产品名称、产品标准编号、商标、产品标记、生产日期；
2） 生产厂名称、详细地址；
3） 性能检验结果；
4） 检验部门与检验人员签字盖章；
5） 产品说明书和出厂合格证。

8.1.2 警示语标志应按8.2和8.3要求编写，如“侧立搬运，避免雨淋”等内容。

8.2 运输

墙板短距离可用推车运输；长距离可使用车船等货运方式运输。长距离运输应打捆，每捆不应多于

8块，轻吊轻落。运输过程中应用绳索绞紧，支撑合理，防止撞击，避免破损和变形，必要时应有篷布遮盖，防止雨淋。

8.3 贮存

8.3.1 贮存场所及贮存条件

墙板产品在常温常湿条件下贮存，环境条件应保持干燥通风。存放场地应坚实平整、搬抬方便。可库房存放，不宜露天存放。露天贮存应采取措施，防止浸蚀介质和雨水浸害。墙板产品成型后，水泥基墙板在工厂内存放时间不应少于28 d。

8.3.2 贮存方式

产品应按型号、规格分类贮存。存放场地应平整，下部用方木或砖垫高。侧立堆放的墙板，板面与铅垂面夹角不应大于15°；堆长不超过4 m，堆层两层。水平堆放的墙板，堆高不超过2 m。

8.3.3 贮存期限

产品贮存超过6个月，应翻换板面朝向和侧边位置；贮存期限超过12个月，产品在出厂或使用前应按本标准进行抽检。

附 录 A
（资料性附录）
使 用

为方便使用，供方应按10J113—1《内隔墙—轻质条板》、JGJ/T 157—2008《建筑轻质条板隔墙技术规程》的规定提供所生产秸秆板的施工文件，说明其安装方式、粘结、连接方式及固定材料等。必要时可协商有偿或无偿的技术服务。

ICS 83.120
Q 23

中华人民共和国国家标准

GB/T 27797.1—2011/ISO 1268-1:2001(E)

纤维增强塑料　试验板制备方法
第1部分:通则

Fibre-reinforced plastics—Methods of producing test plates—
Part 1:General conditions

(ISO 1268-1:2001,IDT)

2011-12-30 发布　　2012-08-01 实施

中华人民共和国国家质量监督检验检疫总局
中国国家标准化管理委员会　发布

前　言

GB/T 27797《纤维增强塑料　试验板制备方法》分为11个部分：

——第1部分：通则；

——第2部分：接触和喷射模塑；

——第3部分：湿法模塑；

——第4部分：预浸料模塑；

——第5部分：缠绕成型；

——第6部分：拉挤模塑；

——第7部分：树脂传递模塑；

——第8部分：SMC及BMC模塑；

——第9部分：GMT/STC模塑；

——第10部分：BMC和其他长纤维模塑料注射模塑　一般原理和通用试样模塑；

——第11部分：BMC和其他长纤维模塑料注射模塑　小方片。

本部分为GB/T 27797的第1部分。

本部分按照GB/T 1.1—2009给出的规则起草。

本部分使用翻译法等同采用ISO 1268-1:2001(E)《纤维增强塑料　试验板制备方法　第1部分：通则》。

与本部分中规范性引用的国际文件有一致性对应关系的我国文件如下：

——GB/T 1033(所有部分)　塑料　非泡沫塑料密度的测定[ISO 1183(所有部分)]；

——GB/T 2035—2008　塑料术语及其定义(ISO 472:1999,IDT)；

——GB/T 2577—2005　玻璃纤维增强塑料树脂含量试验方法(ISO 1172:1996,MOD)。

本部分做了下列编辑性修改：

——将一些适用于国际标准的表述改为适用于我国标准的表述；

——在11.2中加条号。

本部分由中国建筑材料联合会提出。

本部分由全国纤维增强塑料标准化技术委员会(SAC/TC 39)归口。

本部分起草单位：北京玻钢院复合材料有限公司、常州天马集团有限公司、中国兵器工业集团五三研究所。

本部分主要起草人：宁珍连、宣维栋、郑会保、马玉敬、张力平。

纤维增强塑料　试验板制备方法　第1部分:通则

1　范围

GB/T 27797 的各部分规定了用于试样加工的纤维增强塑料板的制备方法,以确定复合材料性能及各组分的含量,这些方法适用于所有主要的增强材料和树脂基体。

试验板的制备方法取决于:

a)　增强材料:

——成分(玻璃、碳、芳纶等);

——形式(粗纱、毡、织物等);

——相对于板的长度、宽度、厚度而言的(纤维)方向;

——在增强塑料中的含量。

b)　基体(热塑性或热固性);

c)　预期性能;

d)　制备工艺。

增强塑料的机械性能与制备工艺密切相关,在制备试验板时应尽可能采用相同工艺。

GB/T 27797 的本部分描述了各种制备方法通用的要求。

2　规范性引用文件

下列文件对于本文件的应用是必不可少的。凡是注日期的引用文件,仅注日期的版本适用于本文件。凡是不注日期的引用文件,其最新版本(包括所有的修改单)适用于本文件。

ISO 472　塑料　术语(Plastics—Vocabulary)

ISO 1172　纺织玻璃纤维增强塑料　预浸料、模塑料和层压板　玻璃纤维和无机矿物填料含量的测定　灼烧法(Textile-glass-reinforced plastics—Prepregs, moulding compounds and laminates—Determination of the textile-glass and mineral filler content—Calcination methods)

ISO 1183(所有部分)　塑料　非泡沫塑料密度的测定方法(Plastics—Methods for determining the density of non-cellular plastics)

ISO 7822　纺织玻璃增强塑料　孔隙含量的测定　灼烧失重、机械碎裂和统计计算方法(Textile glass reinforced plastics—Determination of void content—Loss on ignition, mechanical disintegration and statistical counting methods)

ISO 10724-2:1998　塑料　热固性粉末模塑料注塑试样(PMC_S)　第2部分:小方片(Plastics—Injection moulding of test specimens of thermosetting power moulding compounds(PMCs)—Part 2: Small plates)

3　术语和定义

ISO 472 界定的术语和定义适用于本文件,在 GB/T 27797 其后的内容中,视需要确定术语的插入和引用。

4 健康和安全

GB/T 27797 的各部分仅限于描述试验板的制备方法，材料的使用应遵从国家有关规定，员工应被告知其危险性，并采用适当的防护措施。

5 原理

本标准的其他部分描述了制备试验板的基本方法。

6 材料和半成品

所有使用到的材料(增强材料、树脂、助剂、SMC、BMC、预浸料等)应明确标识，材料应按照生产厂家规定的条件存储，并在标记的有效期内使用。

7 板的尺寸

板的长度、宽度和厚度取决于选取的材料和制备工艺，具体尺寸将在相关部分中规定。

注：板的尺寸也取决于从板上加工的试样所进行的试验，如，在正交方向上完成拉伸试验需要一块边长至少为250 mm的方板。

8 增强材料

试验板中增强材料的含量应与被评估的最终产品的增强材料含量一致，如没有特定的规范，采用本标准各部分推荐的含量。

9 实验室/车间设备的一般要求

除非另有要求，制备试验板的设备应满足选定方法对温度和压力的要求，实验室/车间应配备控制装置，以便同步记录制备过程中的温度和压力。

10 步骤

制备试验板的步骤因工艺与材料的差别而不尽相同，具体步骤在本标准的相关部分中规定。

11 试验板的性能测定

11.1 总则

加工试样前应检查试验板，板材的接收或拒收准则应在材料规范和试验板的制备方法中规定，或者由有关方协商确定。

11.2 纤维含量

11.2.1 玻璃纤维增强塑料中的纤维含量的测定见 ISO 1172，碳纤维增强塑料中的纤维含量根据有关方达成一致的方法测定。

11.2.2 铺层顺序可通过边角料判定。

11.3 孔隙率或孔隙含量

孔隙率或孔隙含量是板材产生开放或封闭空穴频率的测量结果，可用下列任一方法测定：目测、用显微镜检查抛光后的横截面(见 ISO 7822)、超声检查或者 X-射线检查。

11.4 密度

密度的测量按 ISO 1183 规定的相关部分执行。

11.5 尺寸

应测量板的厚度，其他尺寸的测量视需要确定。

12 标识

板材应有能实现追溯的标识：

——模具或模腔；

——板的侧面；

——铺层顺序；

——试验板中基体流动方向，或者增强材料或制备方法的其他方向纤维体系(细或粗、单股或多股)的描述应符合 ISO 10724-2:1998 中附录 C 的规定。

13 试验板制备报告

试验板制备报告应明确如下信息：

a) 依据本标准的相关部分；

b) 制备地点、时间；

c) 所用材料的完整描述，包含树脂、增强材料、填料等；

d) 树脂体系；

e) 所用设备；

f) 操作条件；

g) 板材铺层；

h) 本标准相关部分规定的试样的特征值(如厚度、纤维含量)和其他所需的特征值；

i) 再制备板材时所需的其他信息；

j) 与本标准相关部分的差异。

ICS 83.120
Q 23

中华人民共和国国家标准

GB/T 27797.2—2011/ISO 1268-2:2001(E)

纤维增强塑料　试验板制备方法
第2部分:接触和喷射模塑

Fibre-reinforced plastics—Methods of producing test plates—Part 2:Contact and spray-up moulding

(ISO 1268-2:2001,IDT)

2011-12-30 发布　　2012-08-01 实施

中华人民共和国国家质量监督检验检疫总局
中国国家标准化管理委员会　发布

前　言

GB/T 27797《纤维增强塑料　试验板制备方法》分为11个部分：

——第1部分：通则；

——第2部分：接触和喷射模塑；

——第3部分：湿法模塑；

——第4部分：预浸料模塑；

——第5部分：缠绕成型；

——第6部分：拉挤模塑；

——第7部分：树脂传递模塑；

——第8部分：SMC及BMC模塑；

——第9部分：GMT/STC模塑；

——第10部分：BMC和其他长纤维模塑料注射模塑　一般原理和通用试样模塑；

——第11部分：BMC和其他长纤维模塑料注射模塑　小方片。

本部分为GB/T 27797的第2部分。

本部分按照GB/T 1.1—2009给出的规则起草。

本部分使用翻译法等同采用ISO 1268-2:2001(E)《纤维增强塑料　试验板制备方法　第2部分：接触和喷射模塑》。

与本部分中规范性引用的国际文件有一致性对应关系的我国文件如下：

——GB/T 2577—2005　玻璃纤维增强塑料树脂含量试验方法(ISO 1172:1996,MOD)；

——GB/T 27797.1　纤维增强塑料　试验板制备方法　第1部分：通则(ISO 1268-1:2001,IDT)。

本部分做了下列编辑性修改：

——将一些适用于国际标准的表述改为适用于我国标准的表述；

——在4.1、4.2、6.2、7.2、9.3和第10章中加条号。

本部分由中国建筑材料联合会提出。

本部分由全国纤维增强塑料标准化技术委员会(SAC/TC 39)归口。

本部分起草单位：北京玻钢院复合材料有限公司、常州天马集团有限公司、中国兵器工业集团五三研究所。

本部分主要起草人：宁珍连、宣维栋、郑会保、马玉敬、张力平。

纤维增强塑料　试验板制备方法
第2部分:接触和喷射模塑

1　范围

GB/T 27797的本部分规定了接触和喷射模塑制备增强塑料试验板的方法。

本部分仅适用于玻璃纤维增强材料。

本部分与GB/T 27797.1一并使用。

2　规范性引用文件

下列文件对于本文件的应用是必不可少的。凡是注日期的引用文件,仅注日期的版本适用于本文件。凡是不注日期的引用文件,其最新版本(包括所有的修改单)适用于本文件。

ISO 1172　纺织玻璃纤维增强塑料　预浸料、模塑料和层压板　玻璃纤维和无机矿物填料含量的测定　灼烧法(Textile-glass-reinforced plastics—Prepregs, moulding compounds and laminates—Determination of the textile-glass and mineral filler content—Calcination methods)

ISO 1268-1　纤维增强塑料　试验板制备方法　第1部分:通则(Fibre-reinforced plastics—Methods of producing test plates—Part 1:General conditions)

3　健康和安全

见ISO 1268-1。

4　原理

4.1　接触模塑

4.1.1　增强层(如5.1所述)放置在刚性平板上,人工浸渍热固性树脂液体。应在树脂供应商建议的固化周期内完成铺层,尽量减少树脂在空气中不必要的暴露。用手动辊压实纤维和树脂。

4.1.2　本方法适用于任何常温常压固化的热固性树脂。

4.2　喷射模塑

4.2.1　用短切机将玻璃纤维无捻粗纱短切成预定长度,同时与喷枪喷出的树脂喷雾混合。本方法适用于不饱和聚酯树脂。

4.2.2　玻璃纤维和树脂喷到刚性平板或者模具上,用手动辊压实。

5　材料

5.1　接触模塑

5.1.1　增强材料

裁剪至与试验板相同的尺寸,标记经纬线方向或者优选方向。合适的材料包括短切毡(含有粘合剂,该粘合剂能溶解在基体树脂中)、由无捻粗纱或者细纱构成的机织物、无纺布等。

5.1.2 热固性树脂和固化剂

按供应商常温固化的说明混合。

5.1.3 脱模剂

在制备试验板的平板或模具上涂覆。

5.2 喷射模塑

5.2.1 粗纱或者细纱束。

5.2.2 预促型热固性树脂,喷射模塑专门推荐使用的一种树脂。

5.2.3 催化剂,在树脂中推荐使用的催化剂。

5.2.4 脱模剂。

6 尺寸

6.1 总则

板的长度、宽度和厚度取决于使用的原材料和制备工艺。

6.2 接触模塑

6.2.1 推荐尺寸为 600 mm×600 mm,该尺寸可获得足够的二个方向的拉伸和弯曲试样。

6.2.2 厚度应为 2 mm～10 mm。

6.3 喷射模塑

该尺寸应足够大,以保证在相互垂直的二个方向进行拉伸和弯曲试验,推荐尺寸为 600 mm×600 mm。厚度应不超过用辊能完全赶除层合板所有气泡的厚度(典型值为 2 mm～5 mm)。

7 增强材料含量

7.1 总则

层合板的增强材料含量取决于所用的材料类型,推荐增强材料含量:无捻粗纱布 50%±3%;毡及短切粗纱 32%±4%。

7.2 接触模塑

为获得期望的厚度和纤维含量,在确定最终制备方案前,有必要进行前期试验并测试其性能。增强材料层数的确定参见附录 A。

7.3 喷射模塑

7.3.1 为获得期望的厚度和纤维含量,在确定最终喷射方案前,有必要进行前期试验并测试其性能。

7.3.2 多层喷射宜用一个喷枪,每层喷射材料的厚度大约 1 mm。

8 设备

8.1 接触模塑

8.1.1 剪刀或刀片：用于裁剪增强材料。
8.1.2 天平：精确至 0.1 g。
8.1.3 烧杯、玻璃或塑料材质，也可以是无涂敷(或打蜡)纸质材料。
8.1.4 刷子。
8.1.5 辊子：马海毛或者钢辊，有无衬垫均可。
8.1.6 刚性平板：可由抛光钢材或者无孔材料制成，边缘突起(防止树脂溢出)，且平板材料不影响树脂性能。
8.1.7 鼓风烘箱：带计时器和控制装置。
8.1.8 干燥器。

8.2 喷射模塑

设备同 8.1，还需增加如下设备：
a) 玻璃纤维短切机/喷枪机组；
b) 秒表。

9 步骤

9.1 接触模塑

9.1.1 采用与生产层合板相同的参数(层数、角度、纤维含量和树脂类型)制备试验板。
9.1.2 在板或模具表面上涂覆脱模剂，待其干透，必要时进行打磨抛光。
9.1.3 将增强材料裁剪至所需的尺寸，保证有足够面积用以加工试样。按生产厂家的说明对增强材料进行状态调节，必要时在使用前进行烘干处理。
9.1.4 称量经状态调节后的增强材料总质量 m_1。
9.1.5 根据期望的增强材料含量确定所需的树脂质量 m_2，按公式(1)计算：

$$m_2 = m_1 \times \frac{100 - w_g}{w_g} \times 1.2 \qquad (1)$$

式中：
m_2——树脂质量，单位为克(g)；
m_1——玻璃纤维质量，单位为克(g)；
w_g——层合板期望的玻璃纤维含量，以总质量的百分数表示。

注：因树脂从边缘溢出、辊子吸收等因素产生损耗，需增加 20% 的树脂用量。

9.1.6 在加入固化剂前，将树脂温度调节至室温，混合均匀后立即制备。
9.1.7 在模具表面涂刷一薄层树脂，涂刷范围与试验板的尺寸一致，树脂用量取决于单层增强材料的厚度，然后在树脂层上小心铺覆第一层增强材料，待树脂将增强材料浸透，用辊子赶出气泡，接着再涂刷一层树脂并铺覆第二层增强材料，重复操作直至所需的厚度。
9.1.8 完成铺层后，固化试验板(见 9.3)。

9.2 喷射模塑

9.2.1 将特定型号的玻璃纤维无捻粗纱放入短切机，调节刀辊与砧辊之间的压力，确保切割干净利落。

9.2.2 在设备的储胶罐内注入预促型树脂和催化剂。

9.2.3 打开短切机 15 s,称量所切纤维的质量。不开启雾化功能,往合适的容器(如纸杯)喷射树脂 15 s,称量容器中树脂质量。调节短切机和喷枪的压力以达到期望的树脂和玻璃纤维输出比值。

9.2.4 在板或模具表面涂刷脱模剂,待其干透,必要时进行打磨抛光。

9.2.5 在板或模具表面均匀喷射短切纤维和树脂,每喷完一层,用辊子赶出气泡。

9.2.6 达到要求厚度后,固化试验板(见 9.3)。

9.3 固化条件

9.3.1 除非树脂生产厂家另有要求,应采用下列之一的固化条件:

a) 连同模具室温下放置 48 h;

b) 在室温下固化不超过 4 h 脱模,然后将试验板放在一支撑平板上放入 40 ℃烘箱中保温 16 h。

上述固化条件可用于一般用途的试验板制备,若制备用于特殊用途的试验板,应进行后固化处理,所需温度和时间由树脂生产厂商提供。

9.3.2 固化完成后,将试验板放置在室温下冷却 60 min。

9.3.3 加工试样前切除毛边。

10 试验板的性能测定

10.1 目测试验板是否可用。

10.2 纤维含量测定见 ISO 1172,推荐值见 7.1。

10.3 如需要,用合适的方法测定孔隙率。

11 标识

每块试验板均应做出标识,与制备报告记录相对应。

12 试验板制备报告

试验板制备报告应包含如下信息:

a) 依据本部分;

b) 制备地点和时间;

c) 制备工艺(接触模塑或喷射模塑);

d) 接触模塑:

  1) 增强材料状态调节的细节;

  2) 层数及铺层方向(如有)。

e) 喷射模塑(短切纤维的公称长度);

f) 所用材料清单(增强材料类型、树脂类型、填料类型、固化体系等);

g) 所用设备;

h) 操作条件(制备时间、固化温度和时间、后固化情况);

i) 试验板的厚度;

j) 纤维含量和填料含量;

k) 试验板质量(外观、浸渍情况);

l) 再制备板材时所需的其他信息;

m) 任何与 GB/T 27797 本部分的差异。

附　录　A
（资料性附录）
估算增强材料层数

A.1　计算方法

增强材料的层数按公式(A.1)计算：

$$n=\frac{h\rho_g w_g}{\rho_A[w_g\rho_r+\rho_g(1-w_g)]}\times 1\,000 \quad \cdots\cdots(A.1)$$

式中：

n ——层数；

h ——试验板厚度，单位为毫米(mm)；

ρ_g ——玻璃纤维密度，单位为克每立方厘米(g/cm³)；

ρ_r ——树脂密度，单位为克每立方厘米(g/cm³)；

w_g ——玻璃纤维含量，用质量分数表示(%)；

ρ_A ——单位面积增强材料质量，单位为克每平方厘米(g/cm²)。

A.2　操作方法

具体操作方法见表A.1。

表 A.1

增强材料类型		单位面积质量 g/m²	常用纤维含量 %	理论厚度 mm
毡		300	30	0.7
		450	30	1.0
		600	30	1.4
机织物		270	60	0.5
无捻粗纱布		270	50	0.4
		500	50	0.6
		800	50	0.9
毡＋无捻粗纱布	一层450 g/m² 毡＋一层500 g/m² 无捻粗纱布	950	40	1.4
	一层600 g/m² 毡＋一层500 g/m² 无捻粗纱布	1 100	40	1.7
	一层600 g/m² 毡＋一层800 g/m² 无捻粗纱布	1 400	40	2.1
	三层450 g/m² 毡＋两层500 g/m² 无捻粗纱布	2 350	40	3.3

ICS 83.120
Q 23

中华人民共和国国家标准

GB/T 27797.3—2011/ISO 1268-3:2000(E)

纤维增强塑料 试验板制备方法 第3部分:湿法模塑

Fibre-reinforced plastics—Methods of producing test plates—Part 3: Wet compression moulding

(ISO 1268-3:2000,IDT)

2011-12-30 发布 2012-08-01 实施

中华人民共和国国家质量监督检验检疫总局
中国国家标准化管理委员会 发布

前　言

GB/T 27797《纤维增强塑料　试验板制备方法》分为11个部分：

——第1部分：通则；

——第2部分：接触和喷射模塑；

——第3部分：湿法模塑；

——第4部分：预浸料模塑；

——第5部分：缠绕成型；

——第6部分：拉挤模塑；

——第7部分：树脂传递模塑；

——第8部分：SMC及BMC模塑；

——第9部分：GMT/STC模塑；

——第10部分：BMC和其他长纤维模塑料注射模塑　一般原理和通用试样模塑；

——第11部分：BMC和其他长纤维模塑料注射模塑　小方片。

本部分为GB/T 27797的第3部分。

本部分按照GB/T 1.1—2009给出的规则起草。

本部分使用翻译法等同采用ISO 1268-3:2000(E)《纤维增强塑料　试验板制备方法　第3部分：湿法模塑》。

与本部分中规范性引用的国际文件有一致性对应关系的我国文件如下：

——GB/T 1033(所有部分)　塑料　非泡沫塑料密度的测定[ISO 1183(所有部分)]；

——GB/T 2577—2005　玻璃纤维增强塑料树脂含量试验方法(ISO 1172:1996,MOD)；

——GB/T 27797.1　纤维增强塑料　试验板制备方法　第1部分：通则(ISO 1268-1:2001,IDT)。

本部分做了下列编辑性修改：

——将一些适用于国际标准的表述改为适用于我国标准的表述；

——在5.1、5.2、8.2中加条号。

本部分由中国建筑材料联合会提出。

本部分由全国纤维增强塑料标准化技术委员会(SAC/TC 39)归口。

本部分起草单位：北京玻钢院复合材料有限公司、中国兵器工业集团五三研究所、常州天马集团有限公司。

本部分主要起草人：宁珍连、郑会保、宣维栋、马玉敬、张力平。

纤维增强塑料　试验板制备方法
第3部分:湿法模塑

1　范围

GB/T 27797的本部分规定了湿法模塑制备试验板的方法。用本方法制备试验板可实现再现性,使不同时间、不同地点制备的试验板的性能比较成为可能。

从湿法模塑制备的试验板上切割的试样,可用于测定所用增强材料的性能。增强材料可以使用毡或者织物,需关注以下性能:

——吸水性(ISO 62);

——弯曲强度和弯曲模量(ISO 178);

——冲击性能(简支梁)(ISO 179);

——拉伸强度、拉伸模量及断裂延伸率(ISO 527-4)。

GB/T 27797的本部分和GB/T 27797.1一并使用。

2　规范性引用文件

下列文件对于本文件的应用是必不可少的。凡是注日期的引用文件,仅注日期的版本适用于本文件。凡是不注日期的引用文件,其最新版本(包括所有的修改单)适用于本文件。

ISO 1172:1996　纺织玻璃纤维增强塑料　预浸料、模塑料和层压板　玻璃纤维和无机矿物填料含量的测定　灼烧法(Textile-glass-reinforced plastics—Prepregs, moulding compounds and laminates—Determination of the textile-glass and mineral filler content—Calcination methods)

ISO 1183(所有部分)　塑料　非泡沫塑料密度的测定方法(Plastics—Methods for determining the density of non-cellular plastics)

ISO 1268-1　纤维增强塑料　试验板制备方法　第1部分:通则(Fibre-reinforced plastics—Methods of producing test plates—Part 1:General conditions)

ISO 2555　塑料　液态、乳液或分散状树脂　用布鲁克菲尔德试验方法测定表观黏度(Plastics—Resins in the liquid state or as emulsions or dispersion—Determination of apparent viscosity by the blookfield test method)

3　健康和安全

见ISO 1268-1。

4　原理

在两平板模具上施加压力,湿法模塑制备试验板。将下模具板固定,上模具板能施压到下模具板。将毡或者织物等增强材料铺放在下模具板上,在增强材料上边倒入适量树脂,然后通过上模具板对下模具板施压,在压力作用下,树脂体系在增强材料中流动。两块模板之间的间隙能够调节,因此能够调节增强材料和树脂的含量。试验板可以室温固化或高温固化,固化温度和固化时间取决于所用的树脂体系。

5 材料

5.1 增强材料

5.1.1 增强材料应为平整的片状，以利于裁剪至要求的尺寸，湿法模塑采用的增强材料通常为玻璃纤维织物。

5.1.2 非常重要的是，增强材料层应具有足够的强度以承受成型过程中树脂的流动，这意味着增强材料不能溶于树脂体系。

5.2 树脂

5.2.1 通常使用不饱和聚酯(UP)树脂，对于压力模塑，树脂应有较高的黏度值。通常，黏度值高于1 000 mPa·s(在23 ℃按ISO 2555中阐述的布鲁菲尔德法测定)是合适的。为获得高黏度值可以在UP树脂中添加填料，每100份树脂中至少加入50份填料，在必要的情况下，还可以加入色浆。此外，应在树脂体系中加入适当的脱模成分，或者在模具上涂刷脱模剂。

5.2.2 在树脂和填料的混合物中先加入促进剂，之后再加入引发剂。由引发剂和促进剂组成的固化体系应保证树脂体系保持较长时间的适用期。在环境温度下，树脂体系的适用期应足够长以满足在增强材料上注入树脂及树脂在增强材料中流动。制备几块试验板后，由于反应发热，模具的温度将稳定在一个较高的值(一般情况下为30 ℃～60 ℃)，由于在较高温度下凝胶时间缩短，因此更需要树脂有足够长的适用期。

6 试验板尺寸

模塑试验板既可以是圆形也可以是方形，推荐圆形试验板的直径为300 mm，方形试验板的尺寸为300 mm×300 mm。这两种情况下，试验板的厚度均为4 mm，此规格的试样可以进行一个方向的拉伸性能、弯曲性能、冲击强度和吸水性试验。

也可选其他尺寸的试验板，但是增强材料层决定试验板的最小厚度，试验板应包含数个增强层以弥补单个增强层的缺陷。

7 增强材料含量

增强材料含量取决于增强材料的类型(毡或纤维)，增强材料含量以质量分数表示，另外，增强材料含量还取决于树脂中填料的添加量(增加填料能使树脂密度增加)。

以毡为增强材料时，增强材料质量含量应在20%～40%之间，若增强材料为织物或者其他多轴向织物时，含量在40%～60%之间。对其他类型的增强材料，其含量很大程度上取决于增强材料的结构。

8 设备

8.1 模具

使用一对相互平行的平板模具，这种成型工艺不需要很高的压力，因此模具可以采用相对轻便的结构，一般情况下，压力为0.1 MPa～1 MPa。为使试验板达到规定厚度，模具间配置间隔装置，平板模具应有足够的刚度，以保证试验板表面的平行度偏差不超过±0.3 mm。

8.2 压机

8.2.1 模具板应固定在压机上，一块模具板(通常为下模具板)固定在压机框架上，另外一块模具板(上模具板)固定在压机的活塞上，以便其垂直运动。活塞的行程不小于 500 mm，具备两个速度挡："快速挡"为 25 mm/s～50 mm/s，"加压挡"为 0.2 mm/s～2 mm/s。

8.2.2 压机应能提供足够高的压力，制备试样时采用 0.1 MPa～1 MPa 的压力即可满足需要。

9 步骤

9.1 将增强材料剪裁到要求的尺寸。增强材料的层数应满足试验板在给定厚度下对纤维含量的要求。所需层数 n 按公式(1)计算：

$$n=\frac{e\rho_f\rho_m b}{g[b\rho_m+\rho_f(1-b)]} \quad\cdots\cdots(1)$$

式中：

e ——试验板的厚度，单位为厘米(cm)；

ρ_f——增强材料密度，单位为克每立方厘米(g/cm^3)；

ρ_m——树脂密度，单位为克每立方厘米(g/cm^3)；

b ——增强材料质量含量，用质量百分数表示(%)；

g ——增强材料单位面积质量，单位为克每平方厘米(g/cm^2)。

注：密度最好从生产厂家获取，如不能，按照 ISO 1183 中的某一方法测定。

9.2 准备树脂体系。根据试验板中期望的增强材料含量推算树脂用量，考虑 0%～10%的树脂溢出损失。树脂用量按公式(2)计算：

$$m=\frac{1-b}{b}ngA(1+x) \quad\cdots\cdots(2)$$

式中：

m ——树脂用量，单位为克(g)；

b ——增强材料质量含量，用质量分数表示(%)；

n ——增强材料层数；

g ——增强材料单位面积质量，单位为克每平方厘米(g/cm^2)；

A ——增强材料的面积，单位为克每平方厘米(g/cm^2)；

x ——溢出树脂含量，用百分数表示(%)。

9.3 打开压机，将增强材料放置在下模具板上，在增强材料的中心注入树脂后合模。合模第一阶段的速度应尽可能快，合模至最后几毫米时，应降低合模速度。试验板的质量取决于最后阶段的合模速度和这个过程的长短，因此为获得优质试验板应采取最优化的合模操作，为优化试验板的质量也需改变树脂的溢出量 x。

9.4 完全合模后，模具(预热或不预热均可)中树脂的固化时间也是优化因素之一，在环境温度下固化需要较长时间，树脂体系的适用期应作相应的调整。由于该工艺不能保证试样有规则整齐的边缘，使用金刚锯将毛边清理干净。清理试验板毛边时，应将未能包含所有增强材料层的边缘切除，清理后的试验板增强材料应分布均匀。

10 试验板的性能测定

10.1 纤维含量

由于树脂中通常添加了填料，所以增强材料的质量含量最好采用灼烧法测定。对于玻璃纤维增强材料，按照 ISO 1172 测定。

10.2 外观和浸渍情况

完成模塑后,目测试验板的外观和浸渍的质量是否合适。

10.3 试验板尺寸

采用该技术(模压后切除毛边)不能获得规定的宽度和尺寸,因此没必要测量尺寸,但是需要测量试验板的厚度,测量不同位置的厚度,以比较试验板的厚度和间隔装置设定的厚度。

11 试验板制备报告

试验板制备报告应包含如下内容:

a) 依据本部分;

b) 制备地点和时间;

c) 详细的层数、排列方式、铺层角度;

d) 所用材料清单(增强材料型号、树脂类型、填料类型、固化体系等);

e) 所用设备(模具等);

f) 操作条件(压力、温度和合模速度等);

g) 试验板的厚度;

h) 纤维含量和填料含量;

i) 试验板质量(外观、浸渍情况);

j) 再制备试验板所需的其他信息;

k) 与本部分的差异。

ICS 83.120
Q 23

中华人民共和国国家标准

GB/T 27797.5—2011/ISO 1268-5:2001(E)

纤维增强塑料　试验板制备方法
第5部分:缠绕成型

Fibre-reinforced plastics—Methods of producing test plates—
Part 5: Filament winding

(ISO 1268-5:2001,IDT)

2011-12-30 发布　　　　2012-08-01 实施

中华人民共和国国家质量监督检验检疫总局
中国国家标准化管理委员会　发布

前　言

GB/T 27797《纤维增强塑料　试验板制备方法》分为11个部分：

——第1部分：通则；

——第2部分：接触和喷射模塑；

——第3部分：湿法模塑；

——第4部分：预浸料模塑；

——第5部分：缠绕成型；

——第6部分：拉挤模塑；

——第7部分：树脂传递模塑；

——第8部分：SMC及BMC模塑；

——第9部分：GMT/STC模塑；

——第10部分：BMC和其他长纤维模塑料注射模塑　一般原理和通用试样模塑；

——第11部分：BMC和其他长纤维模塑料注射模塑　小方片。

本部分为GB/T 27797的第5部分。

本部分按照GB/T 1.1—2009给出的规则起草。

本部分使用翻译法等同采用ISO 1268-5:2001(E)《纤维增强塑料　试验板制备方法　第5部分：缠绕成型》。

与本部分中规范性引用的国际文件有一致性对应关系的我国文件如下：

——GB/T 27797.1　纤维增强塑料　试验板制备方法　第1部分：通则(ISO 1268-1:2001,IDT)。

本部分做了下列编辑性修改：

——将一些适用于国际标准的表述改为适用于我国标准的表述；

——在8.5和第9章中加条号。

本部分由中国建筑材料联合会提出。

本部分由全国纤维增强塑料标准化技术委员会(SAC/TC 39)归口。

本部分起草单位：北京玻钢院复合材料有限公司、中国兵器工业集团五三研究所、常州天马集团有限公司。

本部分主要起草人：宁珍连、张力平、陈海玲、宣维栋、马玉敬。

纤维增强塑料 试验板制备方法
第5部分:缠绕成型

1 范围

GB/T 27797的本部分规定了用缠绕法制备纤维增强塑料板的方法,该法以玻璃纤维无捻粗纱和热固性树脂为原料(不包括预浸渍的纤维)。

本部分规定了在最优工业化条件下制备单向增强板,在这些试验板上可切取用于测试各种机械性能的试样。

GB/T 27797的本部分主要适用于用聚酯树脂或环氧树脂制备的玻璃纤维增强塑料,但也可扩展到其他类型的树脂和增强材料。

GB/T 27797的本部分和GB/T 27797.1一并使用。

注:为便于理解本方法,"无捻粗纱"一词在全文中经常用到,也包括纱线,除非特别说明。

2 规范性引用文件

下列文件对于本文件的应用是必不可少的。凡是注日期的引用文件,仅注日期的版本适用于本文件。凡是不注日期的引用文件,其最新版本(包括所有的修改单)适用于本文件。

ISO 1268-1 纤维增强塑料 试验板制备方法 第1部分:通则(Fibre-reinforced plastics—Methods of producing test plates—Part 1:General conditions)

3 健康和安全

见ISO 1268-1。

4 原理

一股粗纱(或数股粗纱束)浸渍树脂,缠绕若干层后成型。在芯模上安装外模板,以获得试验板所要求的最终厚度。固化可在带加热板的压机中或放入烘箱中进行。

本方法可同时制备两块相同的试验板。

5 材料

5.1 粗纱

本方法适用于所有线密度为200 tex~4 800 tex的粗纱。对线密度较低的粗纱可进行合股,使其线密度达到200 tex~4 800 tex(例如,10束22 tex等于220 tex)。

5.2 树脂体系

推荐所用的树脂体系(聚酯或环氧+固化体系)应满足如下性能:

a) 黏度:在缠绕温度下低于0.4 Pa·s;

b) 最低适用期:操作温度下的最短适用期应满足缠绕到最后阶段树脂黏度不大于初始值的140%。

如果所选择的树脂体系不具备上述性能,应在试验板制备报告中说明其粘度及最低适用期。

6 试验板尺寸

制备的试验板的最小尺寸为长度300 mm、宽度200 mm。

7 增强材料含量

试验板的玻璃纤维含量应由需方规定,此类型试验板的玻璃纤维质量含量通常为70%。

注:玻璃纤维质量含量70%时,体积含量为52%。

8 设备

8.1 纱架(选用)

纱架需配备张力调节系统,使纤维张力在0 N~15 N间可调(在粗纱进入浸胶槽之前测定张力)。

8.2 缠绕机

缠绕机(见图1)应有如下性能:

a) 轴速:在0 r/min~70 r/min范围内连续可调;

b) 纱线前进量:在0.5 mm~5 mm范围内可调;

c) 如需要,可安装辐射板,使粗纱在芯模上缠绕时温度保持基本恒定。

8.3 浸胶装置

8.3.1 总则

浸胶装置可选用8.3.2和8.3.3中的一种,如果使用别的装置,应在试验板制备报告中详细说明。

8.3.2 浸胶槽

应监控浸胶槽(见图1)内树脂体系的温度以保持其黏度尽可能恒定,确保粗纱浸胶均匀、完全。因此,建议浸胶槽采用双层结构,温度调节液在夹层内循环。浸胶槽内最小浸渍距离为400 mm,并能盛装1 L树脂,以保证浸渍完全。图1为浸胶槽的一个示例,推荐浸胶槽应具有如下性能:

a) 进口处有导纱眼以防磨损;

b) 出口处有纤维导杆,保证浸胶完全,无干纱;

c) 气泡拦除装置;

d) 位于树脂中的导杆(平面和沟槽交替设置)。

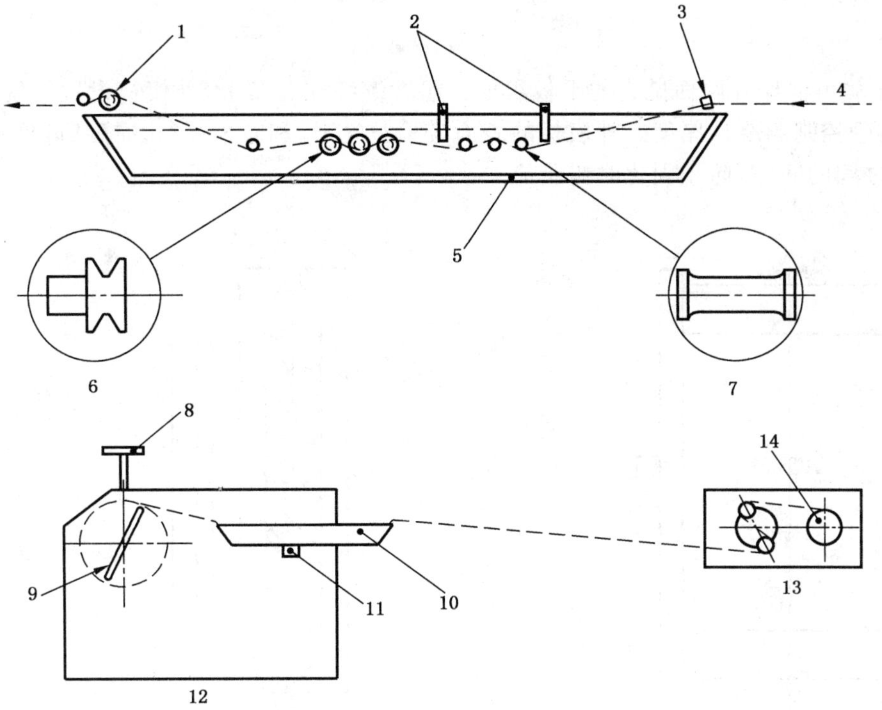

说明：

1——出口导杆；
2——气泡拦除装置；
3——入口导杆(导纱眼)；
4——粗纱；
5——双层胶槽；
6——带沟槽的导杆；
7——平板导杆；
8——辐射板；
9——芯模；
10——浸胶槽；
11——活动臂；
12——缠绕设备；
13——张力控制系统；
14——粗纱团。

图 1　浸胶槽和缠绕机

8.3.3　浸胶辊

浸胶辊(见图 2)应耐腐蚀、耐磨，且为自由轮，最小直径 120 mm，粗纱接触浸胶辊的长度应不小于其周长的 20%，浸胶辊浸入树脂胶液的深度约为其直径的 20%～30%。应使用刮刀控制浸胶辊上树脂的量，刮刀和浸胶辊的距离在 0 mm～3 mm 之间可调，刮刀的安装应经过事先调试，应使用另一刮刀刮去粗纱不能吸附的树脂。

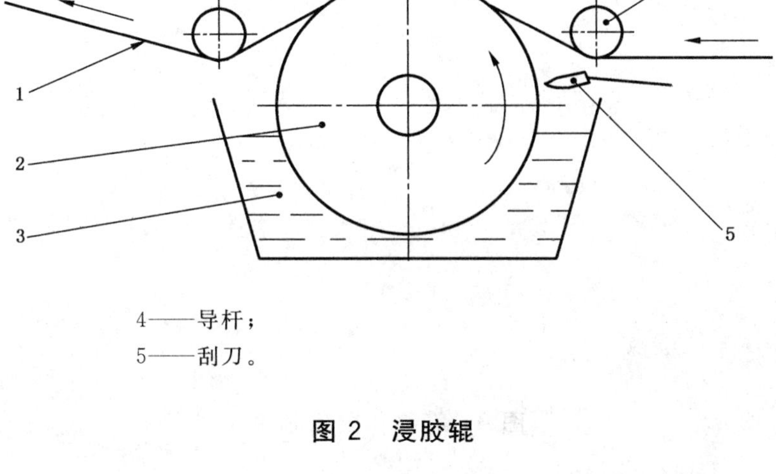

说明：

1——粗纱；
2——胶辊；
3——树脂；
4——导杆；
5——刮刀。

图 2　浸胶辊

8.4 芯模

芯模(见图 3)由框架和两面抛光的平板组成。粗纱缠绕在芯模上,外模板设置在绕组两侧,紧贴芯模,这样可以准确控制缠绕件厚度。外模板的表面应平整光滑,和芯模平行。棒状硅橡胶端板用来封住芯模和外模板之间的间隙,防止固化时树脂流失。

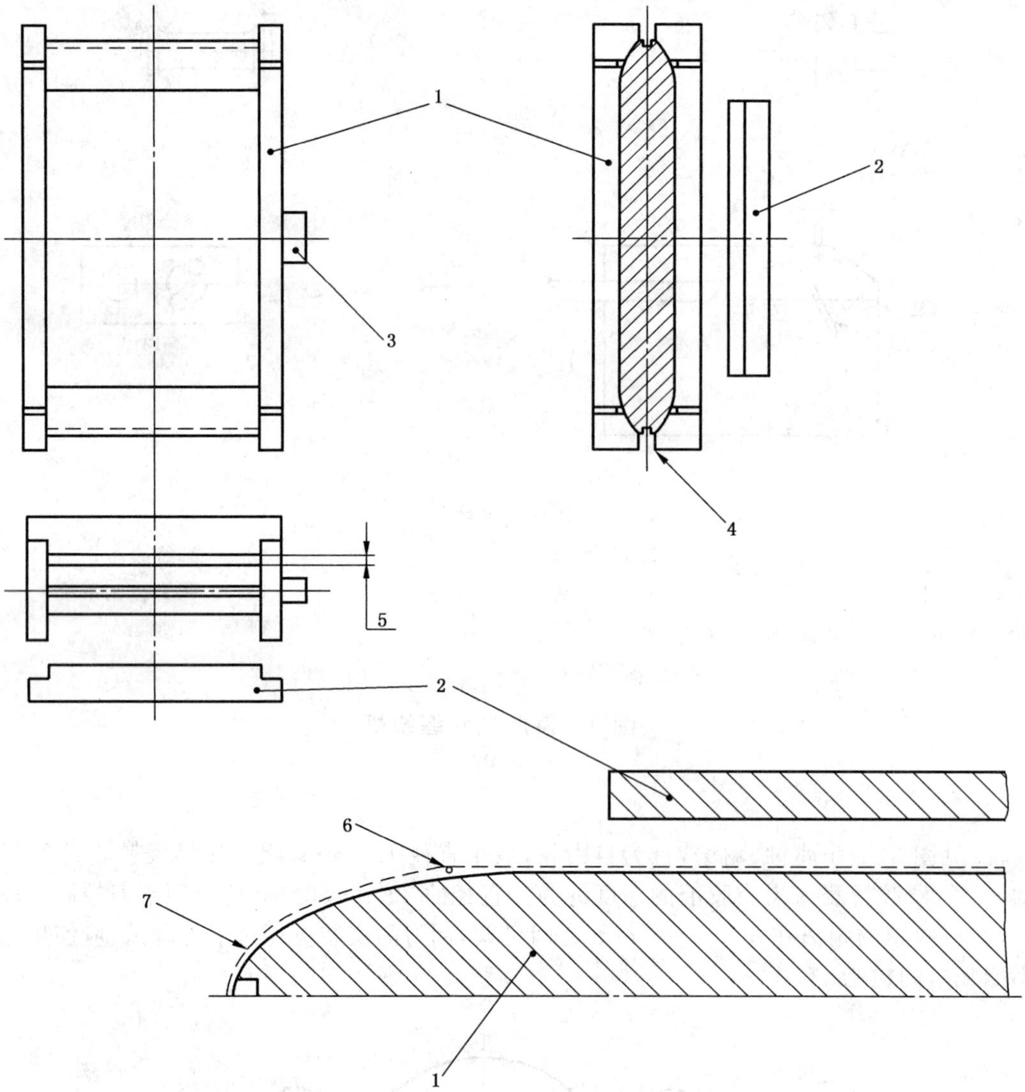

说明:
1——框架;
2——外模片;
3——芯轴;
4——槽口;
5——缠绕件厚度;
6——硅橡胶棒;
7——粗纱。

图 3 缠绕和固化芯模

8.5 带加热板的压机

8.5.1 压机应有如下特性：

a) 最小压力：20 kN；

b) 温度可根据树脂及其固化体系的固化曲线要求调节。

8.5.2 如果没有带加热板的压机，也可用如下方法：

a) 安装一套夹紧外模板装置；

b) 能达到树脂体系所需固化温度的烘箱。

9 步骤

9.1 除非另有规定，用于制备试验板的粗纱可直接使用，不需要预先调节。

9.2 将芯模安装在缠绕机的轴上，当浸胶槽的温度须保持在 50 ℃以上时，建议芯模也尽可能保持在此温度。

9.3 调节芯轴转速，使纱线速度为 5 m/min～15 m/min，确保在树脂适用期内能完成缠绕操作。选择的缠绕参数如下：

——纱线前进量 p：$0.5\ \text{mm} < p < 4\ \text{mm}$；

——层数 n：$2 \leqslant n \leqslant 12$。

合适的缠绕参数参见附录 A，缠绕参数计算参见附录 B。

9.4 将粗纱团装入退绕机的轴上(如使用)。

9.5 拽出一定长度的粗纱，穿过张力控制系统、浸胶槽导杆及纤维导杆，系在芯模上。借助张力控制系统，调节粗纱的张力，确保粗纱能均匀地缠绕到芯模上。

9.6 将配制好的树脂加入浸胶槽中。

9.7 保持胶槽温度在设定的温度。

9.8 在芯模上涂刷脱模剂，所涂脱模剂应在操作温度下稳定，或覆盖一层耐热薄膜。

9.9 如果所用芯模上没有供切割的槽口，在芯模的两端固定一塑料棒，以便于试验板脱模，并防止切割试验板时损伤芯模。在芯模两边放置硅橡胶棒(如图 3 所示)，这些硅橡胶棒将使粗纱在缠绕过程中有一定的张力，并避免模具闭合处的任何树脂流失，硅橡胶棒的位置和直径应能保证其间的缠绕件是平整的。

9.10 在外模板上涂刷一薄层配制好的树脂。

9.11 先缠绕一层粗纱，如有必要，用一柔韧的刮刀或辊子除去表面的树脂。重复缠绕至规定的层数。

9.12 当缠绕完毕后，在芯模上安装外模板(见图 3)。

9.13 将整个组件放在压机的加热板之间，或夹紧外模板后放入固化炉中。根据树脂体系推荐的时间、温度等固化条件固化缠绕件。

9.14 进行后固化。

9.15 冷却至室温。

9.16 用圆锯按图 4 所示切割后脱模。

9.17 将试验板切割成所需的尺寸，为避免边缘损坏，建议用金刚石锯。

9.18 从这些试验板上按标准规定的尺寸切取用于力学性能测试的试样。

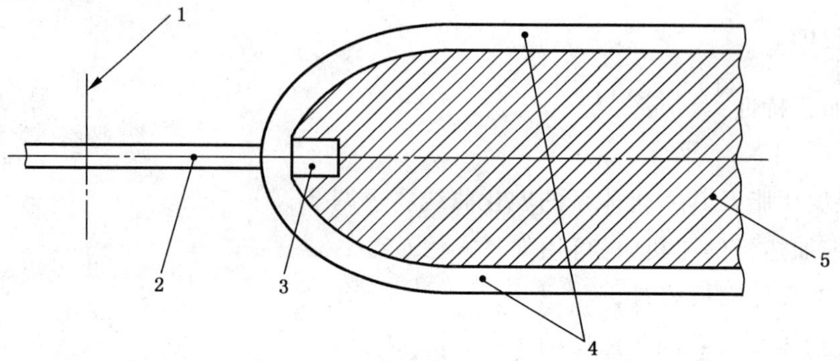

说明：

1——圆锯的旋转轴；

2——圆锯的锯条；

3——槽口；

4——试验板；

5——芯模。

图 4 试验板脱模

10 试验板的性能测定

10.1 纤维含量

见 ISO 1268-1，纤维含量应在规定值的±2％范围之内。

10.2 孔隙含量

见 ISO 1268-1。

10.3 外观及浸渍情况

脱模后，目测试验板的外观及浸渍情况，应符合试验板的质量要求。

10.4 尺寸

测量试验板的厚度、宽度及长度。

11 试验板制备报告

试验板制备报告应包含如下信息：

a) 依据本部分；

b) 制备地点、时间；

c) 增强材料层数及缠绕件纱线前进量，毫米(mm)；

d) 所用材料的详细情况(包括增强材料型号、树脂牌号、填料类型、固化体系等等)；

e) 所使用的浸胶设备(水浴、辊或其他)；

f) 操作条件(树脂体系温度，℃；纱线速度，m/min)；

g) 是否用压机或固化炉；

h) 试验板尺寸；

i) 纤维含量及填料含量；

j) 板的质量(外观、浸渍情况)；

k) 其他再制备板材时所需要的信息；

l) 与本部分的差异。

附 录 A
(资料性附录)
缠绕参数举例

表A.1给出了最终产品为3 mm厚单向板的缠绕参数,所用树脂密度为1.2 g/cm^3,产品纤维质量含量为70%左右。可以通过增加层数或减小纱线前进量来增加纤维含量,与之对应,用相反的操作可降低纤维含量。

表 A.1

粗纱线密度 tex	粗纱数量	总线密度 tex	计算参数		可选参数	
			层数	纱线前进量 mm	层数	纱线前进量 mm
210	2	420	11	1.14	6	0.56
210	3	630	9	1.40	6	0.68
300	1	300	13	0.97	8	0.47
300	2	600	9	1.33	6	0.67
300	3	900	7	1.56	4	0.82
800	1	800	8	1.59	4	0.77
1 200	1	1 200	6	1.79	4	0.97
1 600	1	1 600	6	2.38	4	1.09
2 000	1	2 000	5	2.47	4	1.22
2 400	1	2 400	5	2.98	4	1.33
2 400	2	4 800	3	3.57	2	1.89

附　录　B
（资料性附录）
缠绕法制备单向板缠绕参数计算方法

B.1　层数

缠绕层数按式(B.1)计算：

$$n=\sqrt{\frac{h^2\times\rho\times\varphi\times10}{\rho_1}} \qquad \cdots\cdots(B.1)$$

式中：

n——缠绕层数（层数必须是整数，如有必要，取相邻的整数或偶数）；

ρ——纤维密度，单位为克每立方厘米(g/cm^3)；

φ——纤维含量，用质量分数表示(%)；

ρ_1——粗纱线密度，tex；

h——试验板厚度，单位为毫米(mm)。

B.2　纱线前进量

纱线前进量按式(B.2)计算：

$$p=\frac{n\times\rho_1}{h\times10\times\rho\times\varphi} \qquad \cdots\cdots(B.2)$$

式中：

p——纱线前进量，单位为毫米(mm)。

其余同式(B.1)。

ICS 83.120
Q 23

中华人民共和国国家标准

GB/T 27797.6—2011/ISO 1268-6:2002(E)

纤维增强塑料 试验板制备方法
第6部分:拉挤模塑

Fibre-reinforced plastics—Methods of producing test plates—Part 6:Pultrusion moulding

(ISO 1268-6:2002,IDT)

2011-12-30 发布 2012-08-01 实施

中华人民共和国国家质量监督检验检疫总局
中国国家标准化管理委员会 发布

前言

GB/T 27797《纤维增强塑料　试验板制备方法》分为11个部分：

——第1部分：通则；
——第2部分：接触和喷射模塑；
——第3部分：湿法模塑；
——第4部分：预浸料模塑；
——第5部分：缠绕成型；
——第6部分：拉挤模塑；
——第7部分：树脂传递模塑；
——第8部分：SMC及BMC模塑；
——第9部分：GMT/STC模塑；
——第10部分：BMC和其他长纤维模塑料注射模塑　一般原理和通用试样模塑；
——第11部分：BMC和其他长纤维模塑料注射模塑　小方片。

本部分为GB/T 27797的第6部分。

本部分按照GB/T 1.1—2009给出的规则起草。

本部分使用翻译法等同采用ISO 1268-6:2002 (E)《纤维增强塑料　试验板制备方法　第6部分：拉挤模塑》。

与本部分中规范性引用的国际文件有一致性对应关系的我国文件如下：

——GB/T 2577—2005　玻璃纤维增强塑料树脂含量试验方法(ISO 1172:1996,MOD)；
——GB/T 27797.1　纤维增强塑料　试验板制备方法　第1部分：通则(ISO 1268-1:2001,IDT)。

本部分做了下列编辑性修改：

——将一些适用于国际标准的表述改为适用于我国标准的表述；
——在第6章、第9章、第10章加条号。

本部分由中国建筑材料联合会提出。

本部分由全国纤维增强塑料标准化技术委员会(SAC/TC 39)归口。

本部分起草单位：北京玻钢院复合材料有限公司、中国兵器工业集团五三研究所、常州天马集团有限公司。

本部分主要起草人：宁珍连、张力平、李树虎、宣维栋、马玉敬。

纤维增强塑料　试验板制备方法
第6部分:拉挤模塑

1　范围

GB/T 27797的本部分规定了用拉挤模塑制备增强塑料试验板的方法。所得的试验板用于加工测定层合板的机械和物理性能的试样。

本方法适用于制备玻璃纤维、碳纤维或芳纶纤维(连续粗纱、丝束、表面毡、织物或其组合)增强热固性或热塑性树脂板材。增强材料可单独使用,也可组合使用。

GB/T 27797的本部分和GB/T 27797.1一并使用。

2　规范性引用文件

下列文件对于本文件的应用是必不可少的。凡是注日期的引用文件,仅注日期的版本适用于本文件。凡是不注日期的引用文件,其最新版本(包括所有的修改单)适用于本文件。

ISO 1172　纺织玻璃纤维增强塑料　预浸料、模塑料和层压板　玻璃纤维和无机矿物填料含量的测定　灼烧法(Textile-glass-reinforced plastics—Prepregs, moulding compounds and laminates—Determination of the textile-glass and mineral filler content—Calcination methods)

ISO 1268-1　纤维增强塑料　试验板制备方法　第1部分:通则(Fibre-reinforced plastics—Methods of producing test plates—Part 1:General conditions)

3　健康和安全

见ISO 1268-1。

4　原理

4.1　拉挤工艺是成型纤维复合材料的独特工艺,能成型具有复杂几何截面的连续长度的复合材料,有不同的纤维含量、排列方向和纤维种类。拉挤型材通常由于截面过小或是形状不适合,很难从中切取试样验证其性能。如果不能从生产的型材上获得满足试验条件要求的试样,有必要使用相同原材料、按照相同工艺制备替代平板,然后根据相关试验方法从替代平板上切取试样。本部分规定了此替代平板的制备过程。此方法也可用于比较不同原材料和不同生产条件下生产的型材的性能。

4.2　增强材料浸渍适当树脂后,牵引穿过模具,在规定条件下固化,制备条状平板。条状平板应有足够宽度,以便能在横向或其他特定方向切取所需长度的试样。

5　材料

5.1　增强材料,适合拉挤的所有形式,多为连续无捻粗纱、丝束或纱线、毡及织物。增强材料应经过表面处理使其与所用的树脂体系相匹配。

5.2 对于热固性树脂体系，根据供应商的使用说明，选择温度、速度等，制备成一固化的试验板。对于热塑性树脂体系，分析基体聚合物和增强材料两者的种类和型号，选择特定的体系制备试验板。

6 形状和尺寸

6.1 考虑到本部分的目的，只有平条型材适合制备试验板。板材的宽度和厚度取决于试验项目。
6.2 任何情况下，最终试验板的厚度应为试样所要求的厚度。
6.3 板应有足够的宽度，保证能从与板垂直的方向切割试样。

7 增强材料含量

增强材料含量、种类及层合板中每一层的取向应当符合试验板制备规范，任何情况下，应有足够多的增强材料来填满模腔。

8 设备

8.1 增强材料支架或纱架：能安装要求数量的粗纱或要求卷数的毡、织物等。
8.2 浸胶槽。
8.3 型模：配备适当的加热系统(有时与浸胶槽联合在一起)。
8.4 牵引部件：能以恒定的速度牵引型材。
8.5 切割部件。
8.6 夹具或压机：用于消除内应力和/或后固化时夹持试验板。

9 步骤

9.1 一般条件见 ISO 1268-1。
9.2 按照制造商的说明安装设备。
9.3 增强材料含量、种类及层合板中每一层的取向应当符合试验板制备规范。选择的工艺条件应与树脂供应商的建议一致，并参照拉挤产品的生产质量标准，以获得无缺陷的产品。
9.4 试样只能从工艺稳定后的型材上切取。

10 稳定化

10.1 试验板应平整且固化完全，能切取满意的试样。根据所用的树脂及工艺条件，用拉挤法制备的平板型材可能需要稳定化和/或后固化。
10.2 试验板应在拉挤机上切割成适当的长度。如果需要稳定化应避免翘曲，可用夹具或压机保持试验板平整；如果需要后固化，应将试验板夹在压机中进行，后固化的时间及温度应与试验板制备规范一致，或根据试验板具体生产情况调整。

11 试验板的性能测定

玻璃纤维含量的测定按 ISO 1172 的方法进行，碳纤维含量的测定方法由双方协商确定，并与规范中的要求值作比较，在进行试验之前目测针孔情况。

12 试验板制备报告

试验板制备报告应包含如下信息：

a) 依据本部分；

b) 所用原材料的详细情况，包括树脂体系、增强材料及各种添加剂(制备标记或一般说明)；

c) 试验板标识，用合适的数字或编码体系；

d) 制备工艺条件记录，包括型模温度及牵引速度；

e) 后固化的详细情况；

f) 增强材料含量；

g) 任何可能影响试验板性能的制备流程调整。

ICS 83.120
Q 23

中华人民共和国国家标准

GB/T 27797.7—2011/ISO 1268-7:2001(E)

纤维增强塑料　试验板制备方法　第7部分:树脂传递模塑

Fibre-reinforced plastics—Methods of producing test plates—Part 7: Resin transfer moulding

(ISO 1268-7:2001,IDT)

2011-12-30 发布　　2012-08-01 实施

中华人民共和国国家质量监督检验检疫总局
中国国家标准化管理委员会　发布

前　言

GB/T 27797《纤维增强塑料　试验板制备方法》分为11个部分：

——第1部分：通则；

——第2部分：接触和喷射模塑；

——第3部分：湿法模塑；

——第4部分：预浸料模塑；

——第5部分：缠绕成型；

——第6部分：拉挤模塑；

——第7部分：树脂传递模塑；

——第8部分：SMC及BMC模塑；

——第9部分：GMT/STC模塑；

——第10部分：BMC和其他长纤维模塑料注射模塑　一般原理和通用试样模塑；

——第11部分：BMC和其他长纤维模塑料注射模塑　小方片。

本部分为GB/T 27797的第7部分。

本部分按照GB/T 1.1—2009给出的规则起草。

本部分使用翻译法等同采用ISO 1268-7:2001 (E)《纤维增强塑料　试验板制备方法　第7部分：树脂传递模塑》。

与本部分中规范性引用的国际文件有一致性对应关系的我国文件如下：

——GB/T 1033(所有部分)　塑料　非泡沫塑料密度的测定[ISO 1183(所有部分)]；

——GB/T 2577—2005　玻璃纤维增强塑料树脂含量试验方法(ISO 1172:1996,MOD)；

——GB/T 19466.2—2004　塑料　差示扫描量热法(DSC)　第2部分：玻璃化转变温度的测定(ISO 11357-2:1999,IDT)；

——GB/T 27797.1　纤维增强塑料　试验板制备方法　第1部分：通则(ISO 1268-1:2001,IDT)。

本部分做了下列编辑性修改：

——将一些适用于国际标准的表述改为适用于我国标准的表述；

——在5.1和第7章中加条号。

本部分由中国建筑材料联合会提出。

本部分由全国纤维增强塑料标准化技术委员会(SAC/TC 39)归口。

本部分起草单位：北京玻钢院复合材料有限公司、中国兵器工业集团五三研究所、常州天马集团有限公司。

本部分主要起草人：宁珍连、陈海玲、宣维栋、马玉敬、张力平。

纤维增强塑料 试验板制备方法
第7部分:树脂传递模塑

1 范围

GB/T 27797的本部分规定了用树脂传递模塑(RTM)制备增强塑料试验板的方法。

GB/T 27797的本部分和GB/T 27797.1一并使用。

2 规范性引用文件

下列文件对于本文件的应用是必不可少的。凡是注日期的引用文件,仅所注日期的版本适用于本文件。凡是不注日期的引用文件,其最新版本(包括所有的修改单)适用于本文件。

GB/T 19466.2—2004 塑料 差示扫描量热法(DSC) 第2部分:玻璃化转变温度的测定(ISO 11357-2:1999,IDT)

ISO 1172:1996 纺织玻璃纤维增强塑料 预浸料、模塑料和层压板 玻璃纤维和无机矿物填料含量的测定 灼烧法(Textile-glass-reinforced plastics—Prepregs,moulding compounds and laminates—Determination of the textile-glass and mineral filler content—Calcination methods)

ISO 1183(所有部分) 塑料 非泡沫塑料密度的测定方法(Plastics—Methods for determining the density of non-cellular plastics)

ISO 1268-1 纤维增强塑料 试验板制备方法 第1部分:通则(Fibre-reinforced plastics—Methods of producing test plates—Part 1:General conditions)

ISO 7822:1990 纺织玻璃纤维增强塑料 孔隙含量的测定 灼烧损失、机械破碎和统计计算方法(Textile glass reinforced plastics—Determination of void content—Loss on ignition,mechanical disintegration and statistical counting methods)

ISO 11357-5:1999 塑料 差示扫描量热法(DSC) 第5部分:反应特性的测定 温度时间曲线、反应焓和转化度(Plastics—Differential scanning calorimetry(DSC)—Part 5:Determination of characteristic reaction-curve temperature and times,enthalpy of reaction and degree of conversion)

3 健康和安全

见ISO 1268-1。

4 原理

树脂传递模塑(RTM)是在密闭容器中低压成型的一种方法。纤维增强材料可以预成型,增强材料铺放在模腔内,合模。将树脂注射到模腔中浸渍增强材料,树脂固化形成复合材料板。生产工艺可调整,如注射树脂前抽真空排出空气、加热树脂以降低粘度和缩短固化时间。采用高活性树脂时,用两个泵分别抽取树脂和固化剂进入一个容器,混合后再注入模具。

5 材料

5.1 增强材料

5.1.1 增强纤维可为玻璃纤维、碳纤维、芳纶等,其形式为毡(短切毡或连续毡)、短切纤维、机织物、针织物、编织物、单向增强材料及它们的组合。

5.1.2 增强材料可以预先铺放在预成型坯模中保持其形状,预成型坯可以通过在装配好的增强材料上喷射粘合剂制备,然后热定型。另一种方法,可以通过用辅助丝束将增强材料缝合、绑结或编织在一起制备成预成型坯。

5.1.3 增强材料应容易往模腔内铺放且有良好的树脂浸渍性能。注射树脂时应避免引起增强材料的移动。

5.2 树脂

树脂的粘度和固化特征应保证树脂能充满模腔,在固化前浸透增强材料。

6 试验板尺寸

制备的板材的长度和宽度应足够大以便加工符合要求的试样,试样的尺寸应符合相关的标准。推荐板的长度和宽度均为300 mm,厚度应为1 mm～4 mm,超过4 mm的试验板通常不适于测定机械性能。

7 增强材料含量

7.1 纤维无定向分布板材,推荐纤维体积含量为15%～30%。

7.2 织物板材,推荐纤维体积含量为35%～55%。

7.3 单向板,推荐纤维体积含量为40%～60%。

8 设备

8.1 模具:钢、铝合金或纤维增强塑料制成,由阴、阳模组成,中间为模腔,带有一个进树脂孔和一个出气孔。模具用螺栓或其他可靠的紧固装置扣紧以保证完全闭合,模板间安装橡胶条密封,测温装置可插在模具板中,模具表面须涂刷脱模剂。

8.2 带加热板的压机:控温精度在±5 ℃内,压力为规定值的±20 kPa。

8.3 空气循环箱:控温精度在±5 ℃内。

8.4 树脂罐:温度可调。

8.5 泵:以最高800 kPa的压力传递树脂。

8.6 真空泵或真空发生器。

8.7 软管:连接模具和树脂泵或真空发生器。

8.8 温度、压力的控制和记录设备。

9 步骤

9.1 制备预成型体

9.1.1 按以下方法制备预成型体:

a) 按说明剪裁毡并叠放，用少量聚合物粘接剂粘接，在定型模中将叠放的毡加热、压缩；

b) 将增强纤维短切并喷洒在一个旋转面上，由空气负压定位，在短切纤维中添加少量(2%～5%)的聚合物粘接剂。然后加热。若需铺放连续纤维或者织物，可在加热前将连续纤维或者织物铺放在短切纤维上；

c) 裁剪织物并按特定方向铺放，织物用辅助纱线(例如聚酰胺、聚酯、芳纶、玻璃或碳纤维)经缝合、绑结或编织成整体，单向织物用于制作高纤维含量试验板的预成型体；

d) 具有特定形状的三维织物采用缝合、针织或编织方法。

9.1.2 预成型体单位面积的质量应能满足试验板所要求的纤维体积含量要求。

9.1.3 预成型体的设计应与模具相匹配，并能保持纤维的排列顺序。

9.2 树脂的注射和固化

9.2.1 由于树脂和增强材料的特性不尽相同，故采用不同的步骤，见9.2.2～9.2.4给出的示例。

9.2.2 将增强材料铺放在模腔中，合模并用螺栓或其他紧固装置扣紧，用软管将模具连接到树脂泵和树脂罐上，用泵往模腔中注入树脂，充满后，将模具放置在压机加热板之间或者固化炉中固化。

9.2.3 将增强材料铺放在模腔中，合模并扣紧。用软管将模具连接到真空泵、树脂泵、树脂罐上，用真空泵抽出模腔内的空气，借助树脂泵，在大气压力下或稍高于大气压力下将树脂从树脂罐经过软管注入到模腔。

9.2.4 注射模塑工艺也可以采用高活性树脂，将预成型体放入模腔，合模并扣紧，用两个泵分别抽取树脂和固化剂到一个容器中，混合后再注入模具。用这种方法，树脂的流速快，有可能导致模腔中的增强材料移动，为保证增强材料不移动，建议在注射期间对其进行检查。

9.2.5 对所有方法均应记录时间、压力、保压时间和固化时间。

9.3 稳定化

固化后，打开模具取出试验板，若材料规范或制备方法中有要求，应对试验板进行稳定化。除非另有要求，建议在切割取样前应在实验室环境下状态调节48 h，同时建议试验板至少切除15 mm的毛边，因为该区域(毛边)纤维含量和纤维排列不具有代表性。

10 试验板的性能测定

10.1 通则

加工试样前应先检查试验板，根据材料规范或有关方的协议判定试验板是否满足要求。有关参数的测定见10.2～10.7。

10.2 纤维含量

玻璃纤维增强塑料纤维含量的测定按ISO 1172执行，碳纤维增强塑料纤维含量的测定方法由双方协商。

注：通过试验板的质量和预成型体的质量可大体知道试验板中的纤维含量是否合格。

10.3 孔隙含量

试验板的孔隙含量可用显微镜(见ISO 7822)观察抛光切面获得，也可用超声扫描或采用其他方法。

10.4 密度

用 ISO 1183 给出的任一方法测定密度。

10.5 试验板尺寸

测定试验板的厚度、宽度和长度，同时测定板的弯曲或扭曲（或其他变形）。应在试验板制备报告中明确记录厚度的测量位置，所用显微探针的类型（平面或半球面）和探针直径。

10.6 固化度

如有要求，用差示扫描量热仪（DSC）测定玻璃化转变温度（见 GB/T 19466.2—2004）和残留焓（见 ISO 11357-5:1999），以确定固化程度。

10.7 纤维排列方式

如有要求，测定增强纤维偏离中心线的角度，当注射树脂的速度很高时通常应该检测偏心度。

11 标识

试验板每一面的纤维含量不尽相同，测试弯曲和层间剪切性能时，载荷施加在不同面所得结果会有差异，建议对试验板的每一表面进行标识。

12 试验板制备报告

试验板制备报告应包含如下信息：

a) 依据本部分；
b) 试样制备的地点、时间；
c) 层数、排列次序、铺层方向；
d) 所用材料清单（增强材料型号、树脂类型、填料类型、固化体系等）；
e) 所用模具；
f) 操作条件（模塑压力、模塑温度、合模速度）；
g) 所制试验板厚度，以及测量厚度的位置和所用测微器的详细描述（见 10.5）；
h) 若有要求，纤维含量和填料含量；
i) 板的质量（外观、浸渍情况）；
j) 再制备板材时所需的其他信息；
k) 与本部分的差异。

ICS 83.120
Q 23

中华人民共和国国家标准

GB/T 27797.8—2011/ISO 1268-8:2004(E)

纤维增强塑料　试验板制备方法 第8部分:SMC及BMC模塑

Fibre-reinforced plastics—Methods of producing test plates—Part 8:Compression moulding of SMC and BMC

(ISO 1268-8:2004,IDT)

2011-12-30 发布　　2012-08-01 实施

中华人民共和国国家质量监督检验检疫总局
中国国家标准化管理委员会　发布

前　言

GB/T 27797《纤维增强塑料　试验板制备方法》分为11个部分：

——第1部分：通则；

——第2部分：接触和喷射模塑；

——第3部分：湿法模塑；

——第4部分：预浸料模塑；

——第5部分：缠绕成型；

——第6部分：拉挤模塑；

——第7部分：树脂传递模塑；

——第8部分：SMC及BMC模塑；

——第9部分：GMT/STC模塑；

——第10部分：BMC和其他长纤维模塑料注射模塑　一般原理和通用试样模塑；

——第11部分：BMC和其他长纤维模塑料注射模塑　小方片。

本部分为GB/T 27797的第8部分。

本部分按照GB/T 1.1—2009给出的规则起草。

本部分使用翻译法等同采用ISO 1268-8:2004(E)《纤维增强塑料　试验板制备方法　第8部分：SMC及BMC模塑》。

与本部分中规范性引用的国际文件有一致性对应关系的我国文件如下：

——GB/T 2035—2008　塑料术语及其定义(ISO 472:1999,IDT)。

本部分做了下列编辑性修改：

——将一些适用于国际标准的表述改为适用于我国标准的表述；

——在第5章、8.1.1、8.2中加条号。

本部分由中国建筑材料联合会提出。

本部分由全国纤维增强塑料标准化技术委员会(SAC/TC 39)归口。

本部分起草单位：北京玻钢院复合材料有限公司、常州天马集团有限公司、中国兵器工业集团五三研究所。

本部分主要起草人：宁珍连、宣维栋、张永侠、马玉敬、张力平。

纤维增强塑料　试验板制备方法
第8部分:SMC及BMC模塑

1　范围

GB/T 27797的本部分规定了用两种纤维增强热固性模塑料,即片状模塑料(SMC)和团状模塑料(BMC),模压制备试验板的一般原理和步骤。

GB/T 27797的本部分的目的是保证制作平整的试验板以切取试验试样(相关试验方法参见附录A)。从本方法制备的试验板上切取试样,其试验结果具有代表性。

2　规范性引用文件

下列文件对于本文件的应用是必不可少的。凡是注日期的引用文件,仅注日期的版本适用于本文件。凡是不注日期的引用文件,其最新版本(包括所有的修改单)适用于本文件。

ISO 472　塑料　术语(Plastics—Vocabulary)

ISO 8604　塑料　预浸料　术语定义和命名符号(Plastics—Prepregs—Definitions of terms and symbols for designations)

ISO 12115:1997　纤维增强塑料　热固性模塑料及预浸料　流动性、熟化期和储存期的测定(Fibre-reinforced plastics—Thermosetting moulding compounds and prepregs—Determination of flowability,maturation and shelf life)

EN 1842　塑料　热固性模塑料(SMC-BMC)模塑料收缩性的测定[Plastics—Thermoset moulding compounds(SMC-BMS)—Determination of compression moulding shrinkage]

3　术语和定义

ISO 472和ISO 8604中界定的术语和定义以及下列术语和定义适用于本文件。

3.1

保压时间　compression time

维持模具在规定压力下的时间。

4　健康和安全

本部分仅限于描述试验板的制备方法。材料的使用条件须遵从国家的规定,员工须明确其危险性,并采取适当的防护措施。

5　试验板尺寸

5.1　推荐模具板尺寸为200 mm×590 mm(ISO 12115:1997中方法Ⅱ所需的尺寸)。如果没有合适的模具,可以使用一最小面积为300 cm^2的模具,仅按照方法A制备,模具的尺寸应保证试验板能切割出至少5块20 mm×250 mm的试样。

5.2 SMC 和 BMC 的大多数试验方法要求试样厚度约为 4 mm，特殊情况下，要求模压其他厚度的试验板，针对特殊的试验方法，按 EN 1842 执行。

6 设备

6.1 压机

压制试验板的液压机应满足以下要求：

a) 从合模至达到规定压力的时间不超过 15 s；

b) 保压时间内，压力波动不超过规定压力的±5%。

6.2 模具

所用模具应能够承受规定的温度和压力，模具的设计应保证所有的压力均能施加到模压料上，模腔应平整，其面积方法 A 至少为 300 cm^2，方法 B 为 200 mm×590 mm。

6.3 冷却架

冷却试验板用的装置。建议使用带槽口的非金属冷却架，槽口深度至少为 20 mm，试验板端部应采取一定的保护措施以免损坏。为保证所有试验板冷却均匀，在试验板外放置防护板。

7 取样和状态调节

7.1 SMC 片材，从卷材的满幅宽取样，两边各切除 5 cm，以消除边缘效应。

7.2 BMC 模塑料，从一批模塑料中选取具有代表性的样品。

7.3 取样后立即将所取料装入合适的袋中加以保护，以避免组分挥发和吸湿。模压前，将样品置于温度为(23±2)℃的环境中，调节样品至温度均衡。

8 步骤

8.1 装料的准备

8.1.1 方法 A：模压时材料在模具中不流动

8.1.1.1 SMC 片材，推荐覆盖 100%的模具面积，除非有特殊要求或者双方协商确定，否则至少覆盖 90%的模具面积。往模具中装料，叠放至需要的层数，注意层的顺序和方向。若覆盖面积少于 100%时，按比例减少叠层的长度和宽度，以免模压时材料流动导致纤维方向的改变。

8.1.1.2 BMC 模塑料，在平底托盘上进行预先成型，尽量使每一层厚度均匀，尺寸和模腔尺寸相符。

8.1.2 方法 B：模压时材料在模具中流动

按 ISO 12115:1997 中的方法Ⅱ规定装料，覆盖模具表面大约 25%～30%的面积(见图 1)。

8.2 模压条件

8.2.1 除非另有规定或协议，模压时的温度应在 140 ℃±2 ℃。

8.2.2 模压压力和保压时间应按照相关的材料规范执行。

单位为毫米

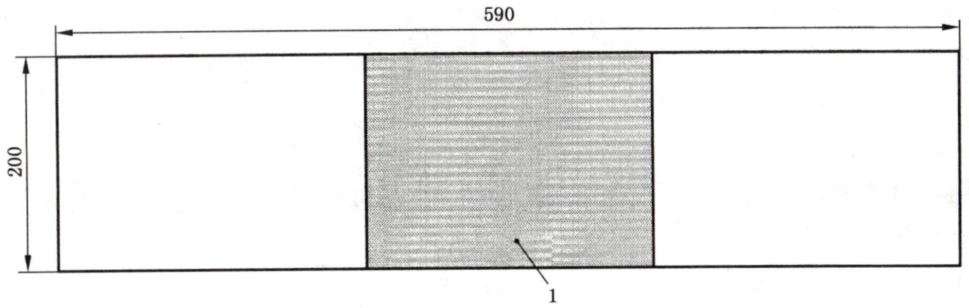

说明：

1——装料面积。

图 1　装料覆盖模具总面积的 25%～30%示意图

8.3　模压步骤

8.3.1　设置所需的模压条件。

8.3.2　按 8.1.1 或 8.1.2 所述准备原料，以获得规定的试样厚度。

8.3.3　称量待装料。

8.3.4　将料放入到模腔中，尽可能放在模腔的中间部位，立刻合模。一旦升压至规定压力，开始计时。

8.3.5　保压时间结束后打开模具，开启压机，将模塑板脱模并将其放在冷却架上冷却至室温。

8.3.6　废弃有缺陷的试验板。

8.3.7　测量每块试验板的厚度。

9　稳定化

除非另有规定或协议，在加工试样前，试验板应在实验室环境下放置 48 h。从按照方法 B 制备的试验板上加工试样时，按图 2 所示加工。

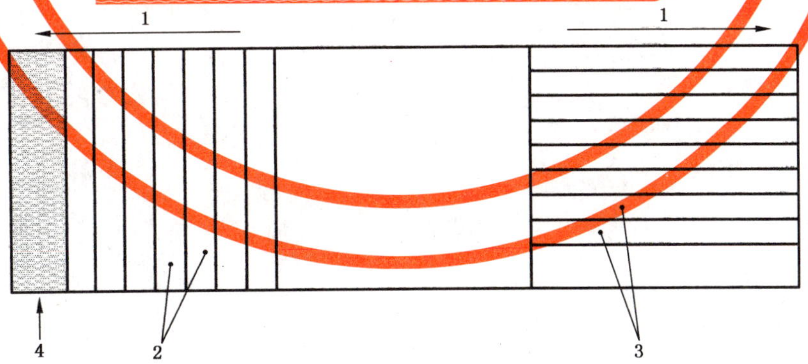

说明：

1——流动方向；

2——垂直于流动方向的试样；

3——平行于流动方向的试样；

4——毛边。

注： 垂直于流动方向的一端因为存在边缘效应，故而应切掉左毛边“4”。试验板右端头的边缘效应限制在很小区域内，因此不影响测试性能。平行于流动方向的边缘无明显的边缘效应，因此不必去除。

图 2　用于切取试样的模压板的流动面积和方向

10 试验板制备报告

试验板制备报告应包含如下信息：

a) 依据本部分；

b) 所用材料清单，至少包括型号、来源、制造商名称及材料名称；

c) 原材料的保质期；

d) 所用模具型号和尺寸；

e) 所用装料描述(长度、宽度、质量、SMC的层数、BMC的装料质量)；

f) 模塑条件(模塑压力、模塑温度、成型时间)；

g) 适当的编码；

h) 板的厚度；

i) 影响试样性能的突发状况和工艺调整。

附 录 A
（资料性附录）
合适的试验方法

从依据本部分制备的试验板上切取的试样适合于如下试验方法，本列表仅是资料性的，将不随试验方法的修订而修改。

A.1 力学性能

ISO 179-1 塑料 简支梁冲击性能的测定 第1部分：非仪器化冲击试验
ISO 179-2 塑料 简支梁冲击性能的测定 第2部分：仪器化冲击试验
ISO 180 塑料 悬臂梁冲击强度的测定
ISO 527-1 塑料 拉伸性能的测定 第1部分：总则
ISO 527-2 塑料 拉伸性能的测定 第2部分：模塑和挤出塑料的试验条件
ISO 527-4 塑料 拉伸性能的测定 第4部分：各向同性及各向异性纤维增强塑料复合材料的试验条件
ISO 14125 纤维增强塑料复合材料 弯曲性能的测定
ISO 14126 纤维增强塑料复合材料 平面方向压缩性能的测定
ISO 6603-1 塑料 有缺口硬塑料冲击性能的测定 第1部分：非仪器化冲击试验
ISO 6603-2 塑料 有缺口硬塑料冲击性能的测定 第2部分：仪器化冲击试验

A.2 热性能

ISO 75-1 塑料 负荷变形温度的测定 第1部分：试验方法总则
ISO 75-2 塑料 负荷变形温度的测定 第2部分：塑料及硬质橡胶
ISO 75-3 塑料 负荷变形温度的测定 第3部分：高强度热固性层合板及长纤维增强塑料
ISO 11359-2 塑料 热机分析(TMA) 第2部分：线膨胀系数及玻璃化转变温度的测定

A.3 化学及物理性能

ISO 62 塑料 吸水性的测定
ISO 1183 塑料 非泡沫塑料密度的测定
ISO 2577 塑料 热固性模塑料 收缩率的测定

A.4 电性能

IEC 60093 固体绝缘材料体积电阻及表面电阻试验方法
IEC 60112 固体绝缘材料工频耐电压及漏电起痕指数测定方法
IEC 60243-1 绝缘材料电气强度试验方法 第1部分：工频下试验
IEC 60243-2 绝缘材料电气强度试验方法 第2部分：对应用直流电压试验的附加要求
IEC 60250 固体绝缘材料在工频、音频及高频(包括米波波长在内)下相对介电常数及介质损耗因数的试验测定方法

A.5 耐火和燃烧性能

ISO 3795 交通工具、拖拉机及农业和林业机械 内饰材料燃烧性能的测定

ISO 4589-2 塑料 氧指数的测定 第2部分:室温测试

ISO 4589-3 塑料 氧指数的测定 第2部分:高温测试

IEC 60695-2-10 阻燃试验 第2部分10节:白炽/热丝基础试验方法 白炽丝装置及通用试验程序

IEC 60695-11-10 阻燃试验 第11部分10节:50 W卧式及垂直式试验方法

A.6 流变性及加工性能

ISO 1172 纺织玻璃纤维增强塑料 预浸料、模塑料及层压板 玻璃纤维及无机矿物填料含量的测定灼烧法

ISO 11667 纤维增强塑料 模压板和预浸料 树脂、增强纤维和无机矿物填料含量的测定 溶解法

参 考 文 献

[1] ISO 295 Plastics—Compression moulding of test specimens of thermosetting materials.

[2] ISO 12114 Fibre-reinforced plastics—Thermosetting moulding compounds and prepregs—Determination of cure characteristics.

ICS 83.120
Q 23

中华人民共和国国家标准

GB/T 27797.9—2011/ISO 1268-9:2003(E)

纤维增强塑料　试验板制备方法
第9部分:GMT/STC模塑

Fibre-reinforced plastics—Methods of producing test plates—Part 9:Moulding of GMT/STC

(ISO 1268-9:2003,IDT)

2011-12-30 发布　　　　2012-08-01 实施

中华人民共和国国家质量监督检验检疫总局
中国国家标准化管理委员会　发布

前 言

GB/T 27797《纤维增强塑料　试验板制备方法》分为11个部分：

——第1部分：通则；

——第2部分：接触和喷射模塑；

——第3部分：湿法模塑；

——第4部分：预浸料模塑；

——第5部分：缠绕成型；

——第6部分：拉挤模塑；

——第7部分：树脂传递模塑；

——第8部分：SMC及BMC模塑；

——第9部分：GMT/STC模塑；

——第10部分：BMC和其他长纤维模塑料注射模塑　一般原理和通用试样模塑；

——第11部分：BMC和其他长纤维模塑料注射模塑　小方片。

本部分为GB/T 27797的第9部分。

本部分按照GB/T 1.1—2009给出的规则起草。

本部分使用翻译法等同采用ISO 1268-9:2003(E)《纤维增强塑料　试验板制备方法　第9部分：GMT/STC模塑》。

与本部分中规范性引用的国际文件有一致性对应关系的我国文件如下：

——GB/T 1040.4—2006　塑料　拉伸性能的测定　第4部分：各向同性和正交各向异性纤维增强复合材料的试验条件(ISO 527-4:1997,IDT)；

——GB/T 2577—2005　玻璃纤维增强塑料树脂含量试验方法(ISO 1172:1996,MOD)；

——GB/T 27797.1　纤维增强塑料　试验板制备方法　第1部分：通则(ISO 1268-1:2001,IDT)；

——GB/T 27797.4　纤维增强塑料　试验板制备方法　第4部分：预浸料模塑(ISO 1268-4:2005,IDT)。

本部分做了下列编辑性修改：

——将一些适用于国际标准的表述改为适用于我国标准的表述；

——在第6章、10.2、10.3中加条号。

本部分由中国建筑材料联合会提出。

本部分由全国纤维增强塑料标准化技术委员会(SAC/TC 39)归口。

本部分起草单位：北京玻钢院复合材料有限公司、中国兵器工业集团五三研究所、常州天马集团有限公司。

本部分主要起草人：宁珍连、马玉敬、郑素萍、宣维栋、张力平。

纤维增强塑料　试验板制备方法
第9部分:GMT/STC模塑

1　范围

GB/T 27797的本部分规定了用增强热塑性片材(GMT/STC)模压制备试验板的方法。所制备的试验板用于加工测定层合板机械和物理性能的试样。本方法适用于以热塑性树脂为基体,以玻璃纤维、碳纤维、芳纶或其他纤维为增强材料(增强材料可单独使用,也可组合使用,其形式应适合模压)经模压成型的层合板。

GB/T 27797的本部分和GB/T 27797.1一并使用。

2　规范性引用文件

下列文件对于本文件的应用是必不可少的。凡是注日期的引用文件,仅注日期的版本适用于本文件。凡是不注日期的引用文件,其最新版本(包括所有的修改单)适用于本文件。

ISO 527-4　塑料　拉伸性能的测定　第4部分:各向同性和各向异性纤维增强塑料复合材料试验条件(Plastics—Determination of tensile properties—Part 4:Test conditions for isotropic and orthotropic fibre-reinforced plastic composites)

ISO 1172　纺织玻璃纤维增强塑料　预浸料、模塑料和层压板　玻璃纤维和无机矿物填料含量的测定　灼烧法(Textile-glass-reinforced plastics—Prepregs,moulding compounds and laminates—Determination of the textile-glass and mineral filler content—Calcination methods)

ISO 1268-1　纤维增强塑料　试验板制备方法　第1部分:通则(Fibre-reinforced plastics—Methods of producing test plates—Part 1:General conditions)

ISO 1268-4　纤维增强塑料　试验板制备方法　第4部分:预浸料模塑(Fibre-reinforced plastics—Methods of producing test plates—Part 4:Moulding of prepregs)

3　术语和定义

下列术语和定义适用于本文件。

3.1

GMT

工业通用的玻璃纤维毡增强热塑性片材的缩写,在这里热塑性塑料通常是指聚丙烯。

3.2

STC

任何种类的热塑性增强复合材料片材的缩写,与聚合物的种类或增强材料的形式无关。

4　健康和安全

见ISO 1268-1。

5 原理

本方法是基于模压工艺，使用常规工业压机、平板模具，在 GMT/STC 供应商推荐的模压条件下制备试验板。

将模塑料裁剪成所需的尺寸，放入模腔中心，加热到模压温度。模具是闭合的，在压力下材料可以流动并成型。对于在模腔内不流动的模塑料，装料时应充满模腔，制备流程需要作一些变更。

6 材料

6.1 本方法适用于所有类型适合模压的 GMT/STC 材料，不考虑所用的热塑性聚合物和增强材料的种类及型号。

6.2 本方法是为模压过程中流动的材料设计的，模压过程中不流动的材料也可用本方法压制，压制时可考虑使用 ISO 1268-4 中的制备方法，该方法更适合于高纤维含量、高熔点的 STC 材料。

7 尺寸

7.1 模具表面积至少 200 mm×200 mm，当按 ISO 1268-4 进行制备时，模具表面积应增大。

7.2 板厚为(4±0.2)mm。

8 增强材料含量

除非另有规定，假定增强材料的含量及方向在模具的 X 轴和 Y 轴方向是相同的，如果增强材料取向不规则，试验板制备规范中应规定试验板要求的方向及在模具中材料的铺层顺序。

9 设备

9.1 液压机

合模速度至少 15 mm/s，能获得 2 000 kN 模压压力。

9.2 温控模具

最小宽度 200 mm，建议长度 590 mm，安装在液压机(9.1)上。

注：经各方同意，也可用其他尺寸的模具，但是模具的形状会影响模压过程中材料的流动，进而影响到纤维方向及产品的性能。

9.3 烘箱

能均匀加热模塑材料，偏差不大于±2 ℃，加热时间能控制到±1 s，加热结束后应有光信号或声信号提示。

注 1：加热方式可能影响温度分布、材料粘稠度，甚至导致聚合物的裂解，这些影响可能也会导致试验结果发生变化。为避免这些出其不意的后果，建议加热时在加热板上覆盖一块缓释薄片。

注 2：加热时间由材料及其厚度决定，可以通过单独加热试验来确定加热时间，通常加热 4 mm 的模塑料需要 2 min 到 5 min，当加热多层模塑料时，需增加加热时间。

10 步骤

10.1 坯料尺寸

由于试验板在流动中模压，坯料叠层覆盖模具面积的50%即可。

注1：坯料是从相关材料上切取的，成四方形或矩形。

注2：如果坯料的厚度在3.7 mm～3.8 mm之间，可取两块相同尺寸的方形坯料，以足够压制4 mm厚度的试验板。如果坯料较薄，可适当增加坯料的块数；如果较厚，可将坯料减至一块。

注3：如果相关材料在模具中不流动，坯料的尺寸应和模具尺寸相同，坯料块数应足够制备出规定厚度的试验板。

10.2 叠放坯料

10.2.1 如果使用两块坯料，对于增强材料无规则取向的坯料，应按0°/90°方向叠放；对于单向增强材料坯料，应按0°/0°方向叠放。

10.2.2 三块及三块以上的坯料应对称叠放(0°/90°/0°，0°/90°/90°/0°)。

10.3 坯料预热

10.3.1 将坯料叠层放入烘箱中，加热到相关材料供应商建议的温度，应特别注意9.3中规定的条件。

10.3.2 加热过程中可能出现冒烟的现象，这是热氧化裂解的征兆应尽量避免，加热过程中冒烟的材料不能用来制备试验板，加热设备出现故障时也可能出现冒烟现象。

10.4 模压温度

除非另有规定，模压温度应为(60±5)℃。

10.5 模压压力

模压压力应大于14 MPa。

10.6 操作时间

将经预热的坯料叠层放入模腔的正中间，立即合模。确保在预热结束(35±5)s以及坯料放入模腔(5±1)s之内，模具与坯料接触。

10.7 压机合模速度

从模具与坯料接触至达到最大压力的时间应不大于5 s。

10.8 冷却时间

从最大压力到升起模具的时间应不小于60 s。

11 试验板的有效面积

在模压过程中增强材料会优先占据模具的角落。因此通常情况下，对于纤维方向是各向同性的试验板，只从模板的中间部分取样，试验板四边各切除15%的长度和宽度后剩下的部分可以用作加工试样。例如，400 mm×400 mm的试验板各边切除60 mm，剩下280 mm×280 mm。

最小尺寸为200 mm×200 mm的试验板，各边切除15%后，只剩下140 mm×140 mm。该尺寸不足以加工按ISO 527-4测定拉伸性能的试样。在这种情况下，通常可将拟切除的区域保留，用作试样的夹持部分，试样的计量长度应落在上述中心区域内。

12 试验板的性能测定

按照 ISO 1172 测定试验板纤维含量,并将结果与规范中给出的要求指标进行比较。做试验之前目测试样的空隙含量是否过高。

13 试验板制备报告

见 ISO 1268-1。

ICS 83.120
Q 23

中华人民共和国国家标准

GB/T 27797.10—2011/ISO 1268-10:2005(E)

纤维增强塑料　试验板制备方法　第10部分:BMC和其他长纤维模塑料注射模塑　一般原理和通用试样模塑

Fibre-reinforced plastics—Methods of producing test plates—Part 10: Injection moulding of BMC and other long-fibre moulding compounds—General principles and moulding of multipurpose test specimens

(ISO 1268-10:2005, IDT)

2011-12-30 发布　　2012-08-01 实施

中华人民共和国国家质量监督检验检疫总局
中国国家标准化管理委员会　发布

前言

GB/T 27797《纤维增强塑料　试验板制备方法》分为11个部分：

——第1部分：通则；

——第2部分：接触和喷射模塑；

——第3部分：湿法模塑；

——第4部分：预浸料模塑；

——第5部分：缠绕成型；

——第6部分：拉挤模塑；

——第7部分：树脂传递模塑；

——第8部分：SMC及BMC模塑；

——第9部分：GMT/STC模塑；

——第10部分：BMC和其他长纤维模塑料注射模塑　一般原理和通用试样模塑；

——第11部分：BMC和其他长纤维模塑料注射模塑　小方片。

本部分为GB/T 27797的第10部分。

本部分按照GB/T 1.1—2009给出的规则起草。

本部分使用翻译法等同采用ISO 1268-10:2005(E)《纤维增强塑料　试验板制备方法　第10部分：BMC和其他长纤维模塑料注射模塑　一般原理和通用试样模塑》。

与本部分中规范性引用的国际文件有一致性对应关系的我国文件如下：

——GB/T 2035—2008　塑料术语及其定义(ISO 472:1999,IDT)；

——GB/T 11997—2008　塑料　多用途试样(ISO 3167:2002,IDT)；

——GB/T 19467.2—2004　塑料　可比单点数据的获得和表示　第2部分：长纤维增强材料(ISO 10350-2:2001,IDT)；

——GB/T 27797.1　纤维增强塑料　试验板制备方法　第1部分：通则(ISO 1268-1:2001,IDT)；

——GB/T 27797.11　纤维增强塑料　试验板制备方法　第11部分：BMC和其他长纤维模塑料注射模塑　小方片(ISO 1268-11:2005,IDT)。

本部分做了下列编辑性修改：

——将一些适用于国际标准的表述改为适用于我国标准的表述；

——在4.2.4、5.1中加条号。

本部分由中国建筑材料联合会提出。

本部分由全国纤维增强塑料标准化技术委员会(SAC/TC 39)归口。

本部分起草单位：北京玻钢院复合材料有限公司、常州天马集团有限公司、中国兵器工业集团五三研究所。

本部分主要起草人：宁珍连、马玉敬、宣维栋、孟祥艳、张力平。

纤维增强塑料　试验板制备方法 第10部分:BMC和其他长纤维模塑料注射模塑　一般原理和通用试样模塑

1　范围

GB/T 27797 的本部分规定了注射模塑团状模塑料(BMC)试验试样的一般原理,给出了用重复性注塑条件注塑同一类型试样的模具设计细节。在适当情况下,GB/T 27797 的本部分也适用于片状模塑料(SMC)注射模塑。其目的是提升注塑工艺中主要参数的一致性,在注塑条件报告中建立统一的操作规程。特殊条件下,注塑用于比较实验的试验板,需要变更所用的注射料。这些条件应在相应注射料的方法标准中给出,或者双方达成一致。

注:试验表明,模具设计是重复注塑试样的重要因素。

GB/T 27797 的本部分与 GB/T 27797.1 一并使用。

2　规范性引用文件

下列文件对于本文件的应用是必不可少的。凡是注日期的引用文件,仅注日期的版本适用于本文件。凡是不注日期的引用文件,其最新版本(包括所有的修改单)适用于本文件。

ISO 472　塑料　术语(Plastics—Vocabulary)

ISO 2577　塑料　热固性模塑料　收缩率测定(Plastic—Thermosetting moulding materials—Determination of shrinkage)

ISO 3167　塑料　多用途试样(Plastic—Multipurpose test specimens)

ISO 1268-1　纤维增强塑料　试验板制备方法　第1部分:通则(Fibre-reinforced plastics—Methods of producing test plates—Part 1:General conditions)

ISO 1268-11　纤维增强塑料　试验板制备方法　第11部分:BMC和其他长纤维模塑料注射模塑　小方片(Fibre-reinforced plastics—Methods of producing test plates—Part 11:Injection moulding of BMC and other long-fibre moulding compounds—Small plates)

ISO 10350-2　塑料　可比单点数据的采集和表示　第2部分:长纤维增强塑料(Plastics—Acquisition and presentation of comparable single-point data—Part 2:Long-fibre-reinforced plastics)

ISO 10724-1　塑料　热固性粉末模塑料注射试样(PMCs)　第1部分:一般原理和多用途试样的模塑[Plastics—Injection moulding of test specimens of thermosetting power moulding compounds (PMCs)—Part 1:General principles and moulding of multipurpose test specimens]

ISO 10724-2　塑料　热固性粉末模塑料注射试样(PMCs)　第2部分:小试样[Plastics—Injection moulding of test specimens of thermosetting power moulding compounds(PMCs)—Part 2:Small plates]

ISO 11403-1　塑料　可比多点数据的采集和表示　第1部分:力学性能(Plastics—Acquisition and presentation of comparable multipoint data—Part 1:Mechanical properties)

ISO 11403-2　塑料　可比多点数据的采集和表示　第2部分:热学性能及加工性能(Plastics—Acquisition and presentation of comparable multipoint data—Part 2:Thermal and processing properties)

ISO 11403-3 塑料 可比多点数据的采集和表示 第3部分：环境对性能的影响(Plastics—Acquisition and presentation of comparable multipoint data—Part 3: Environmental influences on properties)

3 术语和定义

ISO 472 中界定的术语和定义以及下列术语和定义适用于本文件。

3.1

模具温度 mould temperature

T_C

当系统达到热平衡时所测量的模腔表面温度和模具开启瞬间所测量的模腔表面温度的平均值(℃)。

3.2

注射料温度 temperature of material

T_M

注射前塑性注射料温度(℃)。

3.3

注射料压力 pressure on material

p

注塑过程中，施加在螺杆前的塑性注射料上的压力(MPa)(见图1)。

注：施加在注射料上的压力由液压产生，大小可由作用在螺杆纵向的力 F_S 推算得出，见公式(1)：

$$p = \frac{4 \times 10^3 \times F_S}{\pi \times D^2} \quad \cdots\cdots(1)$$

式中：

p ——施加在注射料上的压力，单位为兆帕(MPa)；

F_S——螺杆上的纵向压力，单位为千牛(kN)；

D ——螺杆直径，单位为毫米(mm)。

3.4

注射料最大压力 maximum pressure on material

p_{max}

施加在注射料上的最大压力(MPa)。

3.5

保压压力 hold pressure

p_H

保压时间内施加在注射料上的压力(MPa)(见图1)。

3.6

注塑周期 moulding cycle

在注塑工艺中完成一个试样制备所需的完整工序(s)(见图1)。

3.7

周期时间 cycle time

t_T

完成一个注塑周期所需要的时间(s)。

注：周期时间是注射时间 t_I、固化时间 t_{CR} 及开模时间 t_O 之和。

3.8

注射时间　injection time

t_I

从螺杆开始前进到注射结束所用的时间以及保压时间的总和(s)。

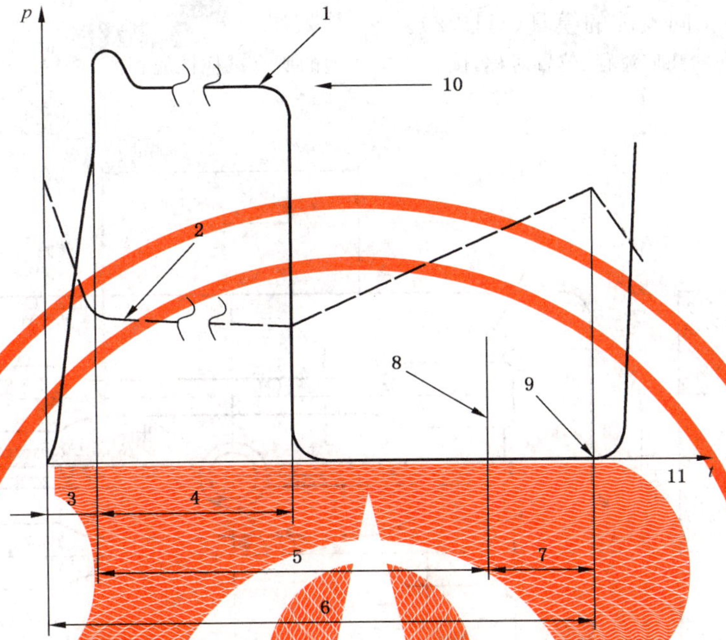

说明：

1——压力 p；

2——螺杆的纵向位置；

3——注射时间 t_I；

4——保压时间 t_H；

5——固化时间 t_{CR}；

6——周期时间 t_T；

7——开模时间 t_O；

8——开模；

9——合模；

10——保压压力 p_H；

11——时间。

图 1　注射模塑周期示意图[显示了施加在注射料上的压力(实线)和螺杆的纵向位置(虚线)与时间的函数关系]

3.9

固化时间　cure time

t_{CR}

注射结束到模具开启所用的时间(s)。

3.10

保压时间　hold time

t_H

注射结束到卸除压力所用的时间(s)。

3.11

开模时间　mould-open time

t_O

从开始开模到模具合上并紧固所用的时间(s)。

3.12

模腔　cavity

注塑试样所用模具的空腔部分。

3.13

双腔模具　two-cavity mould

有两个平行排列相同模腔的模具(见图 2)。

注：两个模腔有相同的几何流程、位置对称，确保一次注塑的所有试样性能相同。

单位为毫米

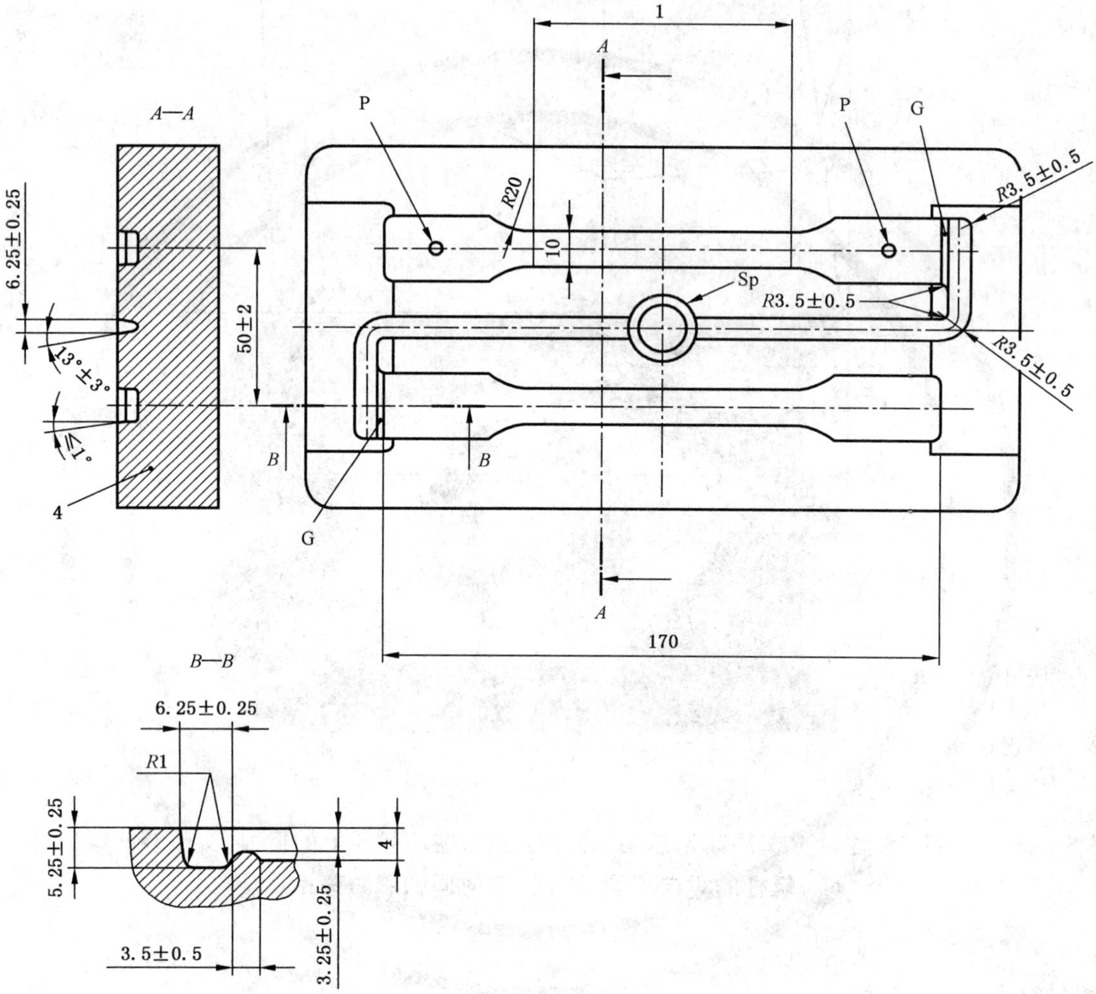

说明：

1——最佳长度 82 mm；

Sp——注入口；

G——进料口；

P——压力传感器。

注射容积 $V_S = 30\ 000\ mm^3$；

设计面积 $A_p = 6\ 500\ mm^2$。

图 2　A 型 ISO 双腔模具

3.14

ISO 模具 ISO mould

重复制备用于比较性能的试样的任何一种标准模具(A 型设计,D1 和 D2)。

注 1：模具由一块含有一个中心注射孔的固定板和一个 3.13 描述的双腔板组成。其他细节在 4.1.4 中给出。

注 2：一套完整模具的示例参见附录 C。

3.15

关键区横截面面积 critical cross-sectional area

A_c

ISO 模具模腔中试样关键区的横截面面积(mm^2),在此处测量试样的尺寸。

注：对条状拉伸试样,试样的关键区是试验中承受最大应力的狭窄部分。

3.16

注塑件体积 moulding volume

V_M

注塑件质量与密度之比(mm^3)。

3.17

投影面积 projected area

A_p

注塑件投影到平面上的轮廓面积(mm^2)。

3.18

锁模压力 locking force

F_M

锁紧闭合模具中的模腔板所用的力(kN)。

注：所需的最小锁模压力可由不等式(2)推算得出：

$$F_M \geqslant A_p \times p_{max} \times 10^{-3} \quad \cdots\cdots(2)$$

式中：

F_M ——锁模压力,单位为千牛(kN)；

A_p ——投影面积,单位为平方毫米(mm^2)；

p_{max}——施加在注射料上的最大压力,单位为兆帕(MPa)。

3.19

注射速度 injection velocity

v_I

注射料经过关键横截面 A_c 时的平均速度(mm/s)。

注：仅适用于多腔模具(本例为双腔模具),可由公式(3)推算：

$$v_I = \frac{V_M}{t_I \times A_c \times 2} \quad \cdots\cdots(3)$$

式中：

v_I ——注射速度,单位为毫米每秒(mm/s)；

V_M——注塑件体积,单位为立方毫米(mm^3)；

t_I ——注射时间,单位为秒(s)。

A_c ——关键横截面面积,单位为平方毫米(mm^2)；

2 ——模腔个数。

3.20

注塑件质量 mass of the moulding

m_M

注塑件总质量,包括试样质量、流道和注入口中的残留物的质量(g)。

3.21

注射容量　shot capacity

V_S

注射机最大行程与螺杆横截面面积的乘积(mm^3)。

4　设备

4.1　A 型 ISO 模具(双腔)

4.1.1　采用 ISO 模具(见 3.14),以便注塑能获得可比性数据的试样(见 ISO 10350-2、ISO 11403-1、ISO 11403-2 和 ISO 11403-3;以及 ISO 10724-1 和 ISO 10724-2),也可以用于解决包括国际标准在内的争议。

4.1.2　ISO 3167 中规定的通用试样应由 Z-流道(参见附录 A)A 型 ISO 双腔模具注塑而成,模具示意见图 2,并符合 4.1.4 的相关规定。

4.1.3　沿 A 型试样(见 ISO 3167)中心线,在两侧切割成尺寸为 80 mm×10 mm×4 mm 的矩形试样。

4.1.4　A 型 ISO 模具的详细描述见图 2,并符合以下要求:

a)　喷嘴侧注入口的直径至少为(4.4±0.5)mm;

b)　流道的宽度和高度分别为(6.25±0.25)mm 和(5.25±0.25)mm。在进料口处,流道底部和流道壁之间有半径 1 mm 的倒角;

c)　模腔应有一如图 2 所示的端部进料口;

d)　进料口高度至少为模腔高度的三分之二,进料口宽度应等于进料口嵌入处模腔的宽度;

e)　进料口长度为(3.5±0.5)mm,所有倒角半径的最小值为 1 mm;

f)　流道的倾斜角度为 13°±3°。除了拉伸试样的肩部位置倾斜角不超过 2°外,模腔其他位置的倾斜角度不大于 1°;

g)　模腔尺寸应与相关测试标准中规定的试样尺寸一致,由于注塑件具有不同程度的收缩性,因此模腔尺寸应在试样所需基准尺寸与公差上限之间。对 A 型 ISO 模具而言,模腔的尺寸应符合以下要求:

——深度 4.0 mm～4.2 mm;

——中心部位宽度 10.0 mm～10.2 mm;

——中心线平行长度 80.0 mm～82.0 mm。

h)　起模杆应在试样测试区域的范围之外,例如,对于 A 型 ISO 模具,位于哑铃型试样肩部位置;

i)　加热装置的设计应满足:在工作状态下,模腔表面任一点间的温差小于 5 ℃;

j)　建议可拆卸的模腔板和进料口嵌入件从注塑一种型号试样到另一种型号试样时可快速更换,为了更换简便,注射容量 V_S 尽可能相同。不同流道外形示例和所用进料口嵌入件参见附录 A;

k)　压力传感器应位于通道中心,以便注射期间进行适当控制(ISO 2577 中强制规定必须使用传感器),传感器的安装位置见图 2;

l)　为保证模腔板可以在不同的 ISO 模具间互换使用,除了注意图 2 所示和 ISO 1268-11 规定的细节外,还需要重点注意以下几点:

1)　用 A 型 ISO 模具注塑通用试样时,模腔的长度为 170 mm,模具的最大空腔长度不超过 180 mm;

2)　模具板的宽度可能受加热槽连接点间的最小距离的影响;

3)　在试样测试区域外标记记号线,沿记号线切割试样,比如 A 型 ISO 模具相隔 170 mm。另两条间隔 80mm 的标记线用于从 A 型 ISO 模具注塑的通用试验板上切割条状试样；

m) 为了便于检查一个模具注塑的所有试样，推荐在试样测试区域[见 4.1.4h)]以外对每个模腔做标记，在起模杆的端部刻下记号即可轻易解决这个问题，还能避免破坏模腔板表面。其他标记位置参见附录 B；

n) 表面缺陷影响测试结果，特别是力学性能，因此，模腔表面应高度抛光，抛光方向应与试验加载时试样放置的方向一致。

4.1.5 模具其他组件的更多信息可参考其他国际标准，见参考文献。

4.2 注塑机

为使重复注塑的试样具有可比较的测试结果，只能使用可以控制注塑条件的往复式螺杆注塑机。

4.2.1 注塑件体积

除非相应注射料规范另有要求或供应商推荐，否则注塑件体积 V_M(见 3.16)与注射容量(见 3.21)之比应在 30%～70%之间。

4.2.2 控制系统

注塑机的控制系统应能满足以下注射条件：

——注射时间 t_I：±0.2 s；

——保压压力 p_H：±5%；

——保压时间 t_H：±5%；

——注射料温度 T_M：±5 ℃(通过调节螺杆筒壁的温度获得)；

——模具温度 T_C：±3 ℃；

——注塑件质量 m_M：±2%。

4.2.3 螺杆

螺杆型号应适用于团状注塑料。推荐安装止逆阀。

4.2.4 锁模压力

4.2.4.1 模具锁模压力 F_M 应足够高以防止任何工作条件下产生的大面积溢料。

4.2.4.2 A 型 ISO 模具的最小锁模压力 F_M 由公式 $F_M \geq 6\,500 \times p_{max} \times 10^3$(见 3.18)给出，如最大锁模压力为 520 kN 时，施加在注塑料上的最大压力为 80 MPa。

4.2.4.3 对于 D1 型和 D2 型 ISO 模具，其投影面积 A_P 为 11 000 mm^2，要求更高的锁模压力。

4.2.5 温度计

采用精度为±1 ℃的探针式温度计，测量注塑料温度 T_M(见 3.2)；采用精度为±1 ℃的表面温度计，测量模腔表面温度，该温度即模具温度 T_C(见 3.1)。

5 步骤

5.1 材料状态调节

5.1.1 注塑前，按相关注射料规范要求对团状注射料进行状态调节，如果缺乏这方面的资料，按注射料供应商推荐的方法进行状态调节。

5.1.2 避免将注射料暴露在显著低于车间温度的大气中，防止湿气在注射料上凝结。

5.2 注射模塑

5.2.1 将注塑机设置到相关注射料规范要求的条件，如果缺乏这方面的资料，双方协商确定。

5.2.2 对大多数注塑料来说，使用A型ISO模具时的最佳注射速度为(150±50)mm/s。对于给定的注射速度 v_I 来说，注射时间 t_I 与模腔的数量 n[见3.19中公式(3)]成反比，注射期间应尽量减少注射速度的变化。

5.2.3 保压压力 P_H 通常不做专门规定，确定该参数的简便方法如下：从0开始逐渐增大注射料上的压力，直到注塑件无凹痕、孔隙、和其他可视的缺陷，并且溢料最少，用此时的压力作为保压压力。

注：这一方法可用于多数注射模塑工艺。

5.2.4 确保保压压力持续稳定，直到进料口区域的注射料固化。即注塑件的质量达到要求的上限值。

5.2.5 注塑机达到稳定状态前制备的注塑件按废品处理。记录稳定状态下的各个参数，并开始收集试样。注塑期间，用适当方法维持状态的稳定，比如称量注塑件的质量 m_M。

5.2.6 如果注射料发生任何改变，清空机器并彻底清理。用新注射料重新注塑试样，在正式收集试样前，至少废弃前10个注塑件。

5.3 模具温度的测定

系统达到热平衡后立即打开模具以确定其温度 T_C。在模腔每边选取几个点，用表面温度计测量其温度。在两次读数之间，至少间隔10个周期才能开始下次测量。记录每个测量值并计算其平均值。

5.4 注射料温度的测定

5.4.1 采用下列方法之一测定注射料的温度 T_M。

5.4.2 一种方法，达到热平衡后，往一个合适大小的非金属容器注射30 cm^3 注射料，然后立即将预热的高灵敏度针式探头温度计插入到注射料的中心，缓慢移动温度计直到其读数达到最大。确保预热温度接近注射料的温度，可采用与注塑试样条件相同的空射来确定预热温度，每次空射的时间基本相同。

5.4.3 另一种方法，注射料的温度可以采用适当的传感器测量，这种方法同样可以得到与空射法相同的测量结果。传感器导致的热量损失应很低，并且能快速响应注射料温度的变化。将传感器固定在适当位置，如注塑机的喷嘴处，若有疑问，采用5.4.2的方法。

5.5 试样的后处理

脱模后，将试样以相同速率逐渐冷却至室温，以避免试样间的个体差异。

注：经验表明，冷却时间至少会影响BMC制品的固化程度。

6 试验板制备报告

试样制备报告应包含如下信息：

a) 依据本部分；
b) 试样注塑的地点、时间；
c) 所用注射料清单(型号、名称、制造商、批号)；
d) 注塑前注射料状态调节详情；
e) 试样型号、相关标准及进料口尺寸和位置；
f) 所用注塑机的详细情况(制造商、注射容量、锁模压力、控制系统)；
g) 注塑条件：

——注射料温度 T_{M}(见 3.2),摄氏度(℃);
——模具温度 T_{C}(见 3.1),摄氏度(℃);
——注射速度 v_{I}(见 3.19),毫米每秒(mm/s);
——注射时间 t_{I}(见 3.8),秒(s);
——保压压力 p_{H}(见 3.5),兆帕(MPa);
——如果安装了压力传感器,施加在注射料上的最大压力 p_{max}(见 3.4),兆帕(MPa);
——保压时间 t_{H}(见 3.10),秒(s);
——固化时间 t_{CR}(见 3.9),秒(s);
——周期时间 t_{T}(见 3.7),秒(s);
——注塑件质量 m_{M}(见 3.20),克(g)。

h) 其他相关细节(如每个模腔产生的废品数、剩余数量、后处理)。

附　录　A
（资料性附录）
流道排列示例

如图 A.1 所示，模具的排列因为进料口嵌板（a-a' 或 b-b'）的变化而变化。

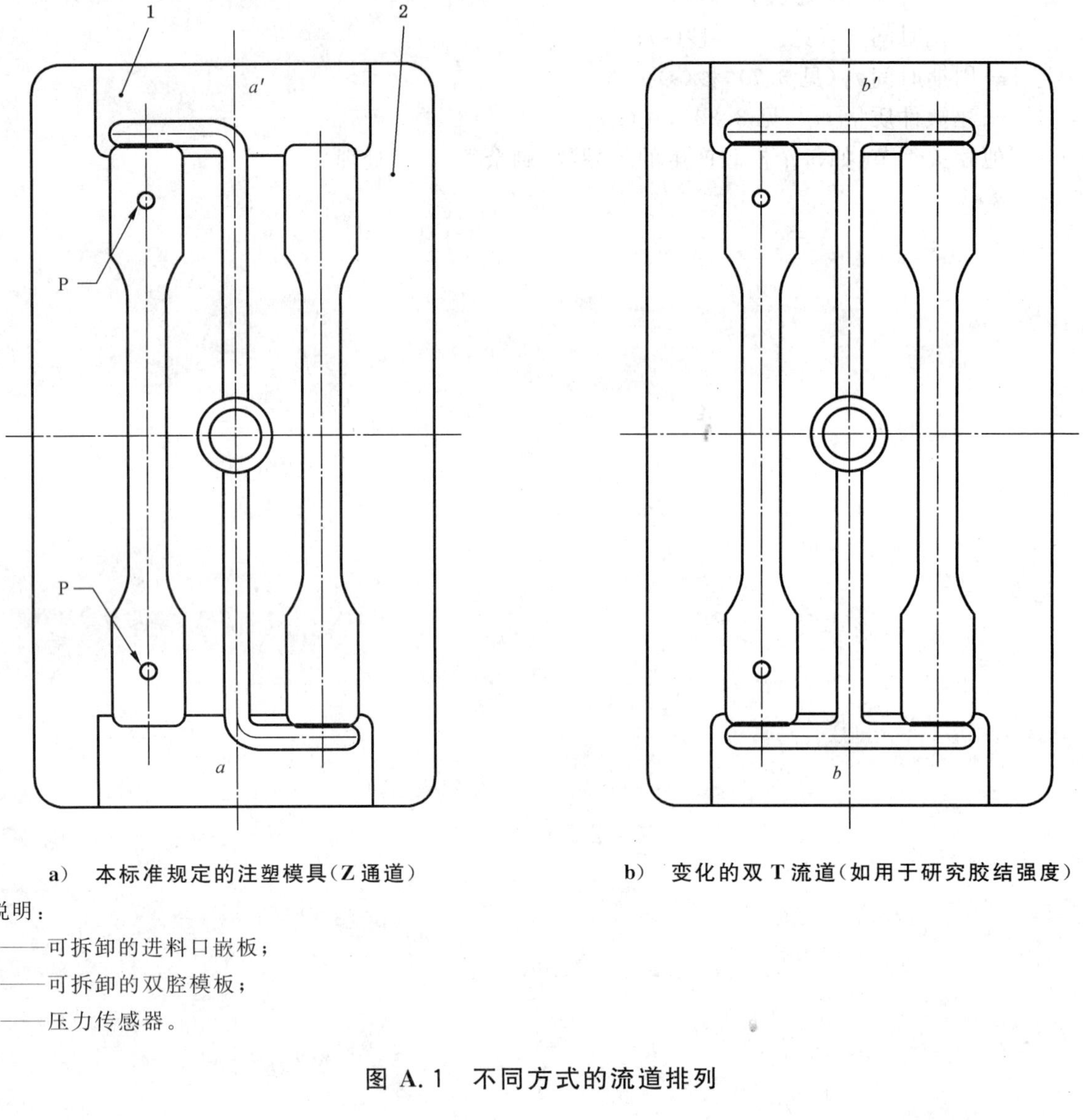

a）　本标准规定的注塑模具（Z 通道）　　　　b）　变化的双 T 流道（如用于研究胶结强度）

说明：

1——可拆卸的进料口嵌板；

2——可拆卸的双腔模板；

3——压力传感器。

图 A.1　不同方式的流道排列

附 录 B
(资料性附录)
试样标识

对试样进行标识的目的在于,即使将试样末端的标号切除(如获得 80 mm×10 mm×4 mm 的条形试样),仍然可以确定两块试样在模具中的原始位置。除了起模杆上的标记外,宜另行标记[见 4.1.4 中 m)和 h)]。

所用数字以及在模腔中的定位如下(见图 B.1):

——编号应采用反写的“1”和“2”;

——编号应清晰,与注射料流动的方向一致;

——编号应位于试样在弯曲试验时加载的范围之外,且应在 80 mm 长的条状试样内;

——编号应凸出(而非凹痕),以避免应力集中;

——编号应位于模腔进料口的末端。

单位为毫米

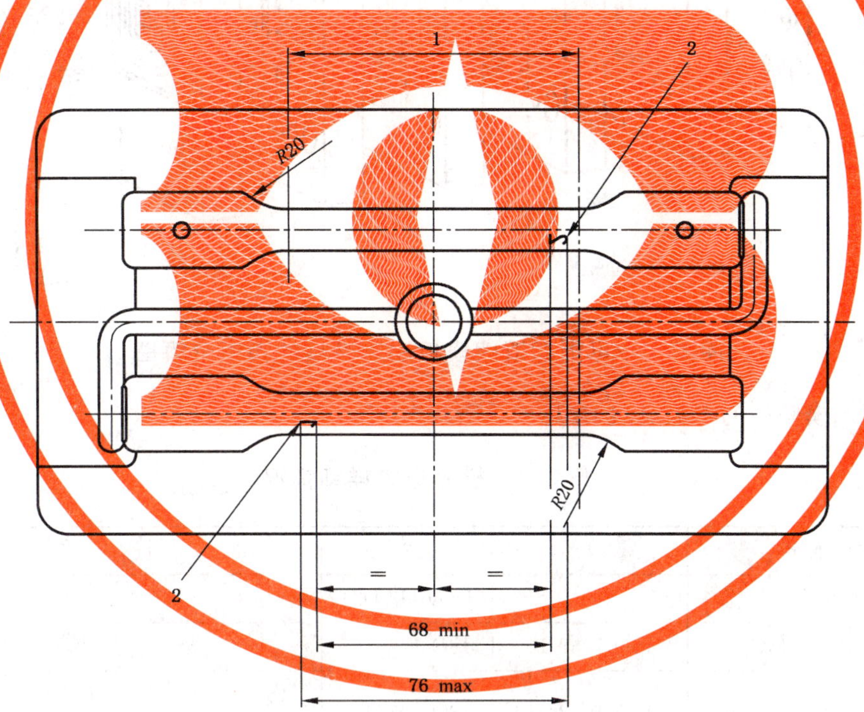

说明:

1——最佳长度 82 mm;

2——模腔个数。

图 B.1 模腔编号的定位

附 录 C
（资料性附录）
注射模具示例

C.1 图C.1所示的是一件可拆卸双腔模板注塑模具的分解图，模块对应ISO模具的A型、B型、C型、D1型、D2型，模具可定做并改进。

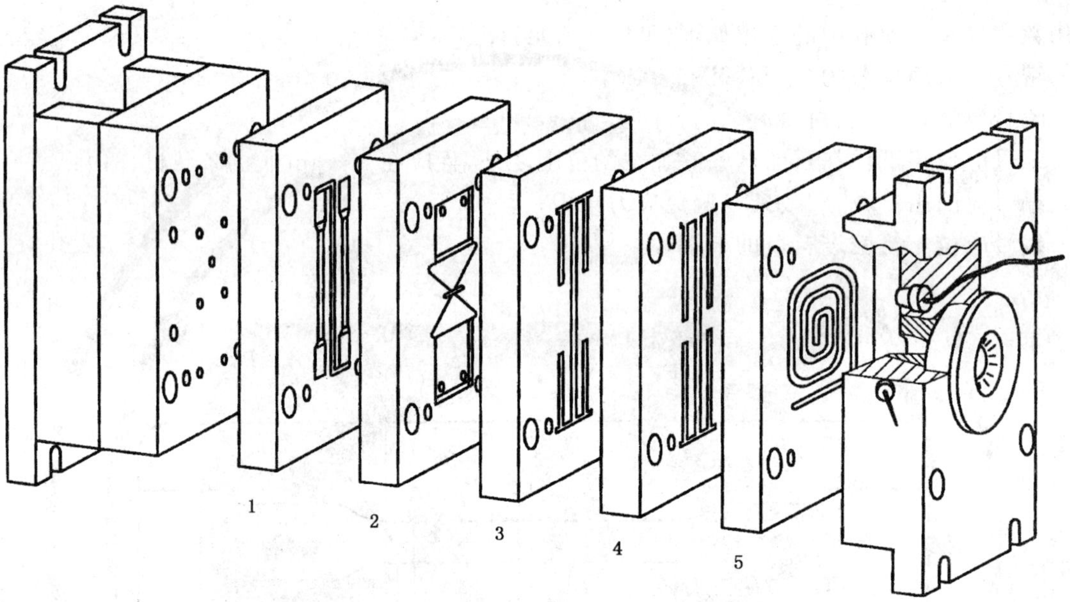

图C.1 可拆卸双腔模板注塑模具的模板分解图

C.2 图C.1所示模腔板的参数见表C.1。

表C.1 模腔板的详细情况

图C.1中的数字		1	2	3	4	5
ISO模具型号		A	D(D1和D2)	C	B	X
ISO标准模具	BMC、SMC	ISO 1268-10	ISO 1268-11	—	—	无
	其他热固性注射料	ISO 10724-1	ISO 10724-2	ISO 294-3 ISO 527-4	ISO 294-1 ISO 527-4	
	热塑性注射料	ISO 294-1 ISO 527-4	ISO 294-3 ISO 527-4			
试样型号及对应ISO标准		通用A型试样 ISO 3167	小方片 ISO 10724-2 ISO 294-3	4型条状拉伸小试样 ISO 8256	矩形 ISO 3167	
试样尺寸 mm		>150/80/10×4 r=20～25	60×60×2(D1) 60×60×4(D2)	60×10×3 r=15	80×10×4	将来改进 （如“螺旋形流动”）

参 考 文 献

[1] ISO 294-1 Plastics—Injection moulding of test specimens of thermoplastic materials—Part 1:General principles and moulding of multipurpose and bar test specimens.

[2] ISO 294-2 Plastics—Injection moulding of test specimens of thermoplastic materials—Part 2:Small tensile bars.

[3] ISO 294-3 Plastics—Injection moulding of test specimens of thermoplastic materials—Part 3:Small plates.

[4] ISO 527-4 Plastics—Determination of tensile properties—Part 4:Test conditions for isotropic and orthotropic fibre-reinforced plastic composites.

[5] ISO 6751 Tools for moulding—Ejector pins with cylindrical head.

[6] ISO 6753-2 Tools for pressing and moulding—Machined plates—part 2:Machined plates for moulds.

[7] ISO 8017 Mould guide pillars,straight and shouldered,and locating guide pillars,shouldered.

[8] ISO 8018 Mould guide bushes,headed,and locating guide bushes,headed.

[9] ISO 8256 Plastics—Determination of tensile-impact strength.

[10] ISO 8404 Tools for moulding—Angle pins.

[11] ISO 8405 Tools for moulding—Ejector sleeves with cylindrical head—Basic series for general purposes.

[12] ISO 8406 Tools for moulding—Mould bases—Round locating elements and spacers.

[13] ISO 8693 Tools for moulding—Flat.

[14] ISO 8694 Tools for moulding—Shouldered ejector pins.

[15] ISO 9449 Tools for moulding—Centring sleeves.

[16] ISO 10072 Tools for moulding—Sprue bushes—Dimensions.

[17] ISO 10073 Tools for moulding—Support pillars.

[18] ISO 10907-1 Tools for moulding—Locating rings—Part 1:locating rings for mounting without thermal insulating sheets in small or medium moulds—Type A and B.

[19] ISO 12165 Tools for moulding—components of compression and injection moulds and diecasting dies—Terms and symbols.

参 考 文 献

ICS 83.120
Q 23

中华人民共和国国家标准

GB/T 27797.11—2011/ISO 1268-11:2005(E)

纤维增强塑料　试验板制备方法　第11部分:BMC和其他长纤维模塑料注射模塑　小方片

Fibre-reinforced plastics—Methods of producing test plates—Part 11:Injection moulding of BMC and other long-fibre moulding compounds—Small plates

(ISO 1268-11:2005,IDT)

2011-12-30 发布　　　　2012-08-01 实施

中华人民共和国国家质量监督检验检疫总局
中国国家标准化管理委员会　发布

前　言

GB/T 27797《纤维增强塑料　试验板制备方法》分为11个部分：

——第1部分：通则；

——第2部分：接触和喷射模塑；

——第3部分：湿法模塑；

——第4部分：预浸料模塑；

——第5部分：缠绕成型；

——第6部分：拉挤模塑；

——第7部分：树脂传递模塑；

——第8部分：SMC及BMC模塑；

——第9部分：GMT/STC模塑；

——第10部分：BMC和其他长纤维模塑料注射模塑　一般原理和通用试样模塑；

——第11部分：BMC和其他长纤维模塑料注射模塑　小方片。

本部分为GB/T 27797的第11部分。

本部分按照GB/T 1.1—2009给出的规则起草。

本部分使用翻译法等同采用ISO 1268-11:2005(E)《纤维增强塑料　试验板制备方法　第11部分：BMC和其他长纤维模塑料注射模塑　小方片》。

与本部分中规范性引用的国际文件有一致性对应关系的我国文件如下：

——GB/T 2035—2008，塑料术语及其定义(ISO 472:1999，IDT)；

——GB/T 27797.1　纤维增强塑料　试验板制备方法　第1部分：通则(ISO 1268-1:2001，IDT)。

本部分做了下列编辑性修改：

——将一些适用于国际标准的表述改为适用于我国标准的表述；

——在4.1、4.2和附录C中加条号。

本部分由中国建筑材料联合会提出。

本部分由全国纤维增强塑料标准化技术委员会(SAC/TC 39)归口。

本部分起草单位：北京玻钢院复合材料有限公司、中国兵器工业集团五三研究所、常州天马集团有限公司。

本部分主要起草人：宁珍连、马玉敬、郑会保、宣维栋、张力平。

纤维增强塑料　试验板制备方法 第11部分:BMC和其他长纤维模塑料注射模塑　小方片

1　范围

GB/T 27797的本部分规定了用D1型和D2型ISO双腔模具,注塑尺寸为60 mm×60 mm,厚度为2 mm(D1型)或4 mm(D2型)的小方片,以进行各种试验(参见附录A)的方法。模具中可适当增加嵌入件,以便于研究熔接线对力学性能的影响(参见附录B)。

GB/T 27797本部分与GB/T 27797.1一并使用。

2　规范性引用文件

下列文件对于本文件的应用是必不可少的。凡是注日期的引用文件,仅注日期的版本适用于本文件。凡是不注日期的引用文件,其最新版本(包括所有的修改单)适用于本文件。

GB/T 27797.10—2011　纤维增强塑料　试验板制备方法　第10部分:BMC和其他长纤维模塑料注射模塑　一般原理及通用试样模塑(ISO 1268-10:2005,IDT)

ISO 472　塑料　术语(Plastics—Vocabulary)

ISO 1268-1　纤维增强塑料　试验板制备方法　第1部分:通则(Fibre-reinforced plastics—Methods of producing test plates—Part 1:General conditions)

ISO 2577　塑料　热固性模塑料　收缩率的测定(Plastic—Thermosetting moulding materials—Determination of shrinkage)

3　术语和定义

ISO 472和GB/T 27797.10—2011中界定的术语和定义适用于本文件。

4　设备

4.1　D1型和D2型ISO模具

4.1.1　D1型和D2型模具为双腔模具,用于注塑尺寸为60 mm×60 mm的试验板。用此类模具注塑试验板的尺寸由图1给出。

4.1.2　D1型和D2型ISO模具的详细描述见图1和图2,并符合以下要求:

a)　喷嘴侧注入口的直径至少为(4.4±0.5)mm;

b)　模腔一端有如图2所示的进料口;

c)　流道的倾斜角度为(13±3)°,模腔的倾斜角度不大于2°;

d)　模腔尺寸应与相关测试标准中规定的试样尺寸一致,由于注塑件具有不同程度的收缩性,所以模腔尺寸应在试样所需基准尺寸与公差上限之间。模腔的主要尺寸(见图1)如下:

——长度60 mm～62 mm;

——宽度 60 mm～62 mm；

——深度 D1 型模具为 2.0 mm～2.1 mm、D2 型模具为 4.0 mm～4.1 mm。

e) 起模杆应在试样测试面积的范围之外，即流道区域；

f) 加热装置的设计应满足：在操作条件下，模腔表面任一点间的温差小于 3 ℃；

单位为毫米

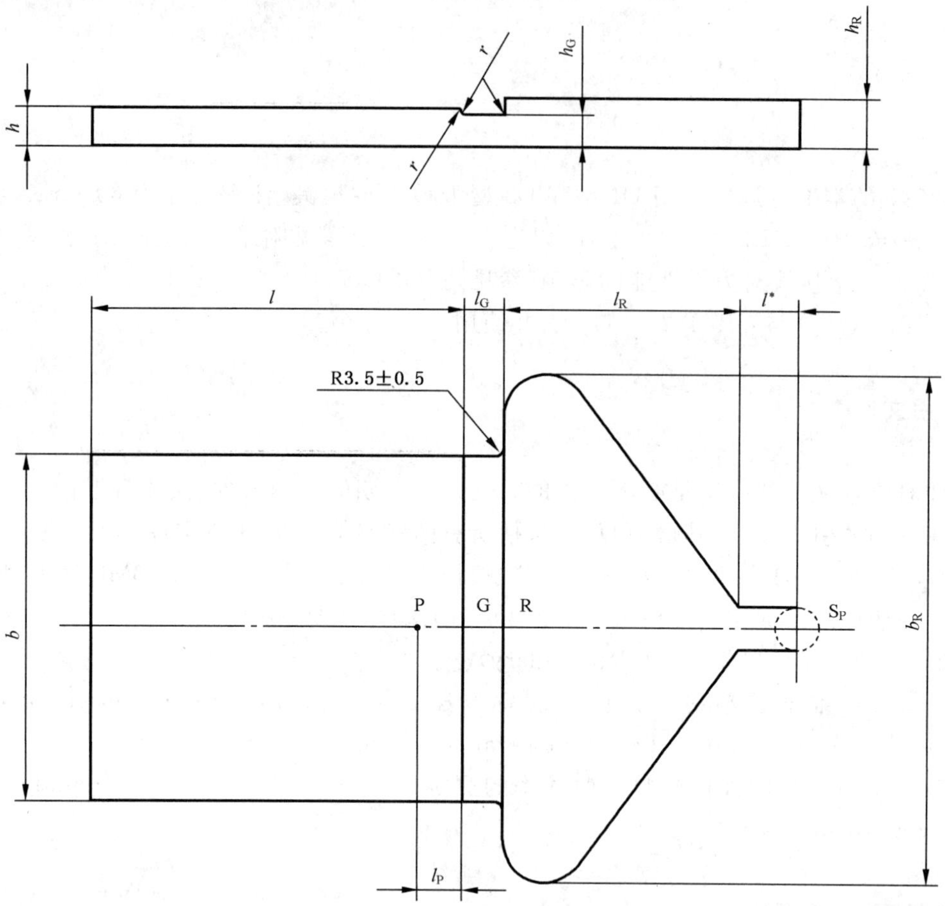

说明：

S_P——注入口；	l_G——进料口长度，$l_G=(4.0\pm0.1)^{b}$mm；
G——进料口；	h_G——进料口高度，$h_G=(0.75\pm0.05)\times h^{b,c}$mm；
R——流道；	l_R——流道长度，$l_R=(25-30)^{d}$mm；
P——压力传感器；	b_R——进料口处流道宽度，$b_R\geqslant(b+6)$mm；
l——试验板长度，$l=(60\pm2)^{a}$mm；	h_R——进料口处流道深度，$h_R=h$；
b——试验板宽度，$b=(60\pm2)^{a}$mm；	l^*——未规定的距离；
h——试验板厚度：	l_P——压力传感器到进料口的距离，$l_P=(5\pm2)^{e}$mm。

a) D1 型模具 $h=(2.0\pm0.1)$mm；

b) D2 型模具 $h=(4.0\pm0.1)^{a}$mm；

[a] 上述尺寸适用于 ISO 6603 所用试样；

[b] 见 4.1 的注 1；

[c] 见 4.1 的注 2；

[d] 见 4.1 的注 3；

[e] 压力传感器的定位应受如下条件限制：$l_P+r_P\leqslant10$，$l_P-r_P\geqslant0$，其中 r_P 为传感器的直径。

图 1 D1 型和 D2 型 ISO 模具细节

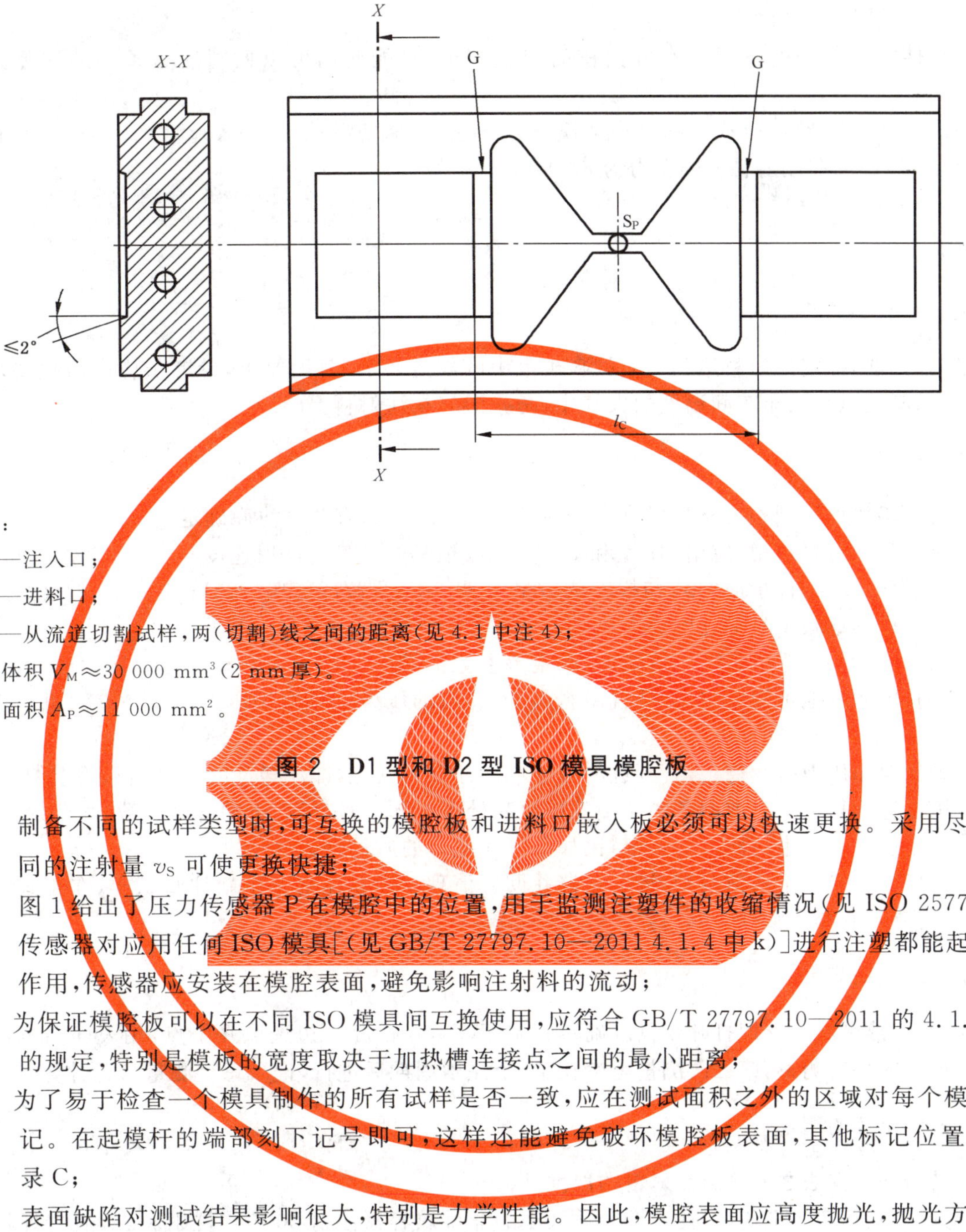

说明：

S_P——注入口；

G——进料口；

l_C——从流道切割试样，两(切割)线之间的距离(见4.1中注4)；

模具体积 $V_M \approx 30\ 000\ mm^3$(2 mm厚)。

投影面积 $A_P \approx 11\ 000\ mm^2$。

图2　D1型和D2型ISO模具模腔板

g) 制备不同的试样类型时，可互换的模腔板和进料口嵌入板必须可以快速更换。采用尽可能相同的注射量 v_S 可使更换快捷；

h) 图1给出了压力传感器P在模腔中的位置，用于监测注塑件的收缩情况(见ISO 2577)，这种传感器对应用任何ISO模具[(见GB/T 27797.10—2011 4.1.4中k)]进行注塑都能起到控制作用，传感器应安装在模腔表面，避免影响注射料的流动；

i) 为保证模腔板可以在不同ISO模具间互换使用，应符合GB/T 27797.10—2011的4.1.4中l)的规定，特别是模板的宽度取决于加热槽连接点之间的最小距离；

j) 为了易于检查一个模具制作的所有试样是否一致，应在测试面积之外的区域对每个模腔做标记。在起模杆的端部刻下记号即可，这样还能避免破坏模腔板表面，其他标记位置参见附录C；

k) 表面缺陷对测试结果影响很大，特别是力学性能。因此，模腔表面应高度抛光，抛光方向应与试验加载时试样放置的方向一致；

注1：当注射料流进模腔时，进料口的高度和长度对其固化有明显影响，进而影响注塑件的收缩性(见ISO 2577)。因此进料口的尺寸应控制在最小公差内；

注2：进料口在高度上也有若干限制，即使在距离挡板较远的地方，模腔中注射料的取向仍受其影响。因此进料口高度应按一个固定值变化以便于测量注塑件的收缩性；

注3：从模腔移出后应立即将注塑件从流道中取出，否则会因为流道与进料口和注塑件的收缩率不同而导致注塑件产生永久变形；

注4：沿流道切割试样，两切割线间的距离可由公式 $l_C = 2(l_G + l_R + l^*)$(见图2)得出。取长度为80 mm，沿通用试样[见GB/T 27797.10—2011 4.1.3和4.1.4中l)]的中心部位，用同一切割设备加工成80 mm×10 mm×4 mm条形试样。

4.2 注塑机

4.2.1 为使重复注塑的试样具有可比较的测试结果，只能使用可以控制注塑条件的往复式螺杆注塑机。

4.2.2 D1 型和 D2 型 ISO 模具的最小锁模压力 F_M 由公式 $F_M \geqslant 11\,000 \times p_{max} \times 10^3$ 给出，如锁模压力为 880 kN 时，施加在注射料上的压力为 80 MPa。

5 步骤

5.1 注射料状态调节

注塑开始前，确定注射料达到相应材料规范中的规定要求，若无要求，参考供应商所提要求。避免将注射料暴露在显著低于车间温度的大气中，防止湿气在注射料上凝结。

5.2 注射模塑

5.2.1 将注塑机设置到相关材料规范要求的条件，若无要求，有关方协商确定。

5.2.2 对多数注射料来说，应用 D1 型和 D2 型 ISO 模具时的最佳注射速度 v_I 为(150±50)mm/s。对于给定的注射速度 v_I，注射时间 t_I 与模腔的数量 n[见 GB/T 27797.10—2011 中 3.19 的公式(3)]成反比，注射期间应尽量减少注射速度的变化。

5.2.3 保压压力 p_H 通常不做专门规定，确定该参数的简便方法是从 0 开始逐渐增大压力，直到注塑件无凹痕、孔隙和其他可视的缺陷，并且溢料最少，此时的压力即为保压压力。这一方法可用于多数注塑工艺。

5.2.4 确保保压压力持续稳定，直到进料口区域的注射料硬化，即注塑件的质量达到要求的上限值。

5.2.5 机器达到稳定状态前制备的注塑件按废品处理，记录稳定状态下的各个参数，并开始收集试样。注塑期间，用适当方法维持状态的稳定，比如称量注塑件的质量 m_M。

5.2.6 如果注射料发生任何改变，清空机器并彻底清理。用新注射料重新注塑试样，在正式收集试样前，至少废弃前 10 个注塑件。

5.3 模具温度的测定

系统达到热平衡后立即打开模具以确定其温度 T_C，在模腔每边选取几个点，用表面温度计测量其温度，进行二次平行测量，第二次测量至少在 10 个注塑周期后进行，记录每个测量值并计算其平均值。

5.4 注射料温度的测定

5.4.1 采用下列方法之一测定注射料的温度 T_M。

5.4.2 方法一：达到热平衡后，往一个合适大小的非金属容器注射 30 cm^3 注射料，然后立即将预热的高灵敏度的针形温度计的探头插入到注射料的中心，缓慢移动温度计直到其读数达到最大。确保预热温度接近注射料的温度，可采用与注塑试样条件相同的空射来确定预热温度，每次空射的时间基本相同。

5.4.3 方法二：注射料的温度可以采用适当的传感器测量，这种方法同样可以得到空射法测得的结果。传感器导致的热量损失应很低，并且能快速响应注射料温度的变化。将传感器固定在适当位置，如注射模塑机的喷嘴处，若有疑问，采用 5.4.2 的方法。

5.5 试样的后处理

脱模后，将试样以相同速率逐渐冷却至室温，以避免试样间的个体差异。

注：经验表明，冷却时间至少会影响 BMC 制品的固化程度。

6 试验板制备报告

试样制备报告应包含如下信息：

a) 依据本部分；

b) 试样注塑的地点、时间；

c) 所用注射料清单(型号、名称、制造商、批号)；

d) 注塑前注射料状态调节详情；

e) 试样型号、相关标准及进料口尺寸和位置；

f) 所用注塑机的详细情况(制造商、注射容量、锁模压力、控制系统)；

g) 注塑条件：

——注射料温度 T_M(见 GB/T 27797.10—2011 中 3.2),摄氏度(℃)；

——模具温度 T_C(见 GB/T 27797.10—2011 中 3.1),摄氏度(℃)；

——注射速度 v_I(见 GB/T 27797.10—2011 中 3.19),毫米每秒(mm/s)；

——注射时间 t_I(见 GB/T 27797.10—2011 中 3.8),秒(s)；

——保压压力 p_H(见 GB/T 27797.10—2011 中 3.5),兆帕(MPa)；

——若安装了压力传感器,施加在注射料上的最大压力 p_{max}(见 GB/T 27797.10—2011 中 3.4),兆帕(MPa)；

——保压时间 t_H(见 GB/T 27797.10—2011 中 3.10),秒(s)；

——固化时间 t_{CR}(见 GB/T 27797.10—2011 中 3.9),秒(s)；

——周期时间 t_T(见 GB/T 27797.10—2011 中 3.7),秒(s)；

——注塑件质量 m_M(见 GB/T 27797.10—2011 中 3.20),克(g)。

h) 其他相关细节(如每个模腔产生的废品数、剩余数量、后处理)。

附 录 A
(资料性附录)
小方片的用途

D2 型 ISO 模具注塑的试样可用来进行 ISO 6603(见本附录注 1)中描述的轴向冲击试验，测定 ISO 2577 中描述的注塑件收缩率，为着色塑料(见注 2)提供试样，研究各向异性的力学性能和热性能(见注 3)。如果模具安装了进料口嵌板，则可以研究熔接线的影响(参见附录 B)。

D1 型 ISO 模具注塑的试样更适合用来研究电性能(见注 4)、吸水性(见注 5)及动态力学性能(见注 6)。

注 1：ISO 10350-2[9] 及 ISO 11403-1[11] 中认为轴向冲击力包含在力学性能内，要求试样厚度 4 mm。

注 2：按 ISO 4892-2[4] 的规定，用着色或者自然状态的注射料注塑的试样可用来进行光学性能和力学性能的测试，按照 ISO 4892-2[4] 试验，研究风化侵蚀的影响。

注 3：ISO 8256[8] 规定的 4 型拉伸试样，从不同的位置和不同的方向上按照 ISO 2818[3] 加工而成，适合用来研究 ISO 527-2[2] 及 ISO 8256[8] 中规定的拉伸及拉伸-冲击时的各向异性力学性能。各向异性热性能，特别是线膨胀系数，可用双边平行的试样(如 10mm 宽)测定，取样方法与以上所述相类似(见参考文献[12])。

注 4：ISO 10350-2[9] 推荐测试下述电学性能：相对介电常数、介质损耗、体积电阻及表面电阻，试验板厚为 2 mm；介电强度，板厚为 2 mm 和 4 mm。

注 5：ISO 10350-2[9] 推荐依据 ISO 62[1] 测试吸水性，所用试样厚度≥1 mm，以便于在合理的试验时间内测试试样的饱和吸水量。

注 6：ISO 6721-2[7] 叙述了用扭摆法测试复合剪切模量，试样优选厚度为 2 mm，可以从 D1 型 ISO 模具制备的试验板上切取。

附 录 B
（资料性附录）
熔 接 线

在模腔中装配适当的插板，可以用于研究熔接线对力学性能的影响(见图 B.1)。

图 B.1 所示为使用多级插板(阴影部分)，由注射料的相对流动形成熔接线(用实线给出)，每条熔接线对应一条不同长度的流动路径。

图 B.1 给出的注射料相对流动，代表基本形状的熔接线信息。只有对称排列的双腔模具才能使用。

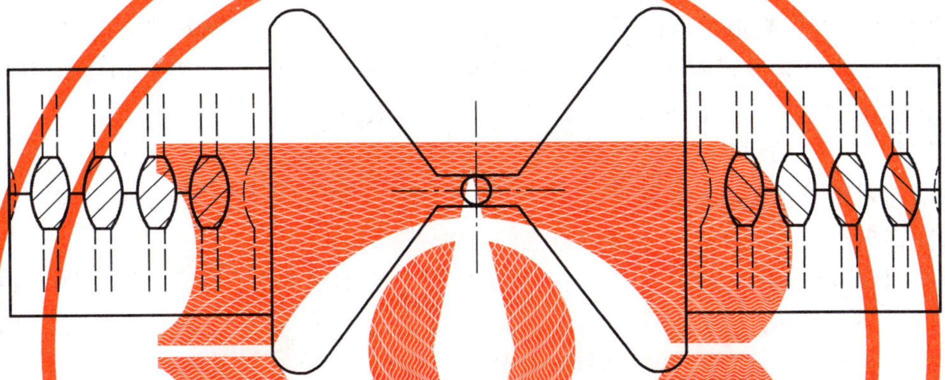

说明：

点画线为拉伸试样切取位置。

图 B.1 用多级插板(阴影部分)制备的注塑件

附 录 C
（资料性附录）
试样标识

C.1 标记试样的目的是能够确定下述事项（即使流道已经从注塑件上切除掉）：

a） 模腔中两个注塑件的原始位置；

b） 两个试样哪端是上部、哪端是底部（这对试验结果有重要影响，如进行轴向冲击试验时，上部或者底部承受拉力时结果不同）；

c） 方向，和哪是上面、哪是下面一样，例如，60 mm×10 mm×2 mm 或 60 mm×10 mm×4 mm 条状试样，从注塑件上切取时，不是平行于注射料流动方向，就是垂直于注射料流动方向（用于研究填料或增强材料方向对某些力学性能的影响）。

C.2 模腔中所用编号及位置应符合以下要求［见图 C.1 和 GB/T 27797.10—2011 4.1.4 中 m）］：

1） 应用相互平行并接近模腔边缘的线段代替编号：两条独立线段（沿不同边缘并相互垂直）标记模腔 1；两对平行线（沿不同边缘并相互垂直）标记模腔 2；

2） 线段应位于试样的测试区域之外（见图 C.1）；

3） 线段沿注射料流动的方向相对模板中心不对称排列，线段位于模腔同一边缘（如左手边）以便于观察注射料流动方向；

4） 平行于流动方向的线段的宽度应小于垂直于流动方向的线段的宽度（这意味着有窄线段标记的条状试样总是从垂直于流动方向的注塑件上切取，而有宽线段标记的条状试样总是从平行于流动方向的注塑件上切取，从而避免混淆）；

5） 线段应凸出（而不是凹陷），以避免破坏模腔表面和脱模时粘料。

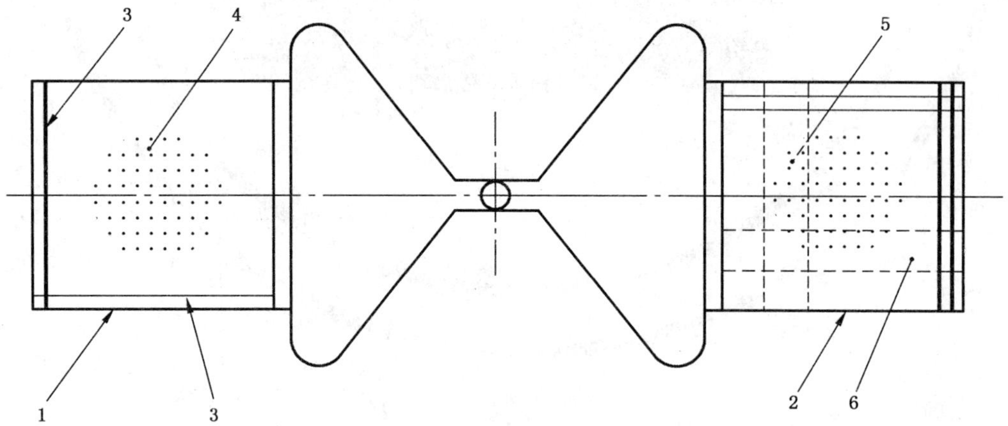

说明：

1——模腔 1；

2——模腔 2；

3——标记线；

4——测试区域（ϕ50 mm）；

5——“垂直”试样；

6——“平行”试样。

图 C.1 标记在模腔“1 和“2 中的位置

参 考 文 献

[1] ISO 62 Plastics—Determination of water absorption.

[2] ISO 527-2 Plastics—Determination of tensile properties—Part 2:Test conditions for moulding and extrusion plastics.

[3] ISO 2818 Plastics—Preparation of test specimens by machining.

[4] ISO 4892-2 Plastics—Methods of exposure to laboratory light sources—Part 2:Xenon—arc sources.

[5] ISO 6603-1 Plastics—Determination of puncture impact behaviour of rigid plastics—Part 1:Non-instrumented impact testing.

[6] ISO 6603-2 Plastics—Determination of puncture impact behaviour of rigid plastics—Part 2:Instrumented impact testing.

[7] ISO 6721-2 Plastics—Determination of dynamic mechanical properties—Part 2:Torsion-pendulum method.

[8] ISO 8256 Plastics—Determination of tensile-impact strength.

[9] ISO 10350-2 Plastics—Acquisition and presentation of comparable single-point data—Part 2:Long-fibre-reinforced plastics.

[10] ISO 10724-2 Plastics—Injection moulding of test specimens of thermosetting power moulding compounds(PMCs) —Part 2:Small plates.

[11] ISO 11403-1 Plastics—Acquisition and presentation of comparable multipoint data—Part 1:Mechanical properties.

[12] ISO 11403-2 Plastics—Acquisition and presentation of comparable multipoint data—Part 2:Thermal and processing properties.

ICS 73.080
Q 69

GB

中华人民共和国国家标准

GB/T 27798—2011

有机膨润土

Organoclay

2011-12-30 发布　　　　2012-08-01 实施

中华人民共和国国家质量监督检验检疫总局
中国国家标准化管理委员会　发布

前　言

本标准依据 GB/T 1.1—2009 给出的规则起草。

本标准由中国建筑材料联合会提出。

本标准由全国非金属矿产品及制品标准化技术委员会(SAC/TC 406)归口。

本标准起草单位:浙江华特新材料股份有限公司、浙江丰虹新材料股份有限公司、浙江大学、咸阳非金属矿研究设计院有限公司。

本标准主要起草人:王春伟、林鸿福、胡秀荣、雷建斌。

有 机 膨 润 土

1 范围

本标准规定了有机膨润土的术语和定义、分类、要求、试验方法、检验规则和标志、包装、运输、贮存。

本标准适用于膨润土经季铵盐等表面活性剂插层改性而制成的有机膨润土。

2 规范性引用文件

下列文件对于本文件的应用是必不可少的。凡是注日期的引用文件，仅注日期的版本适用于本文件。凡是不注日期的引用文件，其最新版本(包括所有的修改单)适用于本文件。

GB/T 262—2010 石油产品和烃类溶剂苯胺点和混合苯胺点测定法

GB/T 678 化学试剂 乙醇(无水乙醇)

GB/T 6003.1 金属丝编织网试验筛

GB/T 6682 分析实验室用水规格和试验方法

GB/T 12590 化学试剂 正丁醇

GB/T 15894 化学试剂 石油醚

GB/T 16494 化学试剂 二甲苯

GB/T 19077.1 粒度分析 激光衍射法 第1部分:通则

JY/T 009 转靶多晶体X射线衍射方法通则

ASTM D2196—2010 用旋转(布鲁克菲尔德)黏度计测定非牛顿材料流变性性能试验方法

3 术语和定义

下列术语和定义适用于本文件。

3.1

高黏度有机膨润土 high viscosity organoclay

在适用溶剂中需要高速剪切分散和添加醇类活化剂等分散剂形成高黏度凝胶的有机膨润土。

3.2

易分散有机膨润土 easy-dispersible organoclay

在适用溶剂中无需高速剪切分散但需添加少量醇类活化剂等分散剂可形成触变胶体的有机膨润土。

3.3

自活化有机膨润土 self-activating organoclay

在适用溶剂中无需高速剪切分散和添加醇类活化剂等分散剂可形成均匀分散体的有机膨润土。

3.4

表观黏度 apparent viscocity

非牛顿流体在剪切流动的过程中某一剪切力下剪切应力(σ)与剪切速率(γ)的比值。

3.5

剪切稀释指数 shear-thinning index

非牛顿流体黏度随剪切力增加而降低,低转速下的表观黏度与高10倍转速下的表观黏度的比值为剪切稀释指数。

4 分类、型号和等级

4.1 分类和型号

有机膨润土按功能和组分分为高黏度有机膨润土、易分散有机膨润土、自活化有机膨润土和高纯度有机膨润土四类。各类有机膨润土按插层表面活性剂亲水亲油平衡值不同分为低极性(Ⅰ型)、中极性(Ⅱ型)和高极性(Ⅲ型)三个型号。

4.2 产品等级

高黏度有机膨润土、自活化有机膨润土和高纯度有机膨润土各分为一级品和二级品两个等级。

5 要求

5.1 高黏度有机膨润土

高黏度有机膨润土的质量指标应符合表1规定。

表1 高黏度有机膨润土的质量指标

试验项目		Ⅰ型		Ⅱ型		Ⅲ型	
		一级品	二级品	一级品	二级品	一级品	二级品
表观黏度/(Pa·S)	⩾	2.5	1.0	3.0	1.0	2.5	1.0
通过率(75 μm,干筛)/%	⩾	95					
水分(105 ℃)/%	⩽	3.5					

5.2 易分散有机膨润土

易分散有机膨润土的质量指标应符合表2规定。

表2 易分散有机膨润土的质量指标

试验项目		Ⅰ型	Ⅱ型	Ⅲ型
剪切稀释指数	⩾	5.5	6.0	5.0
通过率(75 μm,干筛)/%	⩾	95		
水分(105 ℃)/%	⩽	3.5		

5.3 自活化有机膨润土

自活化有机膨润土的质量指标应符合表3规定。

表 3　自活化有机膨润土的质量指标

试验项目		Ⅰ型		Ⅱ型		Ⅲ型	
		一级品	二级品	一级品	二级品	一级品	二级品
胶体率/%	≥	70	60	98	95	95	92
分散体粒度(D50)/μm	≤	8	15	8	15	8	15
通过率(75 μm,干筛)/%	≥	95					
水分(105 ℃)/%	≤	3.5					

5.4　高纯度有机膨润土

高纯度有机膨润土的质量指标应符合表 4 规定。

表 4　高纯度有机膨润土的质量指标

项　　目		Ⅰ型		Ⅱ型		Ⅲ型	
		一级品	二级品	一级品	二级品	一级品	二级品
物相		X 射线衍射分析中不得检出除有机蒙脱石、石英和方英石以外其他矿物成分					
表观黏度/(Pa·s)	≥	2.5		3.0		2.5	
石英含量/%	≤	1.0	1.5	1.0	1.5	1.0	1.5
方英石含量/%	≤	1.0	1.5	1.0	1.5	1.0	1.5
通过率(75 μm,干筛)/%	≥	95					
水分(105 ℃)/%	≤	3.5					

6　试验方法

6.1　试验条件

表观黏度、剪切稀释指数、胶体率试验在 20 ℃～25 ℃条件下进行。

6.2　表观黏度的测定

6.2.1　Ⅰ型有机膨润土表观黏度的测定

6.2.1.1　仪器设备

6.2.1.1.1　高速搅拌机:转速范围为(0～8 000)r/min,可手动调节,锯齿形圆型分散盘,直径 50 mm。

6.2.1.1.2　旋转式黏度计:NDJ-1 旋转型黏度计。也可以使用其他具有四种速度、表盘式(模拟)或数字式黏度计,或者是带成套转子、具有多种转速的等效产品,但应符合 ASTM D2196—2010 测试方法 A 的要求,同时在试验报告中注明黏度计型号。

6.2.1.1.3　天平:分度值不大于 0.01 g。

6.2.1.1.4　移液管:5 mL,分度值不大于 0.1 mL。

6.2.1.1.5 容器：内径约 80 mm、高约 120 mm 的不锈钢或其他耐溶剂、不易碎的材料制成的圆筒形容器。

6.2.1.2 试剂

6.2.1.2.1 石油醚：符合 GB/T 15894 Ⅲ类石油醚的要求。
6.2.1.2.2 二甲苯：符合 GB/T 16494 的要求。
6.2.1.2.3 石油醚二甲苯混合溶剂：900 g 石油醚和 100 g 二甲苯混合均匀，按 GB/T 262—2010 测定苯胺点，苯胺点应在 50 ℃～60 ℃。
6.2.1.2.4 95％乙醇：95 克符合 GB/T 678 分析纯要求的乙醇，加入 5 克三级蒸馏水混合均匀，密闭储存备用。

6.2.1.3 试验步骤

6.2.1.3.1 称取石油醚二甲苯混合溶剂 141.00 g 于洁净干燥的容器中，将容器置于高速搅拌机下，分散盘浸没至溶剂体积高度 1/3 处，开启高速搅拌机将转速慢慢调至 500 r/min，在此搅拌条件下加入 6.00 g 有机膨润土试样，将搅拌转速提高到 1 500 r/min 搅拌 3 min 后，再加入 95％乙醇溶液 3.8 mL 并搅拌 2 min，然后将搅拌转速提高到 3 000 r/min 继续搅拌 5 min。停止后取下容器。
6.2.1.3.2 将容器置于 NDJ-1 旋转式黏度计中测试黏度，用 4 号转子或根据黏度范围选定适应转子，放低黏度计直到转子轴杆上的凹槽(浸没标记)刚好接触到试料。必要时调节黏度计水平。在水平面上缓慢移动容器，使转子位于容器的近似中心，将黏度计测定转速调节到 60 r/min 或适应转速并让黏度计运转，转到 10 圈后读出表盘读数，表盘读数乘以该转子和转速相对应的系数为该转速下的表观黏度。

6.2.2 Ⅱ型有机膨润土表观黏度的测定

6.2.2.1 仪器设备

同 6.2.1.1。

6.2.2.2 试剂

6.2.2.2.1 二甲苯：符合 GB/T 16494 的要求。
6.2.2.2.2 95％乙醇：95 g 符合 GB/T 678 分析纯要求的乙醇，加入 5 g 三级蒸馏水混合均匀，密闭储存备用。

6.2.2.3 试验步骤

6.2.2.3.1 称取二甲苯溶剂 141.00 g 于洁净干燥的容器中，将容器置于高速搅拌机下，分散盘浸没至溶剂体积高度 1/3 处，开启高速搅拌机将转速慢慢调至 500 r/min，在此搅拌条件下加入 6.00 g 有机膨润土试样，将搅拌转速提高到 1 500 r/min 搅拌 3 min 后，再加入 95％乙醇溶液 3.8 mL 并搅拌 2 min，然后将搅拌转速提高到 3 000 r/min 继续搅拌 5 min。停止后取下容器。
6.2.2.3.2 同 6.2.1.3.2。

6.2.3 Ⅲ型有机膨润土表观黏度的测定

6.2.3.1 仪器设备

同 6.2.1.1。

6.2.3.2 试剂

6.2.3.2.1 二甲苯：符合 GB/T 16494 的要求。

6.2.3.2.2 正丁醇：符合 GB/T 12590 的要求。

6.2.3.2.3 二甲苯正丁醇混合溶剂：800 g 二甲苯和 200 g 正丁醇混合均匀，密闭储存备用。

6.2.3.3 试验步骤

6.2.3.3.1 称取二甲苯正丁醇混合溶剂 141.00 g 于洁净干燥的容器中，将容器置于高速搅拌机下，分散盘浸没至溶剂体积高度 1/3 处，开启高速搅拌机将转速慢慢调至 500 r/min，在此搅拌条件下加入 9.00 g 有机膨润土试样，将搅拌转速提高到 1 500 r/min 搅拌 3 min 后，再将搅拌转速提高到 3 000 r/min 继续搅拌 7 min。停止后取下容器。

6.2.3.3.2 同 6.2.1.3.2。

6.2.4 测量允许误差

取两次平行测定结果的算术平均值为报告值。两次测定值之差应不大于较大值的 10%，否则应重新测定。

6.3 通过率的测定

6.3.1 仪器设备

6.3.1.1 试验筛：筛孔直径 0.075 mm，应符合 GB/T 6003.1 的要求。

6.3.1.2 羊毛刷：毛长约 3 cm，刷宽约 5 cm。

6.3.1.3 黑纸：40 cm×40 cm。

6.3.1.4 天平：分度值不大于 0.001 g。

6.3.2 试验步骤

称取试样约 10 g，精确至 0.001 g。移入装有底盘的试验筛中，用羊毛刷轻刷试样，使试样通过筛孔收集在底盘，直至达到筛分终点。筛分终点的判定是在筛子下垫一张黑纸，轻刷试料，刷筛至没有在黑纸上留下痕迹，即为筛分终点。将所有筛下物移到已知质量的表面皿中称量，精确至 0.001 g。

6.3.3 计算方法

通过率按式(1)计算：

$$S=\frac{m_2}{m_1}\times 100 \qquad \cdots\cdots(1)$$

式中：

S ——通过率，质量分数(%)；

m_1——试样质量，单位为克(g)；

m_2——筛下物质量，单位为克(g)。

6.3.4 测量允许误差

取两次平行测定结果的算术平均值为报告值。两次测定值之差应不大于 2%，否则应重新测定。

6.4 水分的测定

6.4.1 仪器设备

6.4.1.1 天平：分度值不大于 0.001 g。

6.4.1.2 烘箱：可控制在 105 ℃±3 ℃。

6.4.1.3 称量瓶：ϕ50 mm×30 mm。

6.4.2 试验步骤

将称量瓶在 105 ℃±3 ℃下烘干至恒重并称量，精确至 0.001 g，加入约 5 g 有机膨润土试样，将称量瓶和试样再次称量后在 105 ℃±3 ℃烘箱中烘干 2 h，取出在干燥器中冷却 30 min 后称量，精确至 0.001 g。

6.4.3 计算方法

水分按式(2)式计算：

$$W = \frac{m_3 - m_4}{m_3 - m_5} \times 100 \qquad \cdots\cdots(2)$$

式中：

W ——水分，质量分数(%)；

m_3——烘干前称量瓶和有机膨润土试样质量，单位为克(g)；

m_4——烘干后称量瓶和有机膨润土的质量，单位为克(g)；

m_5——称量瓶的质量，单位为克(g)。

6.4.4 测量允许误差

取两次平行测定结果的算术平均值为报告值。两次测定值之差应不大于 0.2%，否则应重新测定。

6.5 剪切稀释指数的测定

6.5.1 Ⅰ型有机膨润土剪切稀释指数的测定

6.5.1.1 仪器设备

6.5.1.1.1 高速搅拌机：转速范围为(0～8 000)r/min，可手动调节，锯齿形圆型分散盘，直径 50 mm。

6.5.1.1.2 容器：内径约 80 mm、高约 120 mm 的不锈钢或其他耐溶剂、不易碎的材料制成的圆筒形容器。

6.5.1.1.3 天平：分度值不大于 0.01 g。

6.5.1.1.4 移液管：5 mL，分度值不大于 0.1 mL。

6.5.1.1.5 旋转黏度计：RVDV-Ⅱ+pro 数字旋转型黏度计。也可以使用其他具有八种速度或者是带成套转子、具有多种转速的等效产品，但应符合 ASTM D2196—2010 测试方法 B 的要求，同时在试验报告中注明黏度计型号。

6.5.1.2 试剂

同 6.2.1.2。

6.5.1.3 试验步骤

6.5.1.3.1 称取石油醚二甲苯混合溶剂 141.00 g 于洁净干燥的容器中，将容器置于高速搅拌机下，分散盘浸没至溶剂体积高度 1/3 处，开启高速搅拌机，将转速慢慢调至 500 r/min，在此搅拌条件下加入 7.20 g 有机膨润土试样，将搅拌转速提高到 1 500 r/min 搅拌 3 min 后，再加入 95%乙醇溶液 2.5 mL 并搅拌 7 min，停止后取下容器。

6.5.1.3.2 将容器置于 RVDV-Ⅱ+pro 数字旋转黏度计中测试黏度，预先自动校零，选定 4 号转子，并设定 6 r/min 和 60 r/min 两个转速，设置转动时间分别为 100 s 和 10 s，放低黏度计直到转子轴杆上的凹槽(浸没标记)刚好接触到试样,必要时调节黏度计水平,在水平面上缓慢移动容器,使转子位于容器的近似中心,运转黏度计。将 6 r/min 时的表观黏度除以 60 r/min 时的表观黏度即为剪切稀释指数。

6.5.2 Ⅱ型有机膨润土剪切稀释指数的测定

6.5.2.1 仪器设备

同 6.5.1.1。

6.5.2.2 试剂

同 6.2.2.2。

6.5.2.3 试验步骤

6.5.2.3.1 称取二甲苯溶剂 141.00 g 于洁净干燥的容器中,将容器置于高速搅拌机下,分散盘浸没至溶剂体积高度 1/3 处,开启高速搅拌机将转速慢慢调至 500 r/min,在此搅拌条件下加入 7.20 g 有机膨润土试样,将搅拌转速提高到 1 500 r/min 搅拌 3 min 后,再加入 95%乙醇溶液 2.5 mL 并搅拌 7 min,停止后取下容器。

6.5.2.3.2 同 6.5.1.3.2。

6.5.3 Ⅲ型有机膨润土剪切稀释指数测定

6.5.3.1 仪器设备

同 6.5.1.1。

6.5.3.2 试剂

同 6.2.3.2。

6.5.3.3 试验步骤

6.5.3.3.1 称取按 6.2.3.2.3 配制的二甲苯正丁醇混合溶剂 141.00 g 于洁净干燥的容器中,将容器置于高速搅拌机下,分散盘浸没至溶剂体积高度 1/3 处,开启高速搅拌机,将转速慢慢调至 500 r/min,在此搅拌条件下加入 10.90 g 易分散型有机膨润土,将搅拌转速提高到 1 500 r/min 搅拌 10 min,停止后取下容器。

6.5.3.3.2 同 6.5.1.3.2。

6.5.4 测量允许误差

取两次平行测定结果的算术平均值为报告值。两次测定值之差应不大于较大值的 10%,否则应重新测定。

6.6 胶体率的测定

6.6.1 Ⅰ型自活化有机膨润土胶体率的测定

6.6.1.1 仪器设备

6.6.1.1.1 高速搅拌机:转速范围为(0~8 000)r/min,可手动调节,锯齿形圆型分散盘,直径 50 mm。

6.6.1.1.2 容器:内径约 80 mm,高约 120 mm 的不锈钢或其他耐溶剂、不易碎的材料制成的圆筒形容器。

6.6.1.1.3 天平：分度值不大于 0.01 g。

6.6.1.1.4 具塞刻度量筒：100 mL，内侧底部至 100 mL 刻度值处高 180 mm±5 mm。

6.6.1.2 试剂

同 6.2.1.2。

6.6.1.3 试验步骤

6.6.1.3.1 称取石油醚二甲苯混合溶剂 80.00 g 于洁净干燥容器中，将容器置于高速搅拌机下，分散盘浸没至溶剂体积高度 1/3 处，开启高速搅拌机，将转速慢慢调至 500 r/min，在此搅拌条件下加入 3.00 g 有机膨润土试样，然后将转速提高到 1 500 r/min 搅拌 5 min，再加入 67.00 g 石油醚二甲苯混合溶剂，搅拌 5 min 后停止搅拌，取下容器。

6.6.1.3.2 转移容器中的胶体到 100 mL 具塞刻度量筒中至 100 mL 刻度处，盖紧塞子，6 h 后记录胶体与澄清溶剂界面的刻度，为胶体率试验结果。

6.6.1.3.3 容器中的剩余胶体进行密封，供分散体粒度的测定用。

6.6.2 Ⅱ型自活化有机膨润土胶体率的测定

6.6.2.1 仪器设备

同 6.6.1.1。

6.6.2.2 试剂

同 6.2.2.2。

6.6.2.3 试验步骤

6.6.2.3.1 称取二甲苯溶剂 80.00 g 于洁净干燥容器中，将容器置于高速搅拌机下，分散盘浸没至溶剂体积高度 1/3 处，开启高速搅拌机将转速慢慢调至 500 r/min，在此搅拌条件下加入 3.00 g 有机膨润土试样，然后将转速提高到 1 500 r/min 搅拌 5 min，再加入 67.00 g 二甲苯溶剂，搅拌 5 min 后停止搅拌取下容器。

6.6.2.3.2 同 6.6.1.3.2。

6.6.2.3.3 同 6.6.1.3.3。

6.6.3 Ⅲ型自活化有机膨润土胶体率的测定

6.6.3.1 仪器设备

同 6.6.1.1。

6.6.3.2 试剂

同 6.2.3.2。

6.6.3.3 试验步骤

6.6.3.3.1 称取二甲苯正丁醇混合溶剂 80.00 g 于洁净干燥容器中，将容器置于高速搅拌机下，分散盘浸没至溶剂体积高度 1/3 处，开启高速搅拌机将转速慢慢调至 500 r/min，在此搅拌条件下加入 3.00 g 有机膨润土试样，然后将转速提高到 1 500 r/min 搅拌 5 min，再加入 67.00 g 二甲苯丁醇混合溶剂，搅拌5 min后停止搅拌，取下容器。

6.6.3.3.2 同6.6.1.3.2。

6.6.3.3.3 同6.6.1.3.3。

6.6.3.4 测量允许误差

取两次平行测定结果的算术平均值为报告值。两次测定值之差应不大于较大值的5%，否则应重新测定。

6.7 分散体粒度的测定

取6.6胶体率项目测定中的已分散好的胶体按附录A测定分散体粒度。

6.8 物相分析

按附录B进行。

6.9 石英、方英石含量的测定

按附录B进行。

7 检验规则

7.1 检验分类

7.1.1 出厂检验

7.1.1.1 高黏度型有机膨润土的出厂检验项目：表观黏度、通过率（75 μm，干筛）、水分。

7.1.1.2 易分散型有机膨润土的出厂检验项目：剪切稀释指数、通过率（75 μm，干筛）、水分。

7.1.1.3 自活化型有机膨润土的出厂检验项目：胶体率、分散体粒度、通过率（75 μm，干筛）、水分。

7.1.1.4 高纯度型有机膨润土的出厂检验项目：表观黏度、通过率（75 μm，干筛）、水分。

7.1.2 型式检验

型式检验项目包括第5章的全部要求。有下列情况之一时，应进行型式检验：

a） 新产品投产或产品定型鉴定时；

b） 正常生产时，每一年进行一次；

c） 原材料、工艺等发生较大变化，可能影响产品质量时；

d） 出厂检验结果与上次型式检验结果有较大差异时；

e） 产品停产6个月以上恢复生产时；

f） 国家质量监督机构或用户提出型式检验要求时。

7.2 组批

同一类别型号等级的有机膨润土以20 t为一批，不足20 t按一批计。

7.3 取样

以袋为取样单元。采用等距抽样，每隔 $n-1$（$n=N/20$，N 为本批产品总袋数，n 取整数）袋抽取一袋，用可封闭的采样探子在包装袋中抽取不少于50 g试样，将每袋所取试样混合，组成混合试样。批量不足20袋时，适当增加每袋的取样量，使总试样量不少于1 kg。

7.4 样品保存

采集的试样经充分混合后用堆锥四分法缩分为两份，分别装入洁净、干燥的广口瓶中，盖好瓶盖，贴上标签(标签上应注明取样日期、取样人、生产厂名称、出厂批号及批量)，一瓶送交检测，一瓶保留12个月以备复查。

7.5 判定规则

产品的各项质量指标全部符合第5章的要求时，判定该批产品合格。当产品的某项质量指标不符合第5章的要求时，应重新抽样复验不合格项，若复验结果全部符合第5章的要求时，仍判定该批产品合格；若复验结果至少有一项不符合第5章的要求时，则判定该批产品不合格。

8 标志

有机膨润土产品外包装上应标明产品名称、净重、生产厂名、厂址、本标准编号和防雨防潮标识。

每批产品应附有产品合格证。产品合格证应包括产品名称、生产日期、检验日期、生产厂名称和批号，并加盖制造企业检验部门的公章及检验人员印记。

9 包装、运输与贮存

9.1 包装

有机膨润土产品采用纸袋、塑料袋或覆膜袋包装，每袋净重20 kg±0.20 kg或25 kg±0.25 kg。

9.2 运输与贮存

搬运包装件时禁用手钩，禁止翻滚。运输和贮存应注意防雨、防潮。

9.3 保质期

产品自生产之日起，在符合上述贮运条件、包装完好的情况下，保质期为12个月。超过保质期经检验合格后仍可使用。

附 录 A
（规范性附录）
分散体粒度测定-激光衍射法

A.1 方法原理

一个有代表性的粉体试样，以适当浓度在流（液）体介质中充分的分散（颗粒之间相互分离，不团聚）后，当一束单色光（激光）照射分散的粉体时，便会产生光散射现象。由多元探测器测量并纪录散射光强分布的能量信号并进行光电转换处理，将光强分布的能量（光电）信息转换成粒度信息，再经计算机对该信息进行计算和处理（根据弗朗合费衍射理论或 Mie 散射理论），便可以得到被测试样的粒度分布。

A.2 仪器设备

A.2.1 激光粒度分析仪（主机）：具备光学系统、样品分析系统、信号采集系统；满足湿法粒度分析，符合 GB/T 19077.1 规定的要求。

A.2.2 计算机：完成数据处理并显示打印测试结果。

A.3 试验条件和仪器校准

A.3.1 试验环境

试验仪器应放置于清洁卫生、通风良好，无腐蚀性气体，室温在 5 ℃～35 ℃的房间内。室内相对湿度不大于 85%，应避免阳光直射。

A.3.2 仪器校准

A.3.2.1 有下列情况之一者应进行仪器校准：

——首次使用前；

——仪器维修后；

——测试 300 个样品后。

A.3.2.2 仪器的校准采用国家颗粒级配标准样品 GBW(E)120021-120031 校验。校验的粒径点不少于 3 个，对应颗粒百分含量的测量值与标准值的绝对误差应小于 3%。

A.4 测试步骤

A.4.1 开机

A.4.1.1 检查仪器（粒度仪和计算机）的各部状态及（确认）供电状况是否正常。

A.4.1.2 打开仪器（粒度仪和计算机）电源，使激光粒度分析仪预热 20 min 以上。

A.4.1.3 把激光束中心与环型光电探测器中心调成一致。

A.4.1.4 运行仪器软件系统，输入样品名称、编号和折射率，同时输入该样品分散用溶剂的折射率等有关信息，使系统进入联机状态。

A.4.2 背景测量

A.4.2.1 取6.6胶体率项目中分散该样品的溶剂加入样品分析系统的样品池中，反复开关循环泵几次，排除气泡。

A.4.2.2 单击“测试”菜单的“背景测量”，完成背景测量。

A.4.3 样品测试

A.4.3.1 在样品分析系统的样品池中缓慢加入取自6.6胶体率试验项目中已分散的胶体试样，至屏幕显示遮光比在10%～25%时停止加入。

A.4.3.2 单击“测试”菜单的“样品测量”，进入自动测量。

A.5 测试结果输出和保存

A.5.1 测试完毕后，计算机自动记录并保存测试结果，也可由打印机打印输出分析结果，取中位数粒径D50读数为粒度测试结果。

A.5.2 测试完毕，应及时排出被测样品，将样品池和管道清洗干净。

A.6 测量允许误差

取两次平行测定结果的算术平均值为报告值。两次测定值之差应不大于较大值的10%，否则应重新测定。

A.7 测试报告

测试报告应包括以下内容：

a) 样品的名称、编号和折射率；

b) 溶剂的名称和折射率；

c) 激光粒度分析仪：

——仪器类型和编号；

——最近校准仪器的日期；

——测试时的遮光比；

——光源，功率，波长。

附　录　B
（规范性附录）
有机膨润土 X 射线衍射分析方法

B.1　方法原理

有机膨润土的主要组分是有机蒙脱石，蒙脱石经季胺盐等表面活性剂插层改性制成有机蒙脱石后，021 特征衍射峰在 19.7°处保持不变，001 特征衍射峰从 6.3°向小角度偏移至 2.5°～3.5°。

石英（Quartz）和方英石（Cristobalite）在膨润土中是蒙脱石的伴生矿物，它们有相同的化学组分二氧化硅（SiO_2），但有不同的晶体结构，表现在 X 射线衍射图谱上有不同的特征衍射谱线，见表 B.1。

表 B.1　石英和方英石 X 射线衍射特征峰

矿物	衍射峰 2θ/(°)		
	第一特征峰	第二特征峰	第三特征峰
石英	26.64	20.86	50.13
方英石	21.98	36.08	31.46

用 X 射线衍射分析方法测定其中方英石（方英石的特征衍射峰，衍射角 2θ 为 21.98°，晶面间距 d_{101} 为 4.05Å），石英（石英的特征衍射峰衍射角 2θ 为 26.64°，晶面间距 d_{101} 为 3.34Å）的特征衍射峰的峰面积，以峰面积作纵坐标，石英或方英石的相对含量作横坐标，作标准工作曲线，利用 SiO_2 各晶相特征衍射峰的峰面积和 SiO_2 各晶相相对含量间的关系，即可从各样品的相应衍射峰的峰面积求得其中方英石和石英的相对含量。并利用蒙脱石的特征衍射峰（021 衍射峰，衍射角 2θ 为 19.7°，晶面间距 d_{021} 为 4.50Å）在相应的有机膨润土样品中基本不变的特性，将此特征衍射峰作为内标用以校准实验过程中所引起的衍射峰强度值的变化（主要是不同样品由于样品装填量的不同和不同测试阶段由于仪器本身引起的强度值的变化）。

B.2　物相分析

B.2.1　仪器设备

多晶 X 射线衍射仪：符合 JY/T 009 规定的要求并配备有相应的 X 射线分析软件和 PDF 数据库。

B.2.2　试验步骤

B.2.2.1　样品装填

将试样均匀地装入玻璃样品板或铝制样品板中，用载玻片压紧、压平试样，使样品面与样品板表面保持水平。

B.2.2.2　样品测试

按 JY/T 009 规定的步骤进行分析，仪器工作条件为：功率 40 kV，40 mA～250 mA；CuK_{α} 辐射；扫描范围（2θ）18.5°～27.0°，步宽 0.02°，阶梯扫描，固定时间 3.0 s～30.0 s。

B.2.3 数据处理

将分析获取的衍射峰数据进行物相分析，检查是否出现除有机蒙脱石、石英和方英石以外的的其他矿物组分。

B.3 石英和方英石含量的测定

B.3.1 仪器设备

B.3.1.1 多晶X射线衍射仪：符合JY/T 009规定的要求。

B.3.1.2 数据处理软件：X射线衍射分析软件。

B.3.2 试验步骤

同B.2.2。

B.3.3 数据处理

石英的特征衍射峰衍射角 2θ 是26.64°，晶面间距 d_{101} 是3.34Å，方英石的的特征衍射峰衍射角 2θ 是21.98°，晶面间距 d_{101} 是4.05Å，有机蒙脱石衍射峰衍射角 2θ 是19.7°，晶面间距 d_{021} 是4.50Å。用X射线衍射分析软件处理得到的衍射数据，计算扣除背底后各特征衍射峰的峰面积值 A_Q，A_C，A_M。

B.3.4 计算公式

石英含量按式(B.1)计算。

方英石含量按式(B.2)计算。

$$w(Q)=9.77\times A_Q/A_M+0.17 \quad \cdots\cdots(B.1)$$

$$w(C)=12.02\times A_C/A_M+0.41 \quad \cdots\cdots(B.2)$$

式中：

$w(Q)$——石英含量，质量分数(%)；

A_Q——石英特征衍射峰面积；

A_M——有机蒙脱石特征衍射峰面积；

$w(C)$——方英石含量，质量分数(%)；

A_C——方英石特征衍射峰面积。

B.3.5 测量允许误差

取两次平行测定结果的算术平均值为报告值。两次测定值之差应不大于0.3%，否则应重新测定。

ICS 83.120
Q 23

中华人民共和国国家标准

GB/T 27799—2011

载货汽车用复合材料覆盖件

Fabric reinforce plastic cover panel of trucks

2011-12-30 发布　　2012-08-01 实施

中华人民共和国国家质量监督检验检疫总局
中国国家标准化管理委员会　发布

前　言

本标准按照 GB/T 1.1—2009 给出的规则起草。

本标准由中国建筑材料联合会提出。

本标准由全国纤维增强塑料标准化技术委员会(SAC/TC 39)归口。

本标准起草单位:北京中材汽车复合材料有限公司。

本标准参加起草单位:中国重型汽车集团有限公司、北汽福田汽车股份有限公司工程研究院、第一汽车集团技术中心、东风汽车有限公司商用车公司、陕西重汽汽车有限公司汽车工程研究院、安徽华菱汽车股份有限公司、江阴协统汽车附件有限公司、常州华日新材有限公司、德州中南复合材料有限公司、德州中远复合材料有限公司、重庆益鑫复合材料有限公司、衡水宇腾汽车零部件有限公司。

本标准主要起草人:王晶、赵铮、高红梅、张荣琪、杜志花、李卫中、冯子旺、李帮山、王少军。

载货汽车用复合材料覆盖件

1 范围

本标准规定了载货汽车(包括货车及半挂牵引车)用复合材料覆盖件的术语和定义、分类与标记、主要原材料、要求、试验方法、检验规则和标志、包装运输、贮存等要求。

本标准适用于以玻璃纤维为增强材料,以不饱和聚酯树脂为基体,以手糊、喷射、树脂传递模塑成型(RTM)、片状模塑料(SMC)模压成型等工艺加工而成的复合材料汽车覆盖件。

2 规范性引用文件

下列文件对于本文件的应用是必不可少的。凡是注日期的引用文件,仅所注日期的版本适用于本文件。凡是不注日期的引用文件,其最新版本(包括所有的修改单)适用于本文件。

GB/T 1447 纤维增强塑料拉伸性能试验方法

GB/T 1449 纤维增强塑料弯曲性能试验方法

GB/T 1451 纤维增强塑料简支梁式冲击韧性 试验方法

GB/T 1462 纤维增强塑料吸水性试验方法

GB/T 1463 纤维增强塑料密度和相对密度试验方法

GB/T 1634.2 塑料 负荷变形温度的测定 第2部分:塑料、硬橡胶和长纤维增强复合材料

GB/T 2572 纤维增强塑料平均线膨胀系数试验方法

GB/T 3512 硫化橡胶或热塑性橡胶热空气加速老化和耐热试验

GB/T 3854 增强塑料巴柯尔硬度试验方法

GB/T 3857 玻璃纤维增强热固性塑料耐化学介质性能试验方法

GB/T 4780—2000 汽车车身术语

GB/T 8237—2005 纤维增强塑料用液体不饱和聚酯树脂

GB/T 15568—2008 通用型片状模塑料(SMC)

GB/T 17470—2007 玻璃纤维短切原丝毡和连续原丝毡

GB/T 18369—2008 玻璃纤维无捻粗纱

GB/T 18370—2001 玻璃纤维无捻粗纱布

3 术语和定义

GB/T 4780—2000 界定的以及下列术语和定义适用于本文件。

3.1

导风罩 air director

车身前部位于散热器面罩左右两侧引导气流的部件。

3.2

导流罩 wind deflector

驾驶室顶部,为了减小风阻而设立的部件。

3.3

顶盖　roof panel

驾驶室顶部覆盖件。

3.4

电瓶箱体　battery box

放置电瓶的箱体。

4　分类和标记

4.1　分类

4.1.1　按产品承受载荷的情况将产品分为两类：中等载荷Ⅰ型、高等载荷Ⅱ型。

4.1.2　中等载荷部件是仅承受本身负荷及风载、不承受其他外界载荷的载货汽车用复合材料部件。中等载荷的产品包括：车门内护板、导风罩、导流罩、侧护板、挡泥板、扰流板、翼子板等。

4.1.3　高等载荷部件是除承受本身负荷及风载外，还需承受其他外界载荷的载货车用复合材料部件。高等载荷的产品包括：散热器面罩、电瓶箱体、保险杠。

4.2　标记

产品按基体材料和增强材料、纤维质量含量、载荷等级、生产工艺进行标记。

□□-□□□□-□-□□□□　GB/T 27799—2011

——生产工艺（手糊 H、喷射 S、树脂传递模塑 RTM、模压 SMC）

——载荷等级（中等载荷 Ⅰ 型、高载荷 Ⅱ 型）

——基体材料和增强材料以及纤维质量含量

示例：表示以玻璃纤维增强材料含量为33%的不饱和聚酯树脂材料、产品类型为中等载荷，选用 SMC 模压成型工艺，执行 GB/T 27799—2011 的复合材料覆盖件标记为：

UP-GF33-Ⅰ-SMC　GB/T 27799—2011

5　主要原材料

5.1　基体材料

不饱和聚酯树脂的性能指标应满足 GB/T 8237—2005 的规定。对于其他要求的树脂性能指标应满足下列规定：

a)　对于有耐热性能要求的产品，树脂性能指标应满足 GB/T 8237—2005 中 HE 型的规定；

b)　对于有耐化学性能要求的产品，树脂性能指标应满足 GB/T 8237—2005 中 CM 型的规定。

5.2　增强材料

无碱玻璃纤维及其制品，有关性能应符合 GB/T 18369—2008、GB/T 18370—2001 及 GB/T 17470—2007 的规定。

5.3　片状模塑料(SMC)

片状模塑料(SMC)应不低于 GB/T 15568—2008 中 M_2 型及 S_3 型的规定。

6 要求

6.1 外观质量

产品的底漆外观质量应符合表1的规定。

表1 外观质量要求

缺陷名称	允许值		
	Ⅰ级表面	Ⅱ级表面	Ⅲ级表面
气泡	不允许	0.15 m^2 内允许有一个1.0 mm^2 以下的气泡	每个气泡小于2.0 mm^2，或者每0.02 m^2 面积内少于5个气泡
针孔	0.15 m^2 面积内不多于1个针孔	每0.02 m^2 面积内不多于1个针孔	每0.01 m^2 面积内不多于1个针孔
剥离、龟裂	不允许	不允许	长度小于5 mm
FRP裂纹	不允许	不允许	长度小于5 mm
鼓包	不允许	表面发生的鼓包小于5 mm^2	表面发生的鼓包小于5 mm^2
异物	每个小于0.3 mm^2，每0.15 m^2 面积内不多于1个	每个小于0.5 mm^2，每0.15 m^2 面积内不多于1个	每个小于1.0 mm^2，每0.02 m^2 面积内不多于1个
划痕	不允许	不允许	不应有损伤纤维划痕
凹坑	凹坑高度小于0.1 mm	凹坑高度小于0.5 mm	凹坑高度小于0.5 mm
收缩痕	不允许	不明显	不明显
注：Ⅰ级表面是经常看见的面；Ⅱ级表面是不经常看见的面；Ⅲ级表面是非可见面。			

6.2 关键尺寸要求

关键尺寸应符合产品设计图样。

6.3 物理性能要求

物理性能应符合表2的规定。

表2 物理性能要求

性能		分类	
		Ⅰ型	Ⅱ型
拉伸强度/MPa		≥50	≥65
拉伸弹性模量/GPa		≥5.5	≥6.5
弯曲强度/MPa		≥120	≥150
弯曲弹性模量/GPa		≥7	≥7.2
冲击韧性/(kJ/m^2)	+25 ℃	≥60	≥70
	−40 ℃	≥60	≥70

表 2（续）

性能		分类	
		Ⅰ型	Ⅱ型
吸水率/%		≤0.5	
线膨胀系数/(10^{-6}/℃)		≤40	
热变形温度(跨度 100 mm、弯曲应力 0.45 MPa)/℃		≥200	
巴柯尔硬度	SMC 工艺	≥45	
	其他工艺	≥35	
密度/(g/cm^3)	SMC 工艺	1.40～1.90	
	其他工艺	1.40～1.80	

6.4 耐久性能

耐久性应符合表 3 的规定。

表 3 耐久性能要求

耐久性内容		性能	要求
热老化 (150 ℃下放置 168 h)		拉伸强度变化/%	性能下降不大于 10
		弯曲强度变化/%	
冷凝水试验 (室温下放置 240 h)		拉伸强度变化/%	性能下降不大于 10
		弯曲强度变化/%	
冷热交变试验		拉伸强度变化/%	性能下降不大于 10
		弯曲强度变化/%	
耐腐蚀性能 (室温下放置 48 h)	ASTM IRM902 油	拉伸强度变化/%	性能下降不大于 10
		弯曲强度变化/%	
耐腐蚀性能 (室温下放置 48 h)	25%硫酸	拉伸强度变化/%	性能下降不大于 10
		弯曲强度变化/%	
	DOT 3 制动液	拉伸强度变化/%	性能下降不大于 10
		弯曲强度变化/%	
	甲醇	拉伸强度变化/%	性能下降不大于 10
		弯曲强度变化/%	

6.5 落球冲击

试验后，产品表面应无可见裂纹。

6.6 散热器面罩疲劳性能

表面及承载点试验后，应无明显损坏

7 试验方法

7.1 外观质量

在照明均匀，照度不小于 800 lx，距离产品表面 300 mm～500 mm 左右，垂直于产品进行目测，应避免在垂直日光下检验。

游标卡尺精度为 0.02 mm。

7.2 关键尺寸测量

测量仪器的精度应高于测量尺寸公差带的 1/10 倍。

7.3 物理性能

7.3.1 拉伸强度和拉伸弹性模量

拉伸强度和拉伸弹性模量按 GB/T 1447 的规定。

7.3.2 弯曲强度和弯曲弹性模量

弯曲强度和弯曲弹性模量按 GB/T 1449 的规定。

7.3.3 冲击韧性

冲击韧性按 GB/T 1451 的规定。

7.3.4 密度

密度按 GB/T 1463 的规定。

7.3.5 吸水率

吸水率按 GB/T 1462 的规定。

7.3.6 平均线膨胀系数

平均线膨胀系数按 GB/T 2572 的规定。

7.3.7 热变形温度

热变形温度按 GB/T 1634.2 的规定。

7.3.8 巴柯尔硬度

巴柯尔硬度按 GB/T 3854 的规定。

7.4 耐久性能

7.4.1 热老化性能

热老化试样处理方式参照 GB/T 3512 的规定，试样在 150 ℃下放置 168 h。按 GB/T 1447 的规定测定拉伸强度；按 GB/T 1449 的规定测定弯曲强度，与初始的拉伸强度和弯曲强度进行比较，计算出变化率。

7.4.2 冷凝水性能

冷凝水性能试样处理方式按 GB/T 3857 的规定，试样在室温下处置 240 h。按 GB/T 1447 的规定测定拉伸强度；按 GB/T 1449 的规定测定弯曲强度，与初始的拉伸强度和弯曲强度进行比较，计算出变化率。

7.4.3 冷热交变性能

冷热交变性能按附录 A 的规定。

7.4.4 耐腐蚀性能

耐腐蚀性能试样处理方式按 GB/T 3857 的规定，试样在室温下放置 48 h。按 GB/T 1447 的规定测定拉伸强度；按 GB/T 1449 的规定测定弯曲强度，与初始的拉伸强度和弯曲强度进行比较，计算出变化率。

7.5 落球冲击

将质量为 500 g 的钢球调整到高度为 700 mm，将产品放置平整，使钢球自由下落，冲击产品，观察其损伤程度及表面状态。

7.6 散热器面罩疲劳性能

散热器面罩疲劳性能按附录 B 的规定。

注 1：初始的拉伸强度和弯曲强度是试样未经过任何处理而直接按 GB/T 1447 和 GB/T 1449 的规定测定的拉伸强度和弯曲强度。

注 2：本标准所涉及的试样为随炉试体板上取样，也可以在产品上取样。产品取样时应在垂直于压制方向的平面上取样，同时注意取样位置距离产品边缘 50 mm 以上，避开取样部位背面的加强筋。

8 检验规则

8.1 出厂检验

8.1.1 检验项目

出厂检验项目包括外观质量、关键尺寸、巴柯尔硬度以及落球冲击。

8.1.2 抽样规则

8.1.2.1 每件产品出厂前应进行外观质量检验；

8.1.2.2 以相同原材料，相同配方，相同生产工艺，连续生产的 500 件产品为一批（小于 500 件的也以一批计），随机抽取 5 件样本，进行关键尺寸、巴柯尔硬度及落球冲击检验。

8.1.3 判定规则

当外观质量、关键尺寸、巴柯尔硬度以及落球冲击均符合要求时，判该批合格；否则判该批产品不合格。

8.2 型式检验

8.2.1 检验条件

有下列情况之一时应进行型式检验：

——新产品或老产品转厂的试制定型鉴定；
——正常生产后，如产品结构、材料、工艺等有较大改变，可能影响产品性能时；
——正常生产时，每生产一年时；
——产品停产一年以上，恢复生产时；
——质量监督机构提出型式检验要求时。

8.2.2 检验项目

型式检验包括第6章的全部项目。

8.2.3 抽样规则

当需要进行型式检验时，以临近生产产品批中抽取1组进行测试；当无法从产品上取样时，制作随炉试样进行测试。

8.2.4 判定规则

当型式检验满足第6章的要求时，判型式检验合格；否则判型式检验不合格。

9 标志、包装、运输、贮存

9.1 标志

9.1.1 产品上应有可追溯性的永久性标识。
9.1.2 外包装箱上应注明以下内容：产品名称、规格、数量、生产日期、贮存期、执行标准、厂名和厂址、产品存放搬运要求等。

9.2 包装

产品的包装应保证产品的表面不受到损伤。

9.3 运输

产品运输过程严防雨淋、曝晒和撞击等。

9.4 贮存

产品应存放在干燥、通风的库房内。

附 录 A
（规范性附录）
冷热交变试验方法

A.1 仪器

A.1.1 烘箱，额定温度不低于 200 ℃，控温精度±2 ℃。

A.1.2 低温箱，额定温度不高于－50 ℃，控温精度±2 ℃。

A.2 试样

试样按 GB/T 1447 以及 GB/T 1449 的规定，常温测试试样和冷热交变试样各 1 组。

A.3 试验步骤

A.3.1 按 GB/T 1447 以及 GB/T 1449 的规定进行拉伸强度和弯曲强度常温测试，测得数据 x_0。

A.3.2 将烘箱的温度升至 100 ℃±2 ℃，低温箱温度降至－50 ℃±2 ℃。

A.3.3 将试样放入烘箱中放置 5.5 h。

A.3.4 取出试样，室温放置 0.5 h。

A.3.5 将试样放入低温箱中放置 3.5 h。

A.3.6 取出试样，室温放置 0.5 h。

A.3.7 重复 A.3.2～A.3.6 的操作，共进行 3 个周期。

A.3.8 将冷热循环完成的试样按 GB/T 1447 以及 GB/T 1449 的规定进行拉伸强度和弯曲强度的测试，测得数据 x_a。

A.4 试验结果

性能变化率按公式(A.1)计算：

$$p=\frac{x_a-x_0}{x_0}\times 100 \qquad \text{(A.1)}$$

式中：

p ——性能变化率，%；

x_a——试样冷热交变后的性能测试值；

x_0——试样冷热交变前的性能测试值。

附　录　B
（规范性附录）
散热器面罩疲劳性能试验方法

B.1　仪器

驾驶室或相当于驾驶室的台架。

B.2　试样

成品件的散热器面罩。

B.3　试验步骤

B.3.1　将散热器面罩按要求在驾驶室（或相当于驾驶室的台架）上安装好。作用在面罩上的力的作用点位置为：在行驶方向上，汽车纵向中心线两侧对称位置500 mm左右。

B.3.2　连续使散热器面罩开启、闭合3 200次（应达到正常使用的开合程度）。

B.3.3　开启、闭合的周期小于30 s。

B.4　试验结果

观察其表面或承载点是否有损伤。

ICS 83.140.01;83.140.50
G 43

中华人民共和国国家标准

GB/T 27800—2011

静密封橡胶制品使用寿命的快速预测方法

Determination of the life for static sealing rubber products

2011-12-30 发布　　2012-06-01 实施

中华人民共和国国家质量监督检验检疫总局
中国国家标准化管理委员会　发布

前　言

本标准按照GB/T 1.1—2009给出的规则起草。

本标准由中国石油和化学工业联合会提出。

本标准由全国橡胶与橡胶制品标准化技术委员会密封制品分技术委员会(SAC/TC 35/SC 3)归口。

本标准主要起草单位:西北橡胶塑料研究设计院。

本标准主要起草人:魏浩、曹元礼。

静密封橡胶制品使用寿命的快速预测方法

1 范围

本标准规定了静密封橡胶制品的使用寿命的预测方法。

本标准适用于测定静密封橡胶制品在未变形和变形(径向压缩12%～25%,轴向压缩15%～40%状态下),在与各种介质和空气接触时,保持工作能力的期限;也适用于仓库条件下贮存寿命的测定。

2 规范性引用文件

下列文件对于本文件的应用是必不可少的。凡是注日期的引用文件,仅注日期的版本适用于本文件。凡是不注日期的引用文件,其最新版本(包括所有的修改单)适用于本文件。

GB/T 528 硫化橡胶或热塑性橡胶 拉伸应力应变性能的测定

GB/T 1685 硫化橡胶或热塑性橡胶 在常温和高温下压缩应力松弛的测定

GB/T 3512 硫化橡胶或热塑性橡胶 热空气加速老化和耐热试验

GB/T 7759 硫化橡胶、热塑性橡胶 常温、高温和低温下压缩永久变形测定

GB/T 15905 硫化橡胶湿热老化试验方法

3 原理

静密封橡胶制品在使用条件下,引起性能变化的主要因素是热、氧、机械应力和接触的油、水等介质。在一定的温度范围内,静密封橡胶制品的高温加速老化与使用条件下的老化机理是相同的。利用高温加速老化试验得到的数据,可外推计算使用温度下的使用寿命。

老化试验测试项目的选择,对于未变形橡胶制品可用拉断伸长率,对于变形的橡胶制品可用积累压缩永久变形或压缩应力松弛。

4 试样

4.1 测定拉断伸长率的试样应符合GB/T 528中对试样的要求。

4.2 测定压缩永久变形和压缩应力松弛的试样应符合GB/T 7759和GB/T 1685中对试样的要求。也可用实际产品作为试验样品,如O形橡胶密封圈或其片段、ϕ10 mm×10 mm圆柱试样。

5 试验仪器

5.1 热空气老化箱

热空气老化箱应符合GB/T 3512中的规定。

5.2 湿热试验箱

湿热试验箱应符合GB/T 15905中的规定。

5.3 拉力试验机

拉力试验机应符合 GB/T 528 中的规定。

5.4 压缩应力松弛仪

压缩应力松弛仪应符合 GB/T 1685 中的规定。

6 试验

6.1 试验条件

6.1.1 试验温湿度

6.1.1.1 老化试验温度推荐为 5 个，至少应不少于 4 个，相邻温度间隔不少于 10 ℃。

6.1.1.2 试验温度的上限因生胶、硫化体系不同而异。一般可参照下列数据：天然和氯丁橡胶为 90 ℃；丁腈、丁苯、丁基和顺丁橡胶为 110 ℃；乙丙橡胶为 130 ℃；氟橡胶为 200 ℃。试验时间允许的情况下，降低试验温度，可提高预测的准确度。

6.1.1.3 为了恰当地选择试验温度的上限，可作必要的探索试验。

6.1.1.4 易水解橡胶材料的湿热老化试验，湿度应与静密封橡胶制品使用条件下的相对湿度一致。

6.1.2 试验时间

6.1.2.1 试验终止的时间因试验温度的不同而不同，对于 5 个温度中的 3 个较高温度的试验，试验终止时性能变化应达到临界值；对于较低温度的试验，试验终止时，压缩永久变形不得低于 50％，应力松弛和伸长率不得高于初始值的 50％。

6.1.2.2 每个试验温度下测试数据不应少于 10 个。每个测试点的时间间隔可根据性能变化的情况而定，一般是前期间隔短，后期间隔长。

6.1.2.3 每个试验温度的第一个测试点，其性能变化对于压缩永久变形不高于 20％，对于应力松弛不低于初始值的 80％，对于伸长率不低于初始值的 90％。

6.1.3 压缩率

对于测试项目为压缩永久变形的老化试验，试验的压缩率应与静密封橡胶制品使用工况下的压缩率一致。

6.2 试验步骤

6.2.1 按照 GB/T 3512，在热空气老化箱中进行加速老化试验。对于易水解橡胶材料，按照 GB/T 15905，在湿热老化箱中进行加速老化试验。

6.2.2 压缩应力松弛的测定按照 GB/T 1685 进行。上好夹具，在标准实验室环境下停放 3 d 后，测定的应力值为初始应力。老化后的应力是在夹具从老化箱中取出，在标准实验室环境下停放 3 h 后测定其应力。每次测定后，将夹具放入老化箱，进行下个周期的老化。

6.2.3 压缩永久变形测定按照 GB/T 7759 进行。上好夹具，在标准实验室环境下停放 3 d，然后打开夹具，再停放 1 d 后测定高度为初始高度。老化后试样的高度为从老化箱中取出夹具并去掉负荷，在标准实验室条件下停放 1 d 后测定其高度。每次测定后，把试样重新放入夹具并送回老化箱中进行下一个周期的老化。

6.2.4 拉断伸长率测定按照 GB/T 528 进行。老化前的拉断伸长率取 10 次测量的平均值，老化后的拉断伸长率取 5 次测量的平均值。

7 结果处理

7.1 老化系数 y 与老化时间 t 和试验温度 T 之间的关系可用式(1)描述：

$$\log\left[-\log\left(\frac{y}{B}\right)\right]=b_0+b_1\log t+b_2\frac{1}{T} \quad\cdots\cdots(1)$$

式中：

y ——老化系数；

B ——接近于 1 的常数；

t ——老化时间，单位为天(d)；

T ——老化试验温度，单位为开尔文(K)；

b_0,b_1,b_2——待定系数。

注：老化系数根据试验的物理特性的不同而不同。对于应力松弛，老化系数为老化时间 t 时的应力 f 与老化前的初始应力 f_0 的比值；对于拉断伸长率，老化系数为老化时间 t 时的伸长率 L 与老化前的伸长率 L_0 的比值；对于压缩永久变形，老化系数为 1 减老化时间 t 时压缩永久变形率 ε。

7.2 公式参数的计算

7.2.1 b_0,b_1,b_2 的计算

令式(1)中的 $\log\left[-\log\left(\frac{y}{B}\right)\right]=Y$，$\log t=X_1$，$\frac{1}{T}=X_2$，式(1)变为如下：

$$Y=b_0+b_1X_1+b_2X_2 \quad\cdots\cdots(2)$$

对式(2)进行二元回归即可求得系数 b_0,b_1,b_2。

$$令\ \boldsymbol{X}=\begin{vmatrix}1 & X_{11} & X_{21}\\ 1 & X_{12} & X_{22}\\ \vdots & \vdots & \vdots\\ 1 & X_{1n} & X_{2n}\end{vmatrix},\boldsymbol{Y}=\begin{vmatrix}Y_1\\ Y_2\\ \vdots\\ Y_n\end{vmatrix},\boldsymbol{A}=\begin{vmatrix}b_0\\ b_1\\ b_2\end{vmatrix}$$

其 X_{1n},X_{2n},Y_n 中分别为第 n 组试验数据转换后的 X_1,X_2 和 Y。

根据二元回归算法可知，系数矩阵 $\boldsymbol{A}=(\boldsymbol{X}'\boldsymbol{X})^{-1}\boldsymbol{X}'\boldsymbol{Y}$，通过运算即可得到系数矩阵 $\boldsymbol{A}$，即得到 b_0，b_1,b_2。

7.2.2 参数 B 的确定

待定参数 B，可采用逐次逼近的方法求解。逼近的准则是令 B 精确到小数点后三位时，使

$$I=\sum_{i=1}^{n}(y_i-\hat{y}_i)^2 \quad\cdots\cdots(3)$$

最小。

式中：

y_i ——第 i 个老化性能指标的试验值；

$\hat{y}_i$ ——第 i 个老化性能指标通过二元回归计算的预测值。

7.3 寿命的计算

7.3.1 预测方程的确定

根据二元回归计算得到的系数 b_0,b_1,b_2 得到不同温度下的性能变化预测方程如式(4)：

$$y = B \times 10^{\left(-10^{\left(b_0 + b_1 \log t + b_2 \frac{1}{T}\right)}\right)} \quad \cdots\cdots(4)$$

7.3.2 临界值的确定

7.3.2.1 临界值通过模拟静密封橡胶制品使用条件的考核试验确定。在选定试验温度的一个中间温度下，静密封橡胶制品和标准试样一起加速老化，然后通过模拟试验，找到静密封橡胶制品密封性能丧失的临界时间，根据此时标准试样的性能变化，确定为计算寿命的性能临界值 y_0。

7.3.2.2 可选用静密封橡胶制品技术条件中规定的有关性能的极限允许值作为临界值。

7.3.3 寿命的计算

按式(5)计算寿命：

$$t = \frac{10^{\left(\frac{\log\left(-\log\frac{y_0}{B}\right) - b_0 - b_2 \frac{1}{T}}{b_1}\right)}}{365} \quad \cdots\cdots(5)$$

式中：

t ——寿命，单位为年。

8 试验报告

试验报告应包括如下内容：

a) 静密封橡胶制品名称和胶料牌号；

b) 加速老化试验温度(湿度)；

c) 老化时间；

d) 试验数据；

e) $Y = b_0 + b_1 X_1 + b_2 X_2$ 公式的参数估计及检验；

f) 临界值；

g) 寿命。

ICS 71.080.70
G 17

中华人民共和国国家标准

GB/T 27801—2011

碳 酸 亚 乙 烯 酯

Vinylene carbonate

2011-12-30 发布　　　　2012-06-01 实施

中华人民共和国国家质量监督检验检疫总局
中 国 国 家 标 准 化 管 理 委 员 会　发布

前 言

本标准按 GB/T 1.1—2009 给出的规则起草。

本标准由中国石油和化学工业联合会提出。

本标准由全国化学标准化技术委员会有机化工分技术委员会(SAC/TC 63/SC 2)归口。

本标准起草单位:张家港市华盛化学有限公司。

本标准主要起草人:张先林、张丽亚、杨志勇、陆海媛、孔智梅、季莉菲。

碳酸亚乙烯酯

1 范围

本标准规定了碳酸亚乙烯酯的要求、试验方法和标志、包装、运输及贮存等。

本标准适用于由碳酸乙烯酯经氯化、脱氯化氢方法制得的碳酸亚乙烯酯。

分子式：$C_3H_2O_3$

结构式：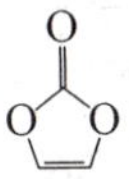

相对分子质量：86.05（按 2007 年国际相对原子质量）

2 规范性引用文件

下列文件对于本文件的应用是必不可少的。凡是注日期的引用文件，仅注日期的版本适用于本文件。凡是不注日期的引用文件，其最新版本（包括所有的修改单）适用于本文件。

GB/T 601 化学试剂 标准滴定溶液的制备

GB/T 602 化学试剂 杂质测定用标准溶液的制备

GB/T 603 化学试剂 试验方法中所用制剂及制品的制备

GB/T 3143 液体化学产品颜色测定法（Hazen 单位——铂-钴色号）

GB/T 3723 工业用化学产品采样安全通则

GB/T 6678 化工产品采样总则

GB/T 6682 分析实验室用水规格和试验方法

GB/T 8170 数值修约规则与极限数值的表示和判定

GB/T 9722 化学试剂 气相色谱法通则

GB/T 9723 化学试剂 火焰原子吸收光谱法通则

GB/T 9728 化学试剂 硫酸盐测定通用方法

3 要求

3.1 外观：无色透明液体，无悬浮物和机械杂质。

3.2 碳酸亚乙烯酯的指标应符合表 1 的规定。

表 1 技术要求

项目	指标	
	优等品	一等品
碳酸亚乙烯酯，w/%	≥99.995	≥99.95
色度/Hazen 单位（铂-钴色号）	≤10	≤20
水分，w/(mg/kg)	≤30	
游离氯，w/(mg/kg)	≤5	

表 1（续）

项目		指标	
		优等品	一等品
有机氯，w/(mg/kg)		≤10	
2,6-二叔丁基对甲酚(BHT)，w/(mg/kg)		70～110(或由供需双方协商确定)	
硫酸盐(以 SO_4 计)，w/(mg/kg)		≤10	
金属离子，w/(mg/kg)	钾	≤2	
	钙	≤2	
	钠	≤2	
	铁	≤2	
	铅	≤2	

4 试验方法

警告：试验方法规定的一些过程可能导致危险情况，操作者应采取适当的安全和防护措施。

4.1 一般规定

除非另有说明，在分析中仅使用确认为分析纯的试剂和 GB/T 6682 中规定的三级或以上的水。

试验方法中所用标准滴定溶液、制剂及制品，在没有注明其他要求时，均按 GB/T 601、GB/T 602、GB/T 603 的规定制备。

4.2 外观的测定

取液体试样，置于具塞比色管中，在日光灯或日光下目测。

4.3 碳酸亚乙烯酯含量

4.3.1 方法提要

在选定的工作条件下，使试样气化后经色谱柱分离，用火焰离子化检测器检测，采用校正面积归一化法定量。

4.3.2 仪器

气相色谱仪：配有氢火焰离子化检测器，整机灵敏度和稳定性应符合 GB/T 9722 中的有关规定，仪器的线性范围应满足定量要求。

4.3.3 试剂

4.3.3.1 高纯氢气：体积分数不低于 99.999%。经脱水装置、硅胶等干燥、净化处理。

4.3.3.2 高纯氮气：体积分数不低于 99.999%。经脱水装置、硅胶等干燥、净化处理。

4.3.3.3 空气：无腐蚀性杂质。经脱油、脱水处理。

4.3.3.4 色谱数据处理机或色谱工作站。

4.3.3.5 进样器：自动进样器或微量注射器，5 μL 或 10 μL。

4.3.4 色谱分析条件

推荐的色谱柱和典型色谱操作条件见表2。各组分相对保留值和相对校正因子参见附录A中表A.1，典型色谱图参见图A.1，其他能达到同等分离程度的色谱柱和色谱操作条件均可使用。

表2 推荐的色谱柱和典型色谱操作条件

色谱柱	固定相为键合14%氰丙基苯基/86%二甲基聚硅氧烷的毛细管柱
柱长/柱内径/液膜厚度	30 m×0.53 mm×0.50 μm
气化室温度/℃	250
程序升温	初始温度120 ℃，保持2 min，升温速率10 ℃/min，最终温度200 ℃，保持5 min
检测器温度/℃	270
空气流量/(mL/min)	500
氢气流量/(mL/min)	45
载气(N_2)柱流量/(mL/min)	2.0
分流比	30∶1
进样量/μL	0.4

4.3.5 分析步骤

在表2规定的试验条件下，注入试样，工作站自动记录色谱峰，定量方法采用校正面积归一化法。

4.3.6 结果计算

碳酸亚乙烯酯的质量分数 w_1，数值以%表示，按式(1)计算：

$$w_1 = 100 \times \frac{A_1 f_1}{\sum A_i f_i - A_2 f_2} \quad \cdots\cdots(1)$$

式中：

A_1——碳酸亚乙烯酯的峰面积；

f_1——碳酸亚乙烯酯的相对校正因子；

A_2——BHT的峰面积；

f_2——BHT的相对校正因子；

A_i——某组分的峰面积；

f_i——某组分的相对校正因子。

取两次平行测定结果的算术平均值为报告结果。两次平行测定结果的绝对差值不大于0.005%。

4.4 2,6-二叔丁基对甲酚(BHT)含量的测定

4.4.1 方法提要

在选定的工作条件下，使试样气化后经色谱柱分离，用氢火焰离子化检测器检测，采用外标法定量，计算得到2,6-二叔丁基对甲酚含量。

4.4.2 仪器

同4.3.2。

4.4.3 试剂

4.4.3.1 碳酸亚乙烯酯:质量分数不低于 99.95%(不含有 BHT)。
4.4.3.2 BHT:质量分数不低于 99.0%。
其余同 4.3.3。

4.4.4 分析步骤

4.4.4.1 于清洁、干燥的具塞小瓶中,分别配制含有 70 mg/kg、90 mg/kg 和 110 mg/kg BHT 的碳酸亚乙烯酯溶液(也可根据产品指标进行调整,至少需要配制三个点),混匀备用。
4.4.4.2 按 4.3.4 的条件和 4.3.5 的步骤将标样分别进行色谱分析,每个样测定三遍,取平均值。以 BHT 的配制浓度(mg/kg)为横坐标,标样的峰面积为纵坐标,绘制标准曲线,标准曲线线性的相关系数应不小于 0.999。
4.4.4.3 在与标样分析的相同的色谱条件下,将相同体积的试样注入色谱仪,测量 BHT 的峰面积。

4.4.5 结果计算

BHT 的质量分数 w_2,数值以 mg/kg 表示,按式(2)计算:

$$w_2=\frac{A-b}{k} \qquad \cdots\cdots(2)$$

式中:
A ——试样中测得 BHT 的峰面积;
b ——标准曲线的截距;
k ——标准曲线的斜率。

取两次平行测定结果的算术平均值为报告结果。两次平行测定结果的绝对差值不大于这两个测定值的算术平均值的 15%。

4.5 色度的测定

按 GB/T 3143 的规定进行。

4.6 水分的测定

4.6.1 方法原理

试样中的水分与电解液中的碘和二氧化硫发生定量反应,反应式为:

$$I_2+SO_2+H_2O \longrightarrow 2HI+SO_3$$

$$2I^- -2e \longrightarrow I_2$$

参加反应的碘分子数等于水的分子数,电解生成的碘与所消耗的电量成正比,依据法拉第定律,用消耗的电量得出水的量。

4.6.2 试剂

电解液:与卡尔·费休库仑法水分测定仪配套使用的醛酮试剂。

4.6.3 仪器

4.6.3.1 卡尔·费休库仑法微量水分测定仪:配有电解电极和检测电极等。示值及误差:10 μg~1 000 μg H_2O,±5 μg;大于 1 000 μg H_2O,0.5%。其他能满足分析要求的微量水分测定仪也可使用。
4.6.3.2 注射器:5 mL。

4.6.4 分析步骤

加入电解液，按仪器说明书调节仪器，当仪器进入工作状态后，按仪器说明书要求进行标定。

用干燥的注射器称量，用减量法取约(1～2) g试样，精确至0.1 mg，注入水分测定仪的滴定池中，待反应完毕后直接读取水的质量数值。

4.6.5 结果计算

水的质量分数 w_3，数值以mg/kg表示，按式(3)计算：

$$w_3 = \frac{m_1/1\,000}{m/1\,000} \qquad \cdots\cdots(3)$$

式中：

m_1——读取的水的质量的数值，单位为微克(μg)；

m ——试样的质量的数值，单位为克(g)。

取两次平行测定结果的算术平均值为报告结果。两次平行测定结果的绝对差值不大于这两个测定值的算术平均值的10%。

4.7 游离氯(以Cl计)的测定

4.7.1 方法提要

以银电极为指示电极，用硝酸银标准滴定溶液滴定试样中的氯离子，按照电位的突跃点判定其滴定终点。根据硝酸银标准滴定溶液的消耗量，计算出试样中氯离子的含量。

4.7.2 仪器

4.7.2.1 自动电位滴定仪，带有微量滴定管(5 mL、10 mL或其他规格)，精度±2 mV。

4.7.2.2 电极：银复合电极。

4.7.3 试剂

4.7.3.1 丙酮。

4.7.3.2 硝酸溶液：1+3。

4.7.3.3 硝酸银-乙醇标准滴定溶液：$c(AgNO_3)=0.001$ mol/L。

4.7.4 分析步骤

称取试样20 g，精确至0.1 mg，加入硝酸溶液0.2 mL，丙酮25 mL，放入转子进行搅拌。以银复合电极作为指示电极，用硝酸银-乙醇标准滴定溶液进行电位滴定，记录滴定至终点时消耗硝酸银-乙醇标准滴定溶液的体积。

在测定的同时，按与测定相同的步骤，对不加试样而使用相同数量的试剂溶液做空白试验。

4.7.5 结果计算

游离氯(以Cl计)的质量分数 w_4，数值以mg/kg表示，按式(4)计算：

$$w_4 = \frac{(V_2 - V_1)cM1\,000}{m} \qquad \cdots\cdots(4)$$

式中：

V_1——空白消耗硝酸银-乙醇标准滴定溶液(4.7.3.3)的体积的数值，单位为毫升(mL)；

V_2——试样消耗硝酸银-乙醇标准滴定溶液的体积的数值，单位为毫升(mL)；

c ——硝酸银-乙醇标准滴定溶液浓度的准确数值，单位为摩尔每升（mol/L）；

M ——氯的摩尔质量的数值，单位为克每摩尔（g/mol）（M=35.45）；

m ——试样的质量的数值，单位为克（g）。

取两次平行测定结果的算术平均值为报告结果。两次平行测定结果的绝对差值不大于这两个测定值的算术平均值的20%。

4.8 有机氯（以Cl计）的测定

4.8.1 方法提要

试样经过进样器，进入到保持在900 ℃左右的燃烧管中，以流动的氧气和氩气作为载气，试样经过氧化裂解后，转化成氯化氢，由载气带入到滴定系统中，与电解液中的银离子发生反应，通过测量电解滴定过程中所消耗的银离子的电量，根据法拉第定律，由进样分析得到有机氯质量的测定值，在标准曲线上查得有机氯的质量。

4.8.2 试剂

4.8.2.1 氩气或氦气，体积分数不低于99.9%。

4.8.2.2 氧气，体积分数不低于99.6%，用于参与反应和载气。

4.8.2.3 电解质溶液：1.35 g无水乙酸钠溶于850 mL冰乙酸中，用水稀释至1 000 mL。

4.8.2.4 工作电解液：硝酸钾溶液，100 g/L。

4.8.2.5 内部参考电解液：氯化钾溶液，1 mol/L。

4.8.2.6 外部参考电解液：硝酸钾溶液，1 mol/L。

4.8.2.7 氯标准原液：100 μg/mL：称取2,4,6-三氯酚（TCP）0.093 g，精确至0.1 mg，转移至500 mL容量瓶中，用甲醇稀释至刻度。

4.8.2.8 甲醇，不含有Cl。

4.8.3 仪器

4.8.3.1 总有机氯/总氯分析仪。

4.8.3.2 气密注射器。

4.8.4 分析步骤

4.8.4.1 启动仪器

按表3有机氯测定条件进行设置。

表3 推荐的有机氯测定条件

项目		条件
氧气分压/MPa		0.3
氩气分压/ MPa		0.3
氧气流量/(mL/min)		200
氩气流量/(mL/min)		200
测定程序	第一阶段	800 ℃，保持2 min
	第二阶段	900 ℃，保持0.5 min
进样量/μL		30

4.8.4.2 **标准曲线的绘制**

将氯标准原液(4.8.2.7)用甲醇稀释成含氯 1.0 μg/mL、2.0 μg/mL、5.0 μg/mL 的标样。在表 3 条件下，注入标样，每个标样至少重复测定三次，以标样的进样量(μg)为横坐标，标样的测定值(μg)为纵坐标绘制标准曲线。

4.8.4.3 **试样测定**

用注射器量取 30 μL 试样，称量，在进样舟内注入试样，称量空注射器的质量，得出进样量。进样分析，得到有机氯质量测定值，由标准曲线查得有机氯的质量。

4.8.4.4 **结果计算**

有机氯的质量分数 w_5，以 mg/kg 表示，按式(5)计算：

$$w_5 = \frac{m_1/1\,000}{m/1\,000} \qquad \cdots\cdots(5)$$

式中：

m_1——由标准曲线查得的有机氯的质量的数值，单位为微克(μg)；

m——试样质量的数值，单位为克(g)。

取三次平行测定结果的算术平均值为报告结果。三次平行测定结果的最大差值不大于0.7 mg/kg。

4.9 **硫酸盐(以 SO_4 计)的测定**

取 25 g 试样，精确至 0.1 mg，置于烧杯中，加 20 mL 水，混匀，静置 10 min，取上层清液，置于比色管中作为试样溶液。取硫酸盐标准溶液(0.1 mg/mL)2.5 mL 置于另一比色管中，配制成 10 mg/kg 硫酸盐标准比浊溶液。其余按 GB/T 9728 的规定进行测定。试样溶液的浊度应不大于标准比浊溶液的浊度。

4.10 **金属离子(钾、钙、钠、铁、铅)的测定**

4.10.1 **方法提要**

将试样稀释后，用火焰原子吸收法测定，利用吸收定律计算出待测元素的浓度。

4.10.2 **试剂**

4.10.2.1 无水乙醇。

4.10.2.2 钾(K)标准溶液：0.1 mg/mL。

4.10.2.3 钙(Ca)标准溶液：0.1 mg/mL。

4.10.2.4 钠(Na)标准溶液：0.1 mg/mL。

4.10.2.5 铁(Fe)标准溶液：0.1 mg/mL。

4.10.2.6 铅(Pb)标准溶液：0.1 mg/mL。

4.10.2.7 高纯乙炔，体积分数不低于 99.999%。

4.10.2.8 压缩空气。

4.10.3 **仪器**

4.10.3.1 火焰原子吸收分光光度计，符合 GB/T 9723 的规定。

4.10.3.2 钾元素空心阴极灯。

4.10.3.3 钙元素空心阴极灯。

4.10.3.4 钠元素空心阴极灯。

4.10.3.5 铁元素空心阴极灯。

4.10.3.6 铅元素空心阴极灯。

4.10.4 标准溶液的配制

按照表4分别移取各元素标准溶液，并稀释至100 mL，配制各被测元素的系列标准溶液。

表4 各被测元素标准溶液配制表

被测元素	移取含被测元素0.1 mg/mL溶液的量/mL			
钾	0.5	1.0	1.5	2.0
钙	0.5	1.0	1.5	2.0
钠	0.2	0.5	1.0	1.5
铁	0.5	1.0	1.5	2.0
铅	0.5	1.0	1.5	2.0

4.10.5 分析步骤

4.10.5.1 仪器准备

按照仪器说明书调节仪器，将各元素的空心阴极灯预热15 min。推荐的操作条件见表5。

表5 推荐的操作条件

元素	乙炔和空气流量/(L/min)	波长/nm
钾	乙炔：空气 2.0：15.0	766.5
钙		422.7
钠		589.0
铁		248.3
铅		283.3

4.10.5.2 试样制备

称取20 g试样，精确至0.1 mg，于100 mL容量瓶中，加入20 mL无水乙醇，混匀，用水稀释至刻度。

4.10.5.3 测定方法

按GB/T 9723中工作曲线法的规定进行。

4.10.5.4 结果计算

各被测元素的质量分数w_6，数值以mg/kg表示，按式(6)计算：

$$w_6 = \frac{c_i \times V}{m} \quad \cdots\cdots(6)$$

式中：

c_i ——根据校准曲线扣除空白后的试样中所含被测元素的浓度，单位为微克每毫升(μg/mL)；

V ——试样溶液体积的数值，单位为毫升(mL)；

m ——试样的质量的数值，单位为克(g)。

取两次平行测定结果的算术平均值为报告结果，两次测定结果的绝对差值不大于1 mg/kg。

5 检验规则

5.1 本标准第3章要求中的外观和表1中的所有项目均为出厂检验项目。

5.2 以连续生产的不大于3 t的产量为一批。

5.3 采样按GB/T 3723和GB/T 6678的规定进行。采样在成品包装桶内进行。采样时，避免阳光直射。当温度低于20 ℃，产品为固体或者是固液混合时，应先将产品连包装桶在25 ℃～35 ℃水浴中加热至液态。在采样过程中，应用惰性气体(氮气、氩气等)进行保护，避免产品接触空气导致水分偏高。采样时至少采取两瓶试样(每瓶80 mL)，一瓶供检验用，一瓶留样。

5.4 检验结果的判定按GB/T 8170中修约值比较法进行。检验结果如果有一项指标不符合本标准要求时，应重新自两倍量的包装单元中采样进行复检，复检结果即使只有一项指标不符合本标准要求，则整批产品为不合格。

6 标志、包装、运输、贮存

6.1 标志

6.1.1 产品包装容器上应有清晰的标识，其内容包括：

a) 产品名称；

b) 生产厂名称；

c) 厂址；

d) 商标；

e) 批号和生产日期；

f) 质量等级；

g) 净含量；

h) 本标准编号；

i) 保质期。

6.1.2 每批出厂的产品都应附有一定格式的质量合格证明，内容至少包括：

a) 生产厂名称；

b) 产品名称；

c) 生产日期和/或批号；

d) 质量等级；

e) 本标准编号。

6.2 包装

产品使用清洁、干燥、密封的不锈钢包装桶(带快速接头)，并充有惰性气体(如氮气、氩气等)保护，规格为1 kg、20 kg、100 kg、200 kg或根据客户的要求进行包装。

6.3 运输

运输时要轻装轻卸,防止日晒雨淋,避免剧烈震动和撞击,避免高温运输,必要时使用恒温车。

6.4 贮存

产品应贮存于阴凉、干燥、温度为 35 ℃以下的库房内。

6.5 保质期

在本标准规定的包装贮存条件下,产品保质期为 6 个月,逾期检验合格仍可使用。

附　录　A
（资料性附录）
碳酸亚乙烯酯含量测定的各组分相对保留值和典型色谱图

A.1　各组分相对保留值和相对校正因子

参考值见表 A.1。

表 A.1　各组分相对保留值和相对校正因子参考值

出峰顺序	色谱峰名称	相对保留值	相对校正因子参考值
1	碳酸二甲酯(DMC)	0.84	1.14
2	碳酸亚乙烯酯(VC)	1.00	1.00
3	二氯代碳酸乙烯酯(BCL2)	1.30	1.00[a]
4	碳酸乙烯酯(EC)	1.64	1.06
5	氯代碳酸乙烯酯(BCL)	1.75	1.00[a]
6	2,6-二叔丁基对甲酚(BHT)	2.88	0.20

[a] 在无法得到标样时，校正因子按 1.00 计算。

A.2　典型色谱图

参见图 A.1。

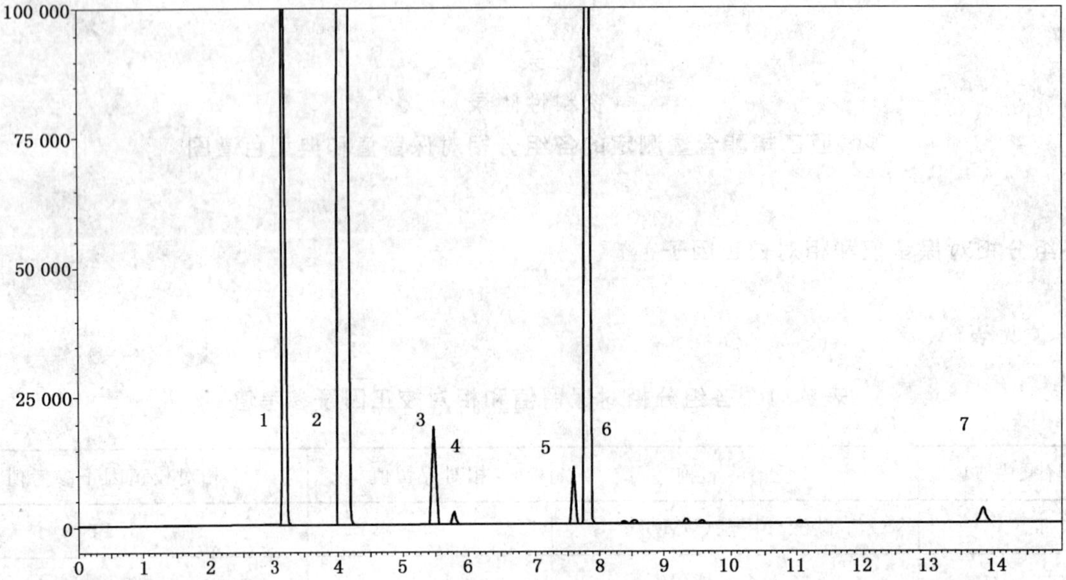

1——碳酸二甲酯；

2——碳酸亚乙烯酯；

3——二氯代碳酸乙烯酯；

4——未知物；

5——碳酸乙烯酯；

6——氯代碳酸乙烯酯；

7——2,6-二叔丁基对甲酚。

图 A.1　碳酸亚乙烯酯典型色谱图

ICS 71.060.50
G 12

中华人民共和国国家标准

GB/T 27802—2011

二氧化氯固体释放剂

Solid composition releasing chorine dioxide

2011-12-30 发布　　　　2012-06-01 实施

中华人民共和国国家质量监督检验检疫总局
中国国家标准化管理委员会　发布

前　言

本标准按照 GB/T 1.1—2009 给出的规则起草。

本标准由中国石油和化学工业联合会提出。

本标准由全国化学标准化技术委员会无机化工分会(SAC/TC 63/SC 1)归口。

本标准起草单位:中海油天津化工研究设计院、佛山市质量计量监督检测中心、上海文华消毒药业科技有限公司、张家口市绿洁环保化工技术开发有限公司、南京华源水处理工业设备厂、四川金钟环保科技有限公司、上海资顺化工科技有限公司、成都齐力水处理科技有限公司、重庆宏智化工有限公司。

本标准主要起草人:郭凤鑫、梁炽琼、王建伟、鲍立峰、宋红安、赵爱民、陈天朗、朱大利、穆超银、吴秀书、范祥。

二氧化氯固体释放剂

1 范围

本标准规定了二氧化氯固体释放剂的要求、试验方法、检验规则、标志、标签、包装、运输和贮存。

本标准适用于主要用作水体、土壤、空气和物体表面的杀菌剂、灭藻剂、除臭剂和氧化解毒剂，作为棉制品、竹制品和木材等的漂白剂的一元包装和二元包装的二氧化氯固体释放剂。

本标准不适用于缓释型二氧化氯固体释放剂及含液体包装的多元组分的二氧化氯释放剂。

2 规范性引用文件

下列文件对于本文件的应用是必不可少的。凡是注日期的引用文件，仅注日期的版本适用于本文件。凡是不注日期的引用文件，其最新版本（包括所有的修改单）适用于本文件。

GB 190—2009 危险货物包装标志

GB/T 191—2008 包装储运图示标志

GB/T 6678 化工产品采样总则

GB/T 8170 数值修约规则与极限数值的表示和判定

GB/T 27803—2011 二氧化氯固体释放剂分析方法

3 术语和定义

下列术语和定义适用于本文件。

3.1

二氧化氯固体释放剂 solid composition releasing chorine dioxide

以固体形式存在，能溶解在水中，通过活化反应能释放出 ClO_2 的制品。

3.2

一元包装 unitary packaging

通过微胶囊或钝化技术对二氧化氯固体释放剂的主体和活化剂进行处理后包装在同一包装袋中。

3.3

二元包装 duality packaging

二氧化氯固体释放剂的主体和活化剂分别包装在不同的包装袋中。

4 要求

4.1 外观：白色粉状、颗粒状或片状固体。

4.2 二氧化氯固体释放剂按二氧化氯释放剂试验方法检测应符合表 1 技术要求。

表 1 技术要求

项目		指标	
		一元包装	二元包装
二氧化氯释放量与标识量的比/%	≥	100～110	100～110
亚氯酸根和氯酸根相对残留量/%	≤	20.0	20.0
稳定性(以二氧化氯含量下降率计)/%	≤	10.0	—
砷(As),w/%	≤	0.000 3	0.000 3
重金属(以 Pb 计),w/%	≤	0.002	0.002

5 试验方法

5.1 外观检验

按 GB/T 27803—2011 中第 5 章进行测定。

5.2 二氧化氯释放量与标识量的比的测定

按 GB/T 27803—2011 中第 6 章进行测定。

5.3 亚氯酸根和氯酸根相对残留量的测定

按 GB/T 27803—2011 中第 7 章进行测定。

5.4 稳定性的测定

按 GB/T 27803—2011 中第 8 章进行测定。

5.5 砷含量的测定

按 GB/T 27803—2011 中第 9 章进行测定。

5.6 重金属含量的测定

按 GB/T 27803—2011 中第 10 章进行测定。

6 检验规则

6.1 本标准规定了型式检验和出厂检验。

6.1.1 型式检验

本标准第 4 章规定的所有项目为型式检验项目。在正常情况下,每六个月至少进行一次型式检验。有下列情况之一时,必须进行型式检验:

a) 更新关键生产工艺;

b) 主要原料有变化;

c) 停产又恢复生产;

d) 与上次型式检验有较大差异;

e) 合同规定。

6.1.2 出厂检验

一元包装：要求中规定的二氧化氯释放量与标识量的比、亚氯酸根和氯酸根相对残留量和稳定性三项指标为出厂检验项目，应逐批检验。

二元包装：要求中规定的二氧化氯释放量与标识量的比、亚氯酸根和氯酸根相对残留量二项指标为出厂检验项目，应逐批检验。

6.2 用相同材料，基本相同的生产条件，连续生产或同一班组生产的同一级别的二氧化氯固体释放剂为一批。每批产品不超过5 t。

6.3 按GB/T 6678规定的采样技术确定采样单元数。将所采的样品混匀，用四分法缩分至约500 g，分装入两个干燥、清洁的塑料瓶(袋)中，密封，粘贴标签，注明：生产厂名、产品名称、批号和采样日期、采样者姓名。一瓶用于检验，另一瓶保存备查，保存时间由生产厂根据实际情况确定。

6.4 检验结果中如有指标不符合本标准要求时，应重新自两倍量的包装袋中采样进行复验，复验结果只要有一项指标不符合本标准要求时，则整批产品为不合格。

6.5 采用GB/T 8170规定的修约值比较法判定检验结果是否符合标准。

7 标志、标签

7.1 二氧化氯固体释放剂包装袋上要有牢固清晰的标志，内容包括：生产厂名、厂址、产品名称、净含量、批号(或生产日期)、本标准编号以及GB 190—2009规定的"氧化剂"标签、GB/T 191—2008规定的"怕晒"、"怕雨"标志。

7.2 每批出厂的二氧化氯固体释放剂都应附有质量证明书，内容包括：生产厂名、厂址、产品名称、净含量、批号(或生产日期)和本标准编号。

8 包装、运输和贮存

8.1 二氧化氯固体释放剂采用二种包装方式：一元包装和二元包装。

8.1.1 一元包装

小包装宜采用密封性好的聚乙烯塑料袋真空包装，每袋净含量不应大于500 g；若干袋小包装组合为大包装，大包装采用聚乙烯塑料袋(或铝箔袋)，数量由供需双方协商确定；再将一定数量的大包装置于纸板箱(或纸板桶)中，每箱(或桶)净含量10 kg、20 kg或25 kg。

8.1.2 二元包装

小包装用两个密封性好的聚乙烯塑料袋分别包装二氧化氯固体释放剂的主体和活化剂，再按配比将一定数量的小包装组合为大包装，大包装采用聚乙烯塑料袋(或铝箔袋)，数量由供需双方协商确定。将一定数量的大包装置于纸板箱(或纸板桶)中，每箱(或桶)净含量10 kg、20 kg或25 kg。

8.1.3 封口

用于小包装和大包装的聚乙烯塑料袋(或铝箔袋)均采用热合封口，封口牢固，不应泄漏。纸板箱(或纸板桶)包装时，将塑料袋(或铝箔袋)整齐的码放于箱(或桶)内，纸板箱(或纸板桶)应牢固封口。

8.2 二氧化氯固体释放剂在运输过程中应有遮盖物，防止日晒、雨淋、受潮及剧烈碰撞。不应与酸混运。

8.3 二氧化氯固体释放剂应贮存于阴凉、干燥、通风处，防止受潮、受热和阳光曝晒。不应与酸混贮。

8.4 二氧化氯固体释放剂在符合本标准包装、运输、贮存条件下，自生产之日起保质期不少于12个月。

9 安全

9.1 释放的二氧化氯气体具有强烈刺激性。接触会引起眼和呼吸道刺激。吸入高浓度的气体能发生肺水肿和致死。皮肤接触或摄入高浓度溶液，可引起强烈刺激和腐蚀。长期接触可导致慢性支气管炎。如果皮肤或眼睛接触到此物质，应立即用大量清水冲洗 15 min 以上。

9.2 在贮存和运输过程中，应经常观察包装的情况。当包装袋发生破损、胀包、发热现象时，应及时进行处理，将包装袋移到安全且通风的地方，远离可燃物，例如木头，纸张，油类等。可以用稀的亚硫酸钠溶液或硫代硫酸钠溶液处理少量的二氧化氯溶液。用氢氧化钠处理可以使二氧化氯转变为氯酸盐和亚氯酸盐，15 min～20 min 内可以停止二氧化氯气体的释放。

9.3 搬运时应轻装轻卸，防止包装及容器损坏。

ICS 71.060.01
G 10

中华人民共和国国家标准

GB/T 27803—2011

二氧化氯固体释放剂分析方法

Analysis method for solid composition releasing chorine dioxide

2011-12-30 发布

2012-06-01 实施

中华人民共和国国家质量监督检验检疫总局
中国国家标准化管理委员会 发布

前　言

本标准按照 GB/T 1.1—2009 给出的规则起草。

本标准由中国石油和化学工业联合会提出。

本标准由全国化学标准化技术委员会无机化工分会(SAC/TC 63/SC 1)归口。

本标准起草单位:中海油天津化工研究设计院、上海文华消毒药业科技有限公司、张家口市绿洁环保化工技术开发有限公司、四川金钟环保科技有限公司、南京华源水处理工业设备厂。

本标准主要起草人:郭凤鑫、鲍立峰、宋红安、陈天朗、贺启环、范祥。

二氧化氯固体释放剂分析方法

警告——使用本标准的人员应有正规实验室工作的实践经验。本标准并未指出所有可能的安全问题。使用者有责任采取适当的安全和健康措施，并保证符合国家有关法规规定的条件。

1 范围

本标准规定了二氧化氯固体释放剂的外观、二氧化氯释放量与标识量的比、亚氯酸根和氯酸根相对残留量、稳定性、砷含量和重金属含量的分析方法。

本标准适用于二氧化氯固体释放剂。

2 规范性引用文件

下列文件对于本文件的应用是必不可少的。凡是注日期的引用文件，仅注日期的版本适用于本文件。凡是不注日期的引用文件，其最新版本(包括所有的修改单)适用于本文件。

GB/T 6682—2008 分析实验室用水规格和试验方法

HG/T 3696.1 无机化工产品 化学分析用标准溶液、制剂及制品的制备 第1部分：标准滴定溶液的制备

HG/T 3696.2 无机化工产品 化学分析用标准溶液、制剂及制品的制备 第2部分：杂质标准溶液的制备

HG/T 3696.3 无机化工产品 化学分析用标准溶液、制剂及制品的制备 第3部分：制剂及制品的制备

3 安全提示

本试验方法中所使用的部分试剂具有腐蚀性，操作者应小心谨慎，避免与皮肤接触，如接触到皮肤上应立即用水冲洗，严重者应立即就医。

4 一般规定

本标准所用试剂和水，在没有注明其他要求时，均指分析纯试剂和GB/T 6682—2008中规定的三级水，试验中所用标准滴定溶液、杂质标准溶液、制剂及制品，在没有注明其他要求时，均按HG/T 3696.1、HG/T 3696.2、HG/T 3696.3的规定制备。

5 外观检验

在自然光下用目视法判定外观。

6 二氧化氯释放量与标识量的比的测定

6.1 方法提要

用丙二酸掩蔽活化后试液中的次氯酸根，加入碘化钾与二氧化氯和亚氯酸根反应，用硫代硫酸钠标

准溶液滴定生成的碘，得出二氧化氯和亚氯酸根总含量；再取一份同样量的试液活化后用氮气吹走二氧化氯和氯气，再加入碘化钾与残留的亚氯酸根反应，用硫代硫酸钠标准溶液滴定生成的碘，计算出二氧化氯含量。

6.2 试剂和材料

6.2.1 高纯氮气。

6.2.2 丙二酸溶液：100 g/L。

6.2.3 硫酸溶液：1+8。

6.2.4 碘化钾溶液：100 g/L。

6.2.5 硫代硫酸钠标准滴定溶液：$c(Na_2S_2O_3)\approx 0.1$ mol/L。

6.2.6 淀粉指示液：5 g/L（使用期为2周）。

6.3 分析步骤

6.3.1 试验溶液的制备

一元包装和二元包装的试验溶液按下列方法制备：

a) 一元包装的称样量：根据二氧化氯的含量，称取一定量的试样（使二氧化氯溶液浓度控制在500 mg/L～2 000 mg/L范围内），精确至0.000 2 g；

b) 二元包装的称样量：根据配方比例和二氧化氯的含量分别称取一定量已充分混匀的主体和活化剂（使二氧化氯溶液浓度控制在500 mg/L～2 000 mg/L范围内），精确至0.000 2 g；

c) 将称取的试样置于已预先加有约100 mL水的250 mL容量瓶中，用水稀释至刻度，摇匀。放置活化30 min（也可采用产品说明书规定的时间，但不得超过60 min），该溶液为试验溶液A，立即同时取样用于二氧化氯释放量与标识量的比、亚氯酸根和氯酸根相对残留量的测定。

6.3.2 测定

6.3.2.1 取250 mL碘量瓶，加入50 mL水，用移液管移入20 mL试验溶液A。加入3 mL丙二酸溶液，水封并混匀，置于暗处静置3 min。加入10 mL硫酸溶液，10 mL碘化钾溶液，水封并混匀，置于暗处静置5 min。用硫代硫酸钠标准滴定溶液滴定，近终点时加1 mL淀粉指示液，继续滴定至蓝色刚好消失为终点，记录消耗的体积为V_1。

6.3.2.2 取250 mL碘量瓶，加入50 mL水，用移液管移入20 mL试验溶液A，放入通风橱内，将高纯氮气的吹管插入碘量瓶的溶液中，吹入高纯氮气至溶液黄绿色消失后再吹20 min（用空气代替高纯氮气时，应做空白对比试验）。加入3 mL丙二酸溶液，水封并混匀，置于暗处静置3 min。加10 mL硫酸溶液，再加入10 mL碘化钾溶液，混匀，水封置于暗处静置5 min。用硫代硫酸钠标准滴定溶液滴定，近终点时加入1 mL淀粉指示液，继续滴至蓝色刚好消失为终点，记录消耗的体积为V_2。

6.4 结果计算

二氧化氯含量以二氧化氯（ClO_2）的质量分数w_1计，按式（1）计算：

$$w_1=\frac{[(V_1-V_2)/1\,000]cM_1}{m\times(20/250)}\times 100\% \qquad (1)$$

二氧化氯释放量与标识量的比以w_2计，按式（2）计算：

$$w_2=\frac{w_1}{w_0}\times 100\% \qquad (2)$$

式中：

V_1——按6.3.2.1滴定试验溶液消耗硫代硫酸钠标准滴定溶液体积的数值，单位为毫升（mL）；

V_2——按 6.3.2.2 滴定试验溶液消耗硫代硫酸钠标准滴定溶液体积的数值，单位为毫升(mL)；

c ——硫代硫酸钠标准滴定溶液浓度的准确数值，单位为摩尔每升(mol/L)；

m ——试料质量的数值，单位为克(g)；

M_1——二氧化氯($\frac{1}{5}ClO_2$)摩尔质量的数值，单位为克每摩尔(g/mol)(M_1=13.49)；

w_0——二氧化氯固体释放剂产品标识量的数值。

取平行测定结果的算术平均值为测定结果，两次平行测定结果的绝对差值不大于0.3%。

7 亚氯酸根和氯酸根相对残留量的测定

7.1 方法提要

分别取两份试验溶液，调节不同的pH，在pH约为2，加碘化钾与氯气、亚氯酸根和二氧化氯反应，用硫代硫酸钠标准溶液滴定生成的碘；调节pH<0.1，氯气、亚氯酸盐、二氧化氯和氯酸根与碘化钾反应，用硫代硫酸钠标准溶液滴定生成的碘，计算出亚氯酸根和氯酸根相对残留量。

7.2 试剂和材料

7.2.1 盐酸。

7.2.2 硫酸溶液：1+8。

7.2.3 碘化钾溶液：100 g/L。

7.2.4 溴化钾溶液：50 g/L；

配制：称取5 g溴化钾，溶于100 mL水中，储存于棕色瓶中(使用期为1周)。

7.2.5 饱和磷酸氢二钠溶液。

7.2.6 硫代硫酸钠标准滴定溶液：$c(Na_2S_2O_3)\approx 0.1$ mol/L。

7.2.7 淀粉指示液：5 g/L(使用期为2周)。

7.3 分析步骤

7.3.1 取一个250 mL碘量瓶，加入50 mL水，再用移液管移入20 mL试验溶液A(与6.3.2同时取样)，加入10 mL硫酸溶液，10 mL碘化钾溶液，水封并混匀，置于暗处静置5 min。用硫代硫酸钠标准滴定溶液滴定，近终点时加1 mL淀粉指示液，继续滴定至蓝色刚好消失为终点，记录消耗的体积为V_3。

7.3.2 另取一个500 mL碘量瓶，加入1 mL溴化钾溶液和10 mL盐酸，混匀后用移液管移取20 mL试验溶液A(与6.3.2同时取样)，立即塞住瓶塞，水封并混匀。置于暗处反应20 min，然后加入10 mL碘化钾溶液，盖上瓶塞剧烈震荡5 s，稍打开碘量瓶塞，立即沿瓶壁加入25 mL饱和磷酸氢二钠溶液，加水至最后体积为200 mL～300 mL。用硫代硫酸钠标准滴定液滴定至淡黄色时，加1 mL淀粉溶液，继续滴至蓝色刚好消失为止。同时用蒸馏水作空白试验。用试验溶液的所消耗的体积减去空白试验消耗的体积记为V_4。

7.4 结果计算

亚氯酸根和氯酸根合量以w_3计，按式(3)计算：

$$w_3=\frac{[V_2/1\,000]cM_2}{m\times(20/250)}\times 100\%+\frac{[(V_4-V_3)/1\,000]cM_3}{m\times(20/250)}\times 100\% \qquad (3)$$

亚氯酸根和氯酸根相对残留量以w_4计，按式(4)计算：

$$w_4=\frac{w_3}{w_1+w_3}\times 100\% \qquad (4)$$

式中：

V_2——按6.3.2.2滴定试验溶液所消耗的硫代硫酸钠标准滴定溶液体积的数值，单位为毫升(mL)；

V_3——按7.3.1滴定试验溶液所消耗的硫代硫酸钠标准滴定溶液体积的数值，单位为毫升(mL)；

V_4——按7.3.2滴定试验溶液所消耗的硫代硫酸钠标准滴定溶液体积的数值，单位为毫升(mL)；

c ——硫代硫酸钠标准滴定溶液浓度的准确数值，单位为摩尔每升(mol/L)；

m ——试料质量的数值，单位为克(g)；

M_2——亚氯酸根($\frac{1}{4}ClO_2$)摩尔质量的数值，单位为克每摩尔(g/mol)($M_2=16.86$)；

M_3——氯酸根($\frac{1}{6}ClO_3$)摩尔质量的数值，单位为克每摩尔(g/mol)($M_3=13.91$)；

w_1——按6.4式(1)计算的二氧化氯含量的数值。

取平行测定结果的算术平均值为测定结果，两次平行测定结果的绝对差值不大于0.2%。

8 稳定性的测定

8.1 方法提要

将二氧化氯固体释放剂置于温度为54 ℃的条件下，放置14 d。分别测定放置前后二氧化氯含量。通过二氧化氯含量的下降率表示产品的稳定性。

8.2 仪器、设备

电热恒温干燥箱：能控制温度为54 ℃±2 ℃。

8.3 分析步骤

取同批次带包装的二氧化氯固体释放剂二份，一份按第6章测定二氧化氯含量，另一份置于电热恒温干燥箱中，放置14 d。当刚达到14 d时，取出按第6章测定二氧化氯含量。

8.4 结果计算

二氧化氯含量下降率以 x_1 计，按式(5)计算：

$$x_1=\frac{(w_1-w_1')}{w_1}\times 100\% \qquad \cdots\cdots(5)$$

式中：

w_1——放置于电热恒温干燥箱前测定的二氧化氯含量的数值，以%表示；

w_1'——放置于电热恒温干燥箱14 d后测定的二氧化氯含量的数值，以%表示。

9 砷含量的测定

9.1 方法提要

在酸性溶液中，以碘化钾、氯化亚锡将高价砷还原为三价砷；再加入无砷锌粒，生成新生态氢，三价砷与新生态氢作用生成砷化氢气体，在溴化汞试纸上形成棕黄色砷斑，与标准砷斑进行比较。

9.2 试剂

9.2.1 盐酸。

9.2.2 无砷金属锌。
9.2.3 盐酸溶液:1+3。
9.2.4 碘化钾溶液:150 g/L,贮存于棕色瓶内,现用现配。
9.2.5 氯化亚锡溶液:400 g/L。
9.2.6 砷标准溶液:1 mL 溶液含有 0.001 mg As;

用移液管移取 10 mL 按 HG/T 3696.2 配制的砷标准溶液,置于 100 mL 容量瓶中,用水稀释至刻度,摇匀,该溶液 1 mL 含有 0.100 mg As。

用移液管移取 1 mL 上述溶液,置于 100 mL 容量瓶中,用水稀释至刻度,摇匀,该溶液 1 mL 含有 0.001 mg As,现用现配。

9.2.7 乙酸铅棉花。
9.2.8 溴化汞试纸。

9.3 仪器、设备

定砷器。

9.4 分析步骤

称取 1.00 g±0.01 g 试样(二元包装为主体与活化剂的合量),置于 100 mL 烧杯中,加适量水溶解,缓慢加入盐酸溶液 8 mL。置于电炉上煮沸至近干,取下冷却至室温,加少量水,作为试验溶液。将试验溶液转移至定砷器广口瓶中,加 5 mL 盐酸,用水稀释至 30 mL,摇匀。加 5 mL 碘化钾溶液,滴加氯化亚锡溶液至溶液无色,摇匀,放置 10 min,加 3 g 无砷金属锌,立即塞上预先装有乙酸铅棉花及溴化汞试纸的测砷管。置于暗处在 25 ℃~30 ℃放置 1 h~1.5 h,溴化汞试纸所呈棕黄色不应深于标准比色溶液所产生的色斑。

标准比色溶液是用移液管移取 3 mL 砷标准溶液,置于定砷器广口瓶中,以下操作与试验溶液同时同样处理。

10 重金属含量的测定

10.1 方法提要

在弱酸性条件下,试样中的重金属离子与硫化氢作用,形成棕黑色悬浮液,与同法处理的铅标准溶液比较,做限量试验。

10.2 试剂

10.2.1 盐酸溶液:1+3。
10.2.2 氨水溶液:2+3。
10.2.3 饱和硫化氢水;

将硫化氢气体通入不含二氧化碳的水中,至饱和为止,该溶液现用现配。

10.2.4 乙酸盐缓冲溶液:pH≈3.5;

称取 25.0 g 乙酸铵溶于 25 mL 水中,加 45 mL 1+1 盐酸溶液,用稀盐酸或稀氨水调节 pH 值至 3.5(用 pH 计检验),用水稀释至 100 mL。

10.2.5 铅标准溶液:1 mL 溶液含铅(Pb)0.01 mg;

用移液管移取 1 mL 按 HG/T 3696.2 配制的铅标准溶液,置于 100 mL 容量瓶中,用水稀释至刻度,摇匀。此溶液现用现配。

10.2.6 酚酞指示液:10 g/L。

10.2.7　分析步骤

A管:在50 mL比色管中,移取2.0 mL铅标准溶液,加水至25 mL,备用。

B管和C管:称取两份1.00 g±0.01 g试样(二元包装为主体与活化剂的合量),置于100 mL烧杯中,加适量水溶解,缓慢加入盐酸溶液8 mL,置于电炉上煮沸至近干,取下冷却至室温,加少量水溶解,分别移入B管和C管中,控制溶液体积不超过25 mL。用移液管向C管中加入2.0 mL铅标准溶液,备用。

三个比色管中分别加入1滴酚酞指示液,用氨水溶液和盐酸溶液调节溶液的pH值为中性(酚酞红色刚褪去),加入5 mL乙酸盐缓冲溶液,混匀。加入10 mL饱和硫化氢水,加水至50 mL,混匀。于暗处放置5 min,在白色背景下观察,B管的色度不得深于A管的色度,C管的色度应与A管色度相当或深于A管的色度。

ICS 71.060.50
G 12

中华人民共和国国家标准

GB/T 27804—2011

氟　　化　　钙

Calcium fluoride

2011-12-30 发布　　　　2012-06-01 实施

中华人民共和国国家质量监督检验检疫总局
中国国家标准化管理委员会　发布

前　言

本标准按照 GB/T 1.1—2009 给出的规则起草。

本标准由中国石油和化学工业联合会提出。

本标准由全国化学标准化技术委员会无机化工分技术委员会(SAC/TC 63/SC 1)归口。

本标准起草单位:中海油天津化工研究设计院、佛山市质量计量监督检测中心、多氟多化工股份有限公司、浙江省化工研究院有限公司。

本标准主要起草人:李光明、张高旗、叶文豪、史婉君、朱海云。

氟 化 钙

1 范围

本标准规定了氟化钙的要求、试验方法、检验规则以及标志、标签、包装、运输和贮存。

本标准适用于制造光学玻璃、光导纤维、搪瓷、陶瓷等材料用的氟化钙。

2 规范性引用文件

下列文件对于本文件的应用是必不可少的。凡是注日期的引用文件,仅注日期的版本适用于本文件。凡是不注日期的引用文件,其最新版本(包括所有的修改单)适用于本文件。

GB/T 191—2008 包装储运图示标志

GB/T 5195.6—2006 萤石 磷含量的测定

GB/T 5195.8—2006 萤石 二氧化硅含量的测定

GB/T 5195.10—2006 萤石 铁含量的测定 邻二氮杂菲分光光度法

GB/T 6678 化工产品采样总则

GB/T 6682—2008 分析实验室用水规格和试验方法

GB/T 8170 数值修约规则与极限数值的表示方法和判定

HG/T 3696.1 无机化工产品 化学分析用标准溶液、制剂及制品的制备 第1部分:标准溶液的制备

HG/T 3696.2 无机化工产品 化学分析用标准溶液、制剂及制品的制备 第2部分:杂质标准溶液的制备

HG/T 3696.3 无机化工产品 化学分析用标准溶液、制剂及制品的制备 第3部分:制剂及制品的制备

3 分子式、相对分子质量

分子式:CaF_2

相对分子质量:78.07(按2007年国际相对原子质量)

4 分类和命名

氟化钙分为两类:

Ⅰ类:主要用于制造光学玻璃、光导纤维等原料。

Ⅱ类:主要用于搪瓷、陶瓷等原料。

5 要求

5.1 外观:白色粉末。

5.2 氟化钙的指标按本标准规定的分析方法检测应符合表1技术要求。

表 1 技术要求

项目		Ⅰ类	Ⅱ类	
			一等品	合格品
氟化钙，w/%	≥	99.0	98.5	97.5
游离酸(以 HF 计)，w/%	≤	0.10	0.15	0.20
二氧化硅(SiO_2)，w/%	≤	0.3	0.4	—
铁(以 Fe_2O_3 计)，w/%	≤	0.005	0.008	0.015
氯化物(Cl)，w/%	≤	0.20	0.50	0.80
磷酸盐(P_2O_5)，w/%	≤	0.005	0.010	—
水分，w/%	≤	0.10	0.20	—

6 试验方法

6.1 安全提示

使用本标准的人员应有正规实验室工作的实践经验。本标准并未指出所有可能的安全问题。使用者有责任采取适当的安全和健康措施，并保证符合国家有关法规规定的条件。

6.2 一般规定

本标准所用试剂和水，在没有注明其他要求时，均指分析纯试剂和 GB/T 6682—2008 中规定的三级水。试验中所需标准滴定溶液、杂质标准溶液、制剂及制品，在没有注明其他要求时，均按 HG/T 3696.1、HG/T 3696.2、HG/T 3696.3 的规定制备。

6.3 外观的判别

自然光下，在白塑料板上用目视法判别样品的外观。

6.4 氟化钙含量的测定

6.4.1 方法提要

试料以盐酸-硼酸-硫酸混合液加热分解。在 pH 值大于 13 和三乙醇胺存在下，以钙黄绿素-百里酚酞为指示剂，用 EDTA 标准滴定溶液滴定至溶液绿色荧光消失为终点。

6.4.2 试剂和材料

6.4.2.1 无水乙醇。

6.4.2.2 盐酸-硼酸-硫酸混合液：取 12.5 g 硼酸于 250 mL 烧杯中，加 100 mL 水，缓慢加入 25 mL 的硫酸，加热溶解硼酸，稍冷，移入预先盛有 250 mL 盐酸和 600 mL 水的烧杯中，冷却至室温，用水稀释至 1 000 mL。

6.4.2.3 氢氧化钾溶液：200 g/L。

6.4.2.4 三乙醇胺溶液：1+2。

6.4.2.5 钙标准溶液：称取约 1 g 样品，精确至 0.000 2 g 预先在 105 ℃±2 ℃ 电热恒温干燥箱干燥 2 h 并在干燥器中冷却至室温的碳酸钙(工作基准试剂)，置于 250 mL 烧杯中，盖上表面皿，缓慢加入

25 mL 盐酸溶液(1+1),待碳酸钙溶解后,加入 100 mL 水,加热至沸,赶尽二氧化碳,冷却至室温。将溶液移入 500 mL 容量瓶中,用水稀释至刻度,混匀。

6.4.2.6 乙二胺四乙酸二钠(EDTA)标准滴定溶液:c(EDTA)≈0.015 mol/L。

制备乙二胺四乙酸二钠(EDTA)标准滴定溶液按以下步骤进行:

a) 配制

称取 5.8 g 乙二胺四乙酸二钠($C_{10}H_{14}N_2O_8Na_2 \cdot 2H_2O$)于 400 mL 烧杯中,加 200 mL 水,用氢氧化钾溶液调节至 pH 为 5～5.5,加热使试剂溶解,冷却至室温。将溶液移入 1 000 mL 容量瓶中,用水稀释至刻度,摇匀。

b) 标定

移取 25.00 mL 钙标准溶液,置于 250 mL 烧杯中,用水稀释至 100 mL,加 5 mL 三乙醇胺,20 mL 氢氧化钾溶液,加适量混合指示剂,用 EDTA 标准滴定溶液滴定至试液绿色荧光消失(在黑色背景的衬垫上观察)为终点。同时做空白试验。

空白试验除不加试样外,其他操作及加入的试剂的种类和量与测定试验溶液的相同,并与试样溶液同样处理。

c) 计算

EDTA 标准滴定溶液对氟化钙的质量浓度(ρ),单位为 g/mL,按式(1)计算:

$$\rho=\frac{m \times M_1 \times 25.00}{(V_1-V_0) \times M_2 \times 500} \qquad (1)$$

式中:

V_1——滴定试液消耗 EDTA 标准滴定溶液体积的数值,单位为毫升(mL);

V_0——滴定空白试验溶液消耗 EDTA 标准滴定溶液体积的数值,单位为毫升(mL);

m ——称取碳酸钙质量的数值,单位为克(g);

M_1——氟化钙摩尔质量的数值,单位为克每摩尔(g/mol)(M_1=78.07);

M_2——碳酸钙摩尔质量的数值,单位为克每摩尔(g/mol)(M_2=100.09)。

三次平行测定钙标准溶液所消耗的 EDTA 标准滴定溶液的体积的极差不超过 0.10 mL,否则应重新标定。

6.4.2.7 混合指示剂:称取 0.20 g 钙黄绿素($C_{30}H_{26}N_2O_{13}$)和 0.12 g 百里香酚酞($C_{38}H_{44}N_2O_{12}$)和 20 g 无水硫酸钾于研钵中研细研匀,置于称量瓶中,于 105 ℃±2 ℃电热恒温干燥箱干燥 1 h,于干燥器中冷却,并保存于干燥器中备用。

6.4.3 分析步骤

6.4.3.1 试验溶液的制备

称取 0.50 g 试样,精确至 0.000 1 g,置于 250 mL 烧杯中,加几滴无水乙醇润湿,加 50 mL 盐酸-硼酸-硫酸混合液,盖上表面皿,加热微沸 30 min,每隔 5 min 摇动一次。取下冷却,用水冲洗表面皿和烧杯,并稀释至 100 mL。继续加热至微沸后,用快速滤纸过滤于 250 mL 容量瓶中,用含几滴盐酸的温水洗涤烧杯 5 次,洗涤不溶物 10 次,试液冷却后用水稀释至刻度,混匀。

6.4.3.2 测定

用移液管取 25.00 mL 试验溶液于 250 mL 烧杯中,加水稀释至 100 mL。加 5 mL 三乙醇胺溶液和 20 mL 氢氧化钾溶液,加适量混合指示剂,用 EDTA 标准滴定溶液,滴定至溶液绿色荧光消失(在黑色背景的衬垫上观察)为终点。同时做空白实验。

空白试验除不加试样外,其他操作及加入的试剂的种类和量与测定试验溶液相同,并与试样溶液同样处理。

6.4.4 结果计算

氟化钙以氟化钙(CaF_2)的质量分数 w_1 计,按式(2)计算:

$$w_1 = \frac{\rho \times (V_2 - V_0) \times V}{m \times V_1} \times 100\% \quad \cdots\cdots (2)$$

式中:

ρ ——EDTA 标准滴定溶液对氟化钙的质量浓度,单位为克每毫升(g/mL);

V ——试验溶液体积的数值,单位为毫升(mL);

V_1——分取试验溶液体积的数值,单位为毫升(mL);

V_2——滴定分取试验溶液消耗 EDTA 标准滴定溶液体积的数值,单位为毫升(mL);

V_0——滴定分取空白试验溶液消耗 EDTA 标准滴定溶液体积的数值,单位为毫升(mL);

m ——试料质量的数值,单位为克(g)。

取平行测定结果的算术平均值为测定结果,两次平行测定结果的绝对差值不大于 0.3%。

6.5 游离酸含量的测定

6.5.1 方法提要

在样品水溶液中加入氯化钾,使可能存在的氟硅酸钠生成氟硅酸钾沉淀,氟硅酸钾基本上不水解,故可用氢氧化钠标准滴定溶液滴定氢氟酸含量。

6.5.2 试剂和材料

6.5.2.1 氯化钾饱和溶液。

6.5.2.2 氢氧化钠标准滴定溶液:$c(NaOH) \approx 0.1$ mol/L。

6.5.2.3 酚酞指示液:10 g/L。

6.5.2.4 无二氧化碳蒸馏水。

6.5.3 仪器

微量滴定管:分度值 0.02 mL。

6.5.4 分析步骤

准确称 1.0 g 干燥试样,精确至 0.000 2 g。置于 250 mL 锥形瓶中,加 50 mL 不含二氧化碳的水,加 10 mL 饱和氯化钾溶液,冷却至 0 ℃,加 2~3 滴酚酞指示液,如不呈红色,以氢氧化钠标准滴定溶液滴定至呈现微红色,并保持 15 s 不消失为终点,记下消耗氢氧化钠标准溶液的体积。

6.5.5 结果计算

游离酸含量以氢氟酸(HF)的质量分数 w_2 计,按式(3)计算:

$$w_2 = \frac{c(V - V_0) \times M/1\,000}{m} \times 100\% \quad \cdots\cdots (3)$$

式中:

c ——氢氧化钠标准滴定溶液浓度的准确数值,单位为摩尔每升(mol/L);

V ——试验溶液所消耗氢氧化钠标准滴定溶液体积的数值,单位为毫升(mL);

V_0——空白试验所消耗氢氧化钠标准滴定溶液体积的数值,单位为毫升(mL);

m ——试料质量的数值,单位为克(g);

M ——氟化氢(HF)摩尔质量的数值,单位为克每摩尔(g/mol)(M=20.01)。

取平行测定结果的算术平均值为测定结果,两次平行测定结果的绝对差值不大于 0.001%。

6.6 二氧化硅含量的测定

按照 GB/T 5195.8—2006 中第 3 章规定进行测定并计算。

6.7 铁含量测定

按照 GB/T 5195.10—2006 中第 7 章规定进行测定并计算。

6.8 氯化物含量的测定

6.8.1 方法提要

用水溶解试料，加入酚酞指示液，调节试验溶液的 pH 约为 7～8，以铬酸钾作指示剂，用硝酸银标准滴定溶液滴定。

6.8.2 试剂和材料

6.8.2.1 氢氧化钠溶液：4 g/L。

6.8.2.2 硫酸溶液：1+99。

6.8.2.3 硝酸银标准滴定溶液：$c(AgNO_3)\approx 0.1$ mol/L。

6.8.2.4 酚酞指示液：10 g/L。

6.8.2.5 铬酸钾指示液：50 g/L。

6.8.3 仪器、设备

6.8.3.1 塑料烧杯。

6.8.3.2 微量滴定管：分度值为 0.02 mL 或 0.05 mL。

6.8.4 分析步骤

称取约 4 g 试样，精确至 0.000 2 g，置于 250 mL 塑料烧杯中，加入 50 mL 水溶解，滴加 2 滴酚酞指示液，用氢氧化钠溶液或硫酸溶液调节试验溶液为微红色，此时 pH 约为 7～8。加入 2 mL 铬酸钾指示液，使用微量滴定管，用硝酸银标准滴定溶液滴定至溶液由黄色转变为砖红色为终点（近终点时需剧烈摇动）。同时进行空白试验。

空白试验除不加试样外其他操作及加入试剂的种类和量（标准滴定溶液除外）与测定试验相同。

6.8.5 结果计算

氯化物含量以氯（Cl）的质量分数 w_3 计，按式（4）计算：

$$w_3=\frac{(V-V_0)/1\,000\times cM}{m}\times 100\% \qquad (4)$$

式中：

V ——滴定时所消耗的硝酸银标准滴定溶液体积的数值，单位为毫升（mL）；

V_0 ——空白试验所消耗的硝酸银标准滴定溶液体积的数值，单位为毫升（mL）；

c ——硝酸银标准滴定溶液浓度的准确数值，单位为摩尔每升（mol/L）；

m ——试料质量的数值，单位为克（g）；

M ——氯（Cl）的摩尔质量的数值，单位为克每摩尔（g/mol）（M=35.45）。

取平行测定结果的算术平均值为测定结果，两次平行测定结果的绝对差值不大于 0.005%。

6.9 磷酸盐含量的测定

按照 GB/T 5195.6—2006 中第 3 章规定进行测定并计算。

6.10 水分含量的测定

6.10.1 方法提要

在 105 ℃～110 ℃温度下，烘干一定质量的试样，以减少的质量计算水分的含量。

6.10.2 分析步骤

称取约 2 g 试样，精确至 0.000 2 g。置于质量恒定的称量瓶中，在 105 ℃～110 ℃电热恒温干燥箱烘至质量恒定，取出放在干燥器中，冷却 30 min 后进行称量。

6.10.3 结果计算

水分含量以质量分数 w_4 计，按式(5)计算：

$$w_4=\frac{m_2-m_1}{m}\times 100\% \qquad \cdots\cdots\cdots\cdots (5)$$

式中：

m_1——烘干后试样和称量瓶质量的数值，单位为克(g)；

m_2——烘干前试样和称量瓶质量的数值，单位为克(g)；

m ——试料质量的数值，单位为克(g)。

取平行测定结果的算术平均值为测定结果，两次平行测定结果的绝对差值不大于 0.002%。

7 检验规则

7.1 本标准技术要求中规定的所有指标项目均为出厂检验项目，应逐批检验。

7.2 用相同材料，基本相同的生产条件，连续生产或同一班组生产的氟化钙为一批。每批产品不超过 20 t。

7.3 按照 GB/T 6678 规定的采样技术确定采样单元数。对包装后成品采样时，将硬塑料管采样器自包装袋的上方斜插入至料层深度的 3/4 处采样。将采得的样品置于密闭容器中混匀，缩分至不少于 500 g，分装于两个清洁干燥的塑料瓶中，密封。瓶上注明：产品名称、批号、类别、等级、采样日期和采样者姓名。一瓶供检验用，另一瓶密封包装，放在阴凉干燥处，保存时间由生产厂根据实际需要确定。

7.4 检验结果有不符合本标准要求时，应重新自两倍量的产品中取样进行复验，复验结果即使只有一项指标不符合本标准要求时，则整批产品为不合格。

7.5 采用 GB/T 8170 规定的修约值比较法判定检验结果是否符合标准。

8 标志、标签

8.1 氟化钙产品外包装上应有牢固清晰的标志，内容包括：生产厂名、厂址、产品名称、类别、等级、净含量、批号或生产日期、本标准编号和 GB/T 191—2008 中规定的“怕雨”、“怕晒”标志。

8.2 每批出厂的氟化钙产品都应附有质量证明书，内容包括：生产厂名、厂址、产品名称、类别、等级、净含量、批号或生产日期和本标准编号。

9 包装、贮存和运输

9.1 氟化钙应用聚乙烯薄膜的双层袋作内包装，外包装为纸塑复合袋。每袋净重 25 kg。内袋热合；外袋应牢固缝合。用户有特殊要求，供需协商。

9.2 氟化钙在运输过程中，防止雨淋，包装不得破损。置于阴凉、干燥以及具有良好通风环境的仓库内，禁止日光直接照射。

9.3 在运输过程中应有遮盖物，避免日晒，严禁雨淋。

ICS 71.060.99
G 14

中华人民共和国国家标准

GB/T 27805—2011

工业磷酸脲

Urea phosphate for industrial use

2011-12-30 发布 2012-06-01 实施

中华人民共和国国家质量监督检验检疫总局
中国国家标准化管理委员会 发布

前　言

本标准按 GB/T 1.1—2009 给出的规则起草。

本标准由中国石油和化学工业联合会提出。

标准由全国化学标准化技术委员会无机化工分会(SAC/TC 63/SC 1)归口。

本标准主要起草单位:中海油天津化工研究设计院、四川蓝剑化工(集团)有限责任公司。

本标准主要起草人:李霞、曾宪金、董亚梅。

工 业 磷 酸 脲

警告——使用本标准的人员应有正规实验室工作的实践经验。本标准并未指出所有可能的安全问题。使用者有责任采取适当的安全和健康措施，并保证符合国家有关法规规定的条件。

1 范围

本标准规定了工业磷酸脲的要求、试验方法、检验规则、标志、标签、包装、运输和贮存。

本标准适用于主要作为聚磷酸铵中间体、阻燃剂、防火清洗剂等原料的工业磷酸脲。

2 规范性引用文件

下列文件对于本文件的应用是必不可少的。凡是注日期的引用文件，仅注日期的版本适用于本文件。凡是不注日期的引用文件，其最新版本（包括所有的修改单）适用于本文件。

GB/T 191—2008　包装储运图示标志

GB/T 6678　化工产品采样总则

GB/T 6682—2008　分析实验室用水规格和试验方法

GB/T 8170　数值修约规则与极限数值的表示和判定

HG/T 3696.1　无机化工产品　化学分析用标准溶液、制剂及制品的制备　第1部分：标准滴定溶液的制备

HG/T 3696.2　无机化工产品　化学分析用标准溶液、制剂及制品的制备　第2部分：杂质标准溶液的制备

HG/T 3696.3　无机化工产品　化学分析用标准溶液、制剂及制品的制备　第3部分：制剂及制品的制备

3 分子式及相对分子质量

分子式：$H_3PO_4 \cdot CO(NH_2)_2$

相对分子质量：158.05（按2007年国际相对原子质量）

4 要求

4.1　外观：白色晶体或无色晶体。

4.2　工业磷酸脲按本标准规定的试验方法检测应符合表1技术要求。

表1　技术要求

项　目		指　标
五氧化二磷（P_2O_5），w/%	≥	44.0
总氮（N），w/%	≥	17.0

表 1（续）

项　目		指　标
水不溶物，w/%	≤	0.1
干燥减量，w/%	≤	0.5
氟(F)，w/%	≤	0.05
砷(As)，w/%	≤	0.01
重金属(以 pb 计)，w/%	≤	0.003
pH(10 g/L 水溶液)		1.6～2.4

5　试验方法

5.1　安全提示

本试验方法中使用的部分试剂具有腐蚀性，操作时须小心谨慎！如溅到皮肤上应立即用水冲洗，严重者应立即就医。

5.2　一般规定

本标准所用试剂和水在没有注明其他要求时，均指分析纯试剂和 GB/T 6682—2008 中规定的三级水。试验中所用标准滴定溶液、杂质标准溶液、制剂及制品，在没有注明其他要求时，均按 HG/T 3696.1、HG/T 3696.2、HG/T 3696.3 的规定制备。

5.3　外观检验

在自然光下，取少许样品于载玻片或白瓷板上用目视法判定外观。

5.4　五氧化二磷含量的测定

5.4.1　方法提要

在酸性介质中，以喹钼柠酮为沉淀剂将磷酸根全部形成磷钼酸喹啉沉淀，沉淀经过滤、烘干、称量，计算试样中磷含量。

5.4.2　试剂

5.4.2.1　硝酸溶液：1+1。

5.4.2.2　喹钼柠酮溶液。

5.4.3　仪器、设备

5.4.3.1　玻璃砂芯坩埚：滤板孔径为 5 μm～15 μm。

5.4.3.2　电热恒温干燥箱：温度可控制在 180 ℃±2 ℃。

5.4.4　分析步骤

5.4.4.1　试验溶液的制备

称取约 1.5 g 试样，精确至 0.000 2 g，置于 100 mL 烧杯中，加入 50 mL 水溶解，移入 250 mL 容量瓶中，用水稀释至刻度，摇匀。

5.4.4.2 测定

用移液管移取 10 mL 试验溶液，置于 250 mL 烧杯中，加入 10 mL 硝酸溶液，加水至总体积约 100 mL，加入 50 mL 喹钼柠酮溶液，盖上表面皿，在水浴中加热至烧杯内的物质达到 75 ℃±5 ℃，保温 30 s（在加入试剂和加热过程中，不得使用明火，不得搅拌，以免凝块）。冷却，在冷却过程中搅拌 3～4 次，用预先在 180 ℃±2 ℃烘干 45 min 的玻璃砂芯坩埚抽滤。先将上层清液过滤，以倾析法用洗瓶冲洗沉淀 6 次，每次用水约 30 mL，最后将沉淀移入玻璃砂芯坩埚中，再用水洗涤沉淀 4 次。将玻璃砂芯坩埚连同沉淀置于电热恒温干燥箱中，从温度稳定时计时，在 180 ℃±2 ℃下干燥 45 min，取出稍冷后，置于干燥器中冷却至室温，称量。

同时做空白试验，空白试验除不加试料外，其他加入的试剂种类和量与试验溶液完全相同，并与试验溶液同样处理。

5.4.5 结果计算

五氧化二磷含量以五氧化二磷（P_2O_5）的质量分数 w_1 计，按式(1)计算：

$$w_1=\frac{(m_1-m_2)\times 0.032\,07}{m\times(10/250)}\times 100\% \qquad \cdots\cdots(1)$$

式中：

m_1 ——试验溶液中生成磷钼酸喹啉沉淀物质量的数值，单位为克(g)；

m_2 ——空白试验溶液中生成磷钼酸喹啉沉淀物质量的数值，单位为克(g)；

m ——试料质量的数值，单位为克(g)；

0.032 07——磷钼酸喹啉换算成五氧化二磷的系数。

取平行测定结果的算术平均值为测定结果，两次平行测定结果的绝对差值不大于 0.2%。

5.5 总氮含量的测定

5.5.1 方法提要

在浓硫酸中加热使试料中酰胺态氮转化为铵态氮，再于碱性体系中蒸馏出氨气并吸收在过量的硫酸溶液中，以甲基红-亚甲基蓝为指示剂，用氢氧化钠标准滴定溶液滴定过量的硫酸。

5.5.2 试剂

5.5.2.1 硫酸。

5.5.2.2 硫酸铵：优级纯，使用前应于 105 ℃±2 ℃下干燥至质量恒定。

5.5.2.3 盐酸溶液：1+1。

5.5.2.4 氢氧化钠溶液：400 g/L。

5.5.2.5 硫酸标准滴定溶液：$c\left(\frac{1}{2}H_2SO_4\right)\approx 0.5$ mol/L。

5.5.2.6 氢氧化钠标准滴定溶液：$c(NaOH)\approx 0.5$ mol/L。

5.5.2.7 甲基红-亚甲基蓝混合指示液。

5.5.2.8 广泛 pH 试纸。

5.5.2.9 沸石。

5.5.3 仪器

5.5.3.1 蒸馏仪器：如图 1 所示带标准磨口的成套仪器或能保证定量蒸馏和吸收的任何仪器。

5.5.3.2 蒸馏加热装置：1 000 W～1 500 W 电炉，置于升降台架上，可自由调节高度。也可使用调温电炉或能够调节供热强度的其他形式热源。

单位为毫米

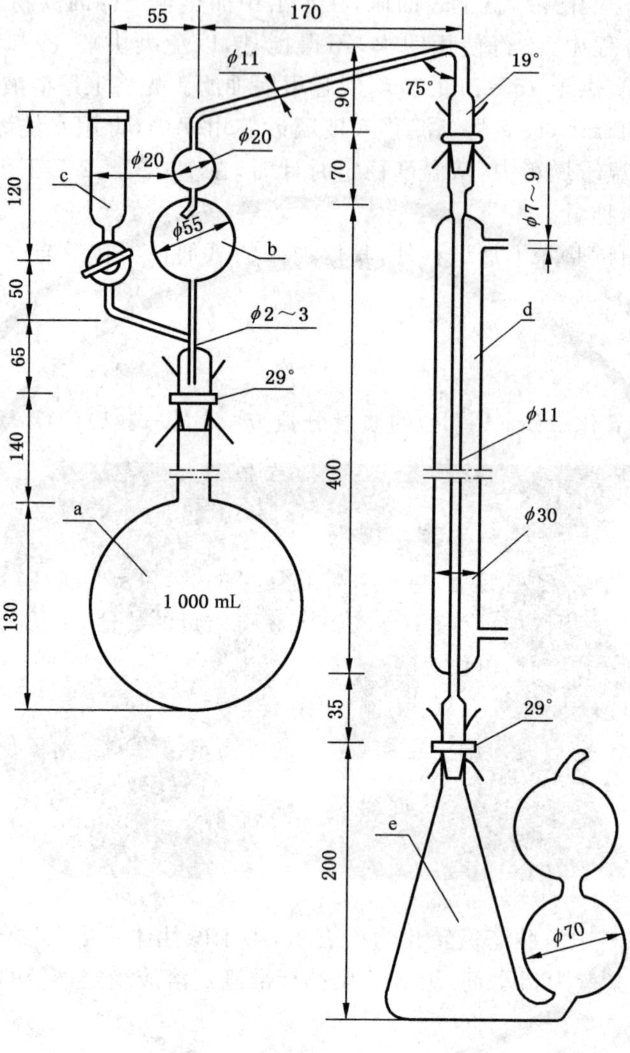

a——蒸馏瓶：1 000 mL；

b——防溅球管；

c——滴液漏斗：50 mL；

d——直式冷凝器；

e——吸收瓶：500 mL。

图 1 蒸馏装置

5.5.4 分析步骤

5.5.4.1 测定

称取约 1 g 试样，精确至 0.000 2 g。置于 500 mL 锥形瓶中，加入 25 mL 水，10 mL 硫酸。插上玻璃漏斗，在通风橱中缓慢加热，使二氧化碳逸尽，然后逐步提高加热温度，直至冒白烟，再继续加热10 min，取下，冷却。

将试液转移至蒸馏烧瓶中，加入约 300 mL 水，4～5 滴甲基红-亚甲基蓝混合指示剂，放入少许沸石，用移液管移取 50 mL 硫酸标准溶液于吸收瓶中，加水使溶液量能淹没吸收瓶的双联球瓶颈，加 2 滴甲基红-亚甲基蓝混合指示液，用硅脂涂抹仪器接口，按图示装好蒸馏仪器，并保证仪器所有连接部分密封。通过滴液漏斗加入 40 mL 氢氧化钠溶液，关闭阀门后在滴液漏斗中加入几毫升水。加热蒸馏，直到吸收瓶中的收集量达到 250 mL～300 mL 时，停止加热，用 pH 试纸测试冷凝管出口的液滴，如液滴不呈碱性，结束蒸馏。拆下防溅球管，用水洗涤冷凝管，洗涤液收集在吸收瓶中。将吸收瓶中的溶液混匀，用氢氧化钠标准滴定溶液滴定过量的硫酸溶液至溶液呈灰绿色为终点。

同时做空白试验，空白试验除不加试料外，其他加入的试剂种类和量与试验溶液完全相同，并与试验溶液同样处理。

5.5.4.2 核对试验

使用新配制的含 100 mg 氮的硫酸铵，按测定试料的相同条件进行，定期核对仪器和方法的准确度。

5.5.5 结果计算

氮含量以氮(N)的质量分数 w_2 计，按式(2)计算：

$$w_2 = \frac{(V_0 - V_1)cM \times 10^{-3}}{m} \times 100\% \qquad \cdots\cdots(2)$$

式中：

V_0——滴定空白试验溶液消耗氢氧化钠标准滴定溶液的体积的数值，单位为毫升(mL)；

V_1——滴定试验溶液消耗氢氧化钠标准滴定溶液的体积数值，单位为毫升(mL)；

c——氢氧化钠标准滴定溶液浓度的准确数值，单位为摩尔每升(mol/L)；

m——试料质量的数值，单位为克(g)；

M——氮(N)的摩尔质量的数值，单位为克每摩尔(g/mol)(M=14.01)。

取平行测定结果的算术平均值为测定结果，两次平行测定结果的绝对差值不大于 0.2%。

5.6 水不溶物含量的测定

5.6.1 方法提要

将试样加水溶解，经过滤后干燥，称量。由残渣的量计算水不溶物的含量。

5.6.2 仪器、设备

5.6.2.1 玻璃砂芯坩埚：滤板孔径 5 μm～15 μm。

5.6.2.2 电热恒温干燥箱：温度可控制在 105 ℃±2 ℃。

5.6.3 分析步骤

称取约 20 g 试样，精确至 0.01 g。置于 500 mL 烧杯中，加 250 mL 水，加热煮沸。趁热用已在 105 ℃±2 ℃下干燥至质量恒定的玻璃砂芯坩埚过滤，用 200 mL 热水分 10 次洗涤。然后将玻璃砂芯坩埚连同不溶物置于电热恒温干燥箱，于 105 ℃±2 ℃干燥至质量恒定。于干燥器中冷却至室温，称量。

5.6.4 结果计算

水不溶物含量以质量分数 w_3 计，按式(3)计算：

$$w_3 = \frac{m_1 - m_2}{m} \times 100\% \qquad \cdots\cdots(3)$$

式中：

m_1——玻璃砂芯坩埚和不溶物质量的数值，单位为克(g)；

m_2——玻璃砂芯坩埚质量的数值，单位为克(g)；

m ——试料质量的数值，单位为克(g)。

取平行测定结果的算术平均值为测定结果，两次平行测定结果的绝对差值不大于0.01%。

5.7 干燥减量的测定

5.7.1 仪器

5.7.1.1 电热恒温干燥箱：温度可控制在50 ℃±2 ℃。

5.7.1.2 称量瓶：Φ50 mm×30 mm。

5.7.2 分析步骤

称取约2 g试样，精确至0.000 2 g，置于预先于50 ℃±2 ℃干燥2 h的称量瓶中。于50 ℃±2 ℃的电热恒温干燥箱中干燥2 h，于干燥器中冷却至室温，称量。

5.7.3 结果计算

干燥减量以质量分数w_4计，按式(4)计算：

$$w_4 = \frac{m - m_1}{m} \times 100\% \qquad \cdots\cdots(4)$$

式中：

m_1——干燥后试料质量的数值，单位为克(g)；

m ——干燥前试料质量的数值，单位为克(g)。

取平行测定结果的算术平均值为测定结果，两次平行测定结果的绝对差值不大于0.01%。

5.8 氟含量的测定

5.8.1 方法提要

试样溶解后，在pH为5.5～6.0的酸性介质中，以饱和甘汞电极为参比电极，以氟离子选择电极为测量电极，采用工作曲线法测定氟含量。

5.8.2 试剂

5.8.2.1 盐酸溶液：1+11。

5.8.2.2 乙酸钠溶液：$c(CH_3COONa \cdot 3H_2O) \approx 3$ mol/L。称取204 g乙酸钠($CH_3COONa \cdot 3H_2O$)，溶于300 mL水中，加乙酸溶液(1+16)调节至pH值为7.0，加水稀释至500 mL。

5.8.2.3 柠檬酸钠溶液：$c(Na_3C_6H_5O_7 \cdot 2H_2O) \approx 0.75$ mol/L。称取110 g柠檬酸钠($Na_3C_6H_5O_7 \cdot 2H_2O$)溶于300 mL水中，加14 mL高氯酸，再加水稀释至500 mL。

5.8.2.4 总离子强度缓冲剂。乙酸钠溶液与柠檬酸钠溶液等体积混合，使用前配制。

5.8.2.5 氟标准溶液：1 mL溶液含氟(F)0.1 mg。用移液管移取10 mL按HG/T 3696.2配制的氟标准溶液，置于100 mL容量瓶中，用水稀释至刻度，摇匀。

5.8.2.6 氟标准溶液：1 mL溶液含氟(F)0.01 mg。用移液管移取10 mL上述配制的氟标准溶液，置于100 mL容量瓶中，用水稀释至刻度，摇匀，此溶液现用现配。

5.8.3 仪器、设备

5.8.3.1 氟离子选择电极。

5.8.3.2 饱和甘汞电极。

5.8.3.3 电磁搅拌器。

5.8.3.4 电位测量仪：精度为 1 mV。

5.8.4 分析步骤

5.8.4.1 工作曲线的绘制

将氟离子选择电极和饱和甘汞电极分别与仪器的负端与正端相连接，将电极插入盛有水的塑料杯中，在电磁搅拌中（使用聚乙烯转子），读取平衡电位值，更换 2～3 次水后，待电位值平衡后，即可进行电位测量。

分别移取 1.00 mL，2.00 mL，4.00 mL，5.00 mL，6.00 mL 氟标准溶液(5.8.2.6)置于 50 mL 容量瓶中，于各个容量瓶中分别加 10 mL 盐酸溶液，25 mL 总离子强度缓冲剂，加水稀释至刻度，摇匀。倒入 100 mL 塑料烧杯中测量平衡时的电位值。

以电极电位为纵坐标，氟的质量(mg)为横坐标，在半对数坐标纸上绘制工作曲线，根据试验溶液的电位值在工作曲线上查得氟的质量。

5.8.4.2 测定

称取约 1 g 试样，精确至 0.01 g。置于 50 mL 烧杯中，加入 10 mL 水溶解试样，全部转移至 100 mL 容量瓶中，用水稀释至刻度，摇匀。

用移液管移取 10 mL 试验溶液置于 50 mL 容量瓶中，加入 10 mL 盐酸溶液，25 mL 总离子强度缓冲剂，加水稀释至刻度，摇匀。倒入 100 mL 塑料烧杯中测量平衡时的电位值。

5.8.5 结果计算

氟含量以氟(F)的质量分数 w_5 计，按式(5)计算：

$$w_5=\frac{m_1\times10^{-3}}{m\times(10/100)}\times100\% \qquad (5)$$

式中：

m_1——根据测得的试验溶液电位值从工作曲线上查得的氟质量的数值，单位为毫克(mg)；

m ——试料质量的数值，单位为克(g)。

取平行测定结果的算术平均值为测定结果，两次平行测定结果的绝对差值不大于 0.002%。

5.9 砷含量的测定

5.9.1 方法提要

在酸性溶液中，用碘化钾和氯化亚锡将 As(Ⅴ)还原为 As(Ⅲ)。加锌粒与酸作用，产生新生态氢，使 As(Ⅲ)生成为砷化氢。砷化氢气体与溴化汞试纸作用时，定量产生的棕黄色汞砷化物，与同法处理的砷标准溶液进行目视比色法测定。

5.9.2 试剂和材料

5.9.2.1 盐酸。

5.9.2.2 无砷金属锌粒。

5.9.2.3 碘化钾溶液：150 g/L。

5.9.2.4 氯化亚锡溶液：400 g/L。

5.9.2.5 砷标准溶液：1 mL 溶液含砷(As)0.1 mg。用移液管移取 10 mL 按 HG/T 3696.2 配制的砷

标准溶液,置于100 mL容量瓶中,用水稀释至刻度,摇匀。

5.9.2.6 砷标准溶液:1 mL溶液含砷(As)0.001 mg。用移液管移取1 mL砷标准溶液(5.9.2.5),置于100 mL容量瓶中,用水稀释至刻度,摇匀。此溶液现用现配。

5.9.2.7 乙酸铅棉花。

5.9.2.8 溴化汞试纸。

5.9.3 仪器、设备

5.9.3.1 测砷装置:如图2所示。使用时将玻璃帽盖在玻璃管上端管口,使圆孔互相吻合,将溴化汞试纸夹在中间,用橡皮圈或其他适宜的方法将玻璃帽与玻璃管固定。

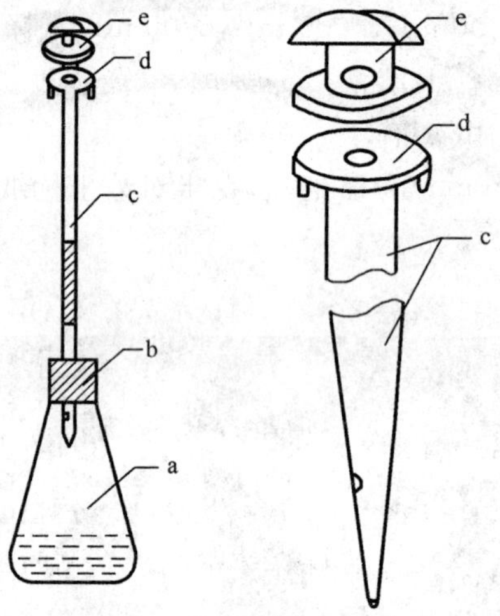

a——锥形瓶;
b——橡胶塞;
c——玻璃管;
d——玻璃管上端管口;
e——玻璃帽。

图2 测砷装置

5.9.3.1.1 锥形瓶:容积为100 mL。

5.9.3.1.2 玻璃管:长180 mm,上部直径为6.5 mm,管的末端有一直径约为2 mm的孔。使用前装入乙酸铅棉花,高约60 mm。玻璃管的上端管口表面磨平,下面有四个耳钩,供固定玻璃帽用。

5.9.3.1.3 玻璃帽:下面磨平,中央有孔与玻璃管相通,孔直径6.5 mm,上面有弯月形凹槽。

5.9.4 分析步骤

称取1.00 g±0.01 g试样,加水溶解后转移至100 mL容量瓶中,用水稀释至刻度,摇匀,用移液管移取2 mL溶液置于锥形瓶中。加入5 mL盐酸,加水至30 mL,再加入5 mL碘化钾溶液,0.2 mL氯化亚锡溶液,摇匀,于室温放置10 min。然后加入2.5 g无砷金属锌粒,并立即塞上预先装有乙酸铅棉花及溴化汞试纸的测砷管,于25 ℃放置暗处1 h~1.5 h 。取出溴化汞试纸,所呈砷斑颜色不得深于标准。

标准溶液砷斑的制备:用移液管移取2 mL砷标准溶液(5.9.2.6),置于锥形瓶中,从"加5 mL盐酸……"开始,与试样同时同样处理。

5.10 重金属含量的测定

5.10.1 方法提要

在弱酸性条件下,试样中的重金属离子与饱和硫化氢作用,生成棕褐色悬浮液,与同法处理的铅标准比对溶液比较。

5.10.2 试剂

5.10.2.1 盐酸溶液:1+1。

5.10.2.2 氨水溶液:1+1。

5.10.2.3 乙酸盐缓冲溶液:pH≈3.5。称取25.0 g乙酸铵,加25 mL水溶解,加45 mL盐酸溶液,再用盐酸溶液或氨水溶液调节pH值至3.5,用水稀释至100 mL。

5.10.2.4 硫化氢饱和溶液(现用现配)。

5.10.2.5 铅标准溶液:1 mL溶液含铅(Pb)0.01 mg。用移液管移取1 mL按HG/T 3696.2配制的铅标准溶液,置于100 mL容量瓶中,用水稀释至刻度,摇匀。此溶液现用现配。

5.10.2.6 酚酞指示液:10 g/L。

5.10.3 仪器

比色管:50 mL。

5.10.4 分析步骤

称取1.00 g±0.01 g试样,置于50 mL比色管中,加约10 mL水,加1滴酚酞指示液,滴加氨水溶液至溶液刚为红色,再滴加盐酸溶液至溶液红色消失。加5 mL乙酸盐缓冲溶液,10 mL硫化氢饱和溶液,用水稀释至刻度,摇匀,于暗处放置5 min。在白色背景下观察,所呈颜色不得深于标准比色溶液。

标准比色溶液的制备:移取3.00 mL铅标准溶液于50 mL比色管中,加水至20 mL,加5 mL乙酸盐缓冲溶液,10 mL硫化氢饱和溶液,用水稀释至刻度,摇匀,于暗处放置5 min。与试样同时处理。

5.11 pH的测定

5.11.1 方法提要

将玻璃电极和参比电极(或复合电极)浸入试验溶液中,构成一原电池,其电位与溶液的pH有关,通过测量原电池的电位即可得出溶液的pH。

5.11.2 试剂

无二氧化碳的水。

5.11.3 仪器

酸度计(附复合电极或玻璃电极和饱和甘汞电极):分度值为0.02 。

5.11.4 分析步骤

称取1.00 g±0.01 g试样,置于烧杯中,用无二氧化碳水溶解试样,并转移至100 mL容量瓶中,用无二氧化碳的水稀释至刻度,摇匀。将溶液置于干燥烧杯中,用已校正过的酸度计测量溶液的pH。

取平行测定结果的算术平均值为测定结果,两次平行测定结果的绝对差值不大于0.2。

6 检验规则

6.1 本标准规定的所有指标项目为出厂检验项目,应逐批检验。

6.2 用相同材料,基本相同的生产条件,连续生产或同一班组生产的同一级别的磷酸脲为一批,每批产品不超过 60 t。

6.3 按 GB/T 6678 中规定的采样技术确定采样单元数。采样时，将采样器自包装袋的中心垂直插入至料层深度的 3/4 处采样。将采出的样品混匀，用四分法缩分至不少于 500 g。将样品分装于两个清洁、干燥的容器中，密封，并粘贴标签，注明生产厂名、产品名称、批号、采样日期和采样者姓名。一份供检验用，另一份保存备查，保存时间由生产厂根据实际情况确定。

6.4 检验结果如有指标不符合本标准要求，应重新自两倍量的包装中采样进行复验，复验结果即使有一项指标不符合本标准的要求时，则整批产品为不合格。

6.5 采用 GB/T 8170 规定的修约值比较法判定检验结果是否符合标准。

7 标志、标签

7.1 工业磷酸脲包装容器上应有牢固清晰的标志，内容包括：生产厂名、厂址、产品名称、净含量、批号（或生产日期）、本标准编号及 GB/T 191—2008 中规定的“怕雨”、“怕晒”标志。

7.2 每批出厂的工业磷酸脲都应附有质量证明书，内容包括：生产厂名、厂址、产品名称、净含量、批号（或生产日期）和本标准编号。

8 包装、运输和贮存

8.1 工业磷酸脲采用双层包装。内包装采用聚乙烯塑料薄膜袋；外包装采用塑料编织袋。包装的内袋用维尼龙绳或其他质量相当的绳扎紧，或用与其相当的方式封口。外袋应牢固缝合，无漏缝和跳线。每袋净含量 25 kg、40 kg、50 kg。或根据用户要求协商确定包装方式。

8.2 工业磷酸脲在运输过程中，防止雨淋，不得受潮，包装不得受到污损。

8.3 工业磷酸脲贮存于干燥通风的库房内，并需下垫垫层，防止受潮。

ICS 87.040
G 51

中华人民共和国国家标准

GB/T 27806—2011

环氧沥青防腐涂料

Tar epoxy anti-corrosion coatings

2011-12-30 发布　　　　2012-06-01 实施

中华人民共和国国家质量监督检验检疫总局
中国国家标准化管理委员会　发布

前　言

本标准按照GB/T 1.1—2009给出的规则起草。

本标准由中国石油和化学工业联合会提出。

本标准由全国涂料和颜料标准化技术委员会(SAC/TC 5)归口。

本标准起草单位:中海油常州涂料化工研究院、上海开林造漆厂、杭州油漆有限公司、常州光辉化工有限公司、武汉双虎工业涂料有限公司、西北永新化工股份有限公司、无锡造漆厂有限公司、中华制漆(深圳)有限公司、永记造漆工业(昆山)有限公司、浙江环达漆业集团有限公司、南京长江涂料有限公司、江苏冶建防腐材料有限公司、福建百花化学股份有限公司、太仓市开林油漆有限公司、江苏金陵特种涂料有限公司。

本标准主要起草人:郑国娟、许莉莉、姜方群、赵绍洪、黄涛、刘志云、何玉兰、蔡江波、王海洋、邱玉清、杨绍云、史优良、吴远光、金仲岷、卞大荣、顾辉旗。

环氧沥青防腐涂料

1 范围

本标准规定了环氧沥青防腐涂料产品的分类、要求、试验方法、检验规则、标志、包装和贮存等内容。

本标准适用于以环氧树脂和煤焦沥青为主要成膜物质，加入固化剂、溶剂、颜料等组成的双组分涂料，包括普通型底漆、面漆和厚浆型底漆、面漆，主要用于水下及地下等钢结构和混凝土表面的重防腐涂装。

2 规范性引用文件

下列文件对于本文件的应用是必不可少的。凡是注日期的引用文件，仅注日期的版本适用于本文件。凡是不注日期的引用文件，其最新版本（包括所有的修改单）适用于本文件。

GB/T 1725—2007 色漆、清漆和塑料 不挥发物含量的测定

GB/T 1728—1979 漆膜、腻子膜干燥时间测定法

GB/T 1732—1993 漆膜耐冲击测定法

GB/T 1740—2007 漆膜耐湿热性测定法

GB/T 1766—2008 色漆和清漆 涂层老化的评级方法

GB/T 1771—2007 色漆和清漆 耐中性盐雾性能的测定

GB 1922—2006 油漆及清洗用溶剂油

GB/T 3186 色漆、清漆和色漆与清漆用原材料 取样

GB/T 6682 分析实验室用水规格和试验方法

GB/T 6742—2007 色漆和清漆 弯曲试验（圆柱轴）

GB/T 8170 数值修约规则与极限数值的表示和判定

GB/T 8923 涂装前钢材表面锈蚀等级和除锈等级

GB/T 9264—1988 色漆流挂性的测定

GB/T 9271—2008 色漆和清漆 标准试板

GB/T 9274—1988 色漆和清漆 耐液体介质的测定

GB/T 9278 涂料试样状态调节和试验的温湿度

GB/T 9750 涂料产品包装标志

GB/T 13288.1 涂覆涂料前钢材表面处理 喷射清理后的钢材表面粗糙度特性 第1部分：用于评定喷射清理后钢材表面粗糙度的ISO表面粗糙度比较样块的技术要求和定义

GB/T 13452.2 色漆和清漆 漆膜厚度的测定

GB/T 13491 涂料产品包装通则

3 产品分类

本标准将环氧沥青防腐涂料分为普通型和厚浆型两类。

4 要求

产品应符合表1的要求。

表1 要求

项目		指标	
		普通型	厚浆型
在容器中状态		搅拌后均匀无硬块	
流挂性/μm	≥	—	400
不挥发物含量/%	≥	65	
适用期[a](3 h)		通过	
施工性		施涂无障碍	
干燥时间/h	≤	24	
漆膜外观		正常	
弯曲试验/mm	≤	8	10
耐冲击性/cm		≥40	
冷热交替试验(三次循环)		无异常	
耐水性(30 d)		无异常	
耐盐水性(浸入3%NaCl溶液中168 h)		无异常	
耐碱性[b](浸入5%NaOH溶液中168 h)		无异常	
耐酸性[b](浸入5%H_2SO_4溶液中168 h)		无异常	
耐挥发油性(浸入3号普通型油漆及清洗用溶剂油中48 h)		无异常	
耐湿热性(120 h)		无异常	
耐盐雾性(120 h)		无异常	

[a] 不挥发物含量大于95%的产品除外。

[b] 含铝粉的产品除外。

5 试验方法

5.1 取样

产品按GB/T 3186的规定取样,也可按商定方法取样。取样量根据检验需要确定。

5.2 试验环境

除另有规定,制备好的样板应在GB/T 9278规定的条件下放置规定的时间后,按有关检验方法进行性能测试。干燥时间、弯曲试验和耐冲击性项目应在GB/T 9278规定的条件下进行测试,耐水性、耐盐水性、耐碱性、耐酸性和耐挥发油性项目在23 ℃±2 ℃条件下进行,其余项目按相关检验方法标准规定的条件进行测试。

5.3 试验样板的制备

除另有规定，试验用马口铁板、钢板应符合 GB/T 9271—2008 的要求，马口铁板的处理按 GB/T 9271—2008 中 4.3 的规定进行，普通钢板的处理按 GB/T 9271—2008 中 3.5 的规定进行，喷砂钢板进行喷砂处理，其除锈等级达到 GB/T 8923 中规定的 Sa 2½ 级，表面粗糙度达到 GB/T 13288.1 中规定的中级，即丸状磨料 Ry(40～70)μm 或棱角状磨料 Ry(60～100)μm。按表 2 的规定制备试验样板，用 GB/T 13452.2 中规定的一种方法测定漆膜厚度。当涂料供应商对其配套体系涂料品种、涂装道数、涂装间隔时间、涂层干膜厚度等有特殊要求时，按其要求制备试板，但应在试验报告中注明。

表 2 制板说明

检验项目	底材类型	底材尺寸/mm	漆膜厚度/μm	干燥及养护时间
施工性	马口铁板	200×100×(0.2～0.3)	普通型：45～50 厚浆型：100～120	除施工性和干燥时间外，漆膜外观喷涂后放置 24 h 观察，其余项目恒温恒湿条件下养护 7 d 后检验。
干燥时间、漆膜外观、弯曲试验	马口铁板	120×50×(0.2～0.3)		
耐冲击性	普通钢板	120×50×0.5		
耐水性、耐盐水性	喷砂钢板	150×100×3		
冷热交替试验、耐碱性、耐酸性、耐挥发油性、耐湿热性、耐盐雾性	喷砂钢板	150×100×3	普通型漆膜总厚度：90～100 厚浆型漆膜总厚度：300～350	每道间隔 24 h，最后一道后于恒温恒湿条件下养护 7 d 后检验。
注 1：主剂和固化剂按比例混合，在 23 ℃±2 ℃条件下熟化 30 min 后制板。 注 2：施工方式可以采用刷涂、喷涂、刮涂等方式，施涂道数不定，只要达到规定膜厚即可。				

5.4 在容器中状态

打开容器，用调刀或搅拌棒搅拌，允许容器底部有沉淀，若经搅拌易于混合均匀，可评为“搅拌后均匀无硬块”。主剂和固化剂应分别测试。

5.5 流挂性

将主剂与固化剂按产品规定的比例混合，搅拌均匀，在 23 ℃±2 ℃条件下熟化 30 min 后按 GB/T 9264—1988 的规定进行。

5.6 不挥发物含量

将主剂与固化剂按产品规定的比例混合后，按 GB/T 1725—2007 的规定进行。烘烤温度为 120 ℃±2 ℃，烘烤时间为 2 h，试样量约 2 g。

5.7 适用期

将混合并搅拌均匀后的试样约 250 mL 倒入内径(70～80)mm、容量约 300 mL 的金属制罐中，在 23 ℃±2 ℃下放置 3 h 后，若黏度没有明显增长、没有胶化迹象，易搅拌均匀，则可评定为“通过”。

5.8 施工性

施涂过程中无明显阻力，无明显拉丝、气泡、流挂等现象，可评为“施涂无障碍”。

5.9 干燥时间

按 GB/T 1728—1979 中实际干燥时间的甲法测定。

5.10 漆膜外观

在自然日光下目视观察样板涂漆面，若漆膜平整，允许略有刷痕，无起皱、色斑、缩孔、针孔现象，则可评定为“正常”。

5.11 弯曲试验

按 GB/T 6742—2007 的规定进行。

5.12 耐冲击性

按 GB/T 1732—1993 的规定进行。

5.13 冷热交替试验

将试验样板涂漆面朝上，置于−20 ℃±2 ℃的恒温箱中，水平放置 1 h，取出后于 23 ℃±2 ℃下放置 30 min，再置于 80 ℃±2 ℃的恒温箱中放置 1 h，取出后于 23 ℃±2 ℃下放置 30 min，此为一次循环。3 次循环后目视观察漆膜表面，如 3 块试板中至少有 2 块不出现起泡、开裂、脱落现象，则可评为“无异常”。如出现以上现象，则按 GB/T 1766—2008 的规定进行描述。

5.14 耐水性、耐盐水性、耐碱性、耐酸性和耐挥发油性

按 GB/T 9274—1988 中浸泡法的规定进行。试验介质分别为符合 GB/T 6682 中规定的三级水、3%NaCl 溶液、5%NaOH 溶液、5%H_2SO_4 溶液、符合 GB 1922—2006 规定的 3 号普通型油漆及清洗用溶剂油。如 3 块试板中至少有 2 块不出现起泡、开裂、脱落、生锈现象，则可评为“无异常”。如出现以上现象，则按 GB/T 1766—2008 的规定进行描述。

5.15 耐湿热性

按 GB/T 1740—2007 的规定进行，如 3 块试板中至少有 2 块不出现起泡、开裂、脱落、生锈现象，则可评为“无异常”。如出现以上现象，则按 GB/T 1766—2008 的规定进行描述。

5.16 耐盐雾性

按 GB/T 1771—2007 的规定进行，在试板上划一道平行于试板长边的划痕进行试验，如 3 块试板中至少有 2 块划痕两侧 3 mm 以外区域不出现起泡、开裂、脱落、生锈现象，则可评为“无异常”。如出现以上现象，则按 GB/T 1766—2008 的规定进行描述。

6 检验规则

6.1 检验分类

6.1.1 产品检验分为出厂检验和型式检验。

6.1.2 出厂检验项目包括在容器中状态、流挂性、不挥发物含量、适用期、施工性、干燥时间、漆膜外观。

6.1.3 型式检验项目包括本标准所列的全部技术要求。在正常生产情况下，弯曲试验、耐冲击性每三个月至少检验一次，其余项目每年至少检验一次。

6.2 检验结果的判定

6.2.1 检验结果的判定按 GB/T 8170 中修约值比较法进行。

6.2.2 所有应检项目的检验结果均达到本标准要求时，该试验样品为符合本标准要求。

7 标志、包装和贮存

7.1 标志

按 GB/T 9750 的规定进行，包装标志上应明确各组分配比。

7.2 包装

按 GB/T 13491 中一级包装要求的规定进行。

7.3 贮存

产品贮存时应保证通风、干燥，防止日光直接照射并应隔绝火源，远离热源。产品应根据类型定出贮存期，并在包装标志上明示。

检02